信息通信技术普及丛书

走近 传送网

中国通信企业协会　组编

孙新莉　魏贤虎　初铁男　王健　王元杰　编著

U0304383

人民邮电出版社

北 京

图书在版编目（CIP）数据

走近传送网 / 中国通信企业协会组编 ；孙新莉等编
著. -- 北京 ：人民邮电出版社，2018.10（2023.1重印）
（信息通信技术普及丛书）
ISBN 978-7-115-48907-4

Ⅰ. ①走… Ⅱ. ①中… ②孙… Ⅲ. ①通信网－普及
读物 Ⅳ. ①TN915-49

中国版本图书馆CIP数据核字(2018)第161221号

内 容 提 要

本书由中国联合网络通信有限公司和中通服咨询设计研究院有限公司的专家联合编写
而成，对传送网进行了详细介绍，内容涉及 PDH、SDH、MSTP、ASON、DWDM、PTN、
IPRAN、OTN（含华为设备）、光纤通信、传送网规划设计以及传送网技术演进等方面。

本书可供通信行业从业人员参考，也可供大中专院校师生和各企业新入职员工学习。

◆ 组　编　中国通信企业协会
编　著　孙新莉　魏贤虎　初铁男　王　健　王元杰
责任编辑　李　强
责任印制　彭志环

◆ 人民邮电出版社出版发行　　北京市丰台区成寿寺路 11 号
邮编 100164　电子邮件 315@ptpress.com.cn
网址　http://www.ptpress.com.cn
北京虎彩文化传播有限公司印刷

◆ 开本：700×1000　1/16
印张：22.25　　　　　　　2018 年 10 月第 1 版
字数：405 千字　　　　　 2023 年 1 月北京第 2 次印刷

定价：98.00 元

读者服务热线：(010)81055493　印装质量热线：(010)81055316
反盗版热线：(010)81055315

《信息通信技术普及丛书》编委会

本书编委会

顾 问

刘北阳　中国联通集团运行维护部副总经理
刘洪波　中国联通集团智能网络中心副总经理

主 编

孙新莉　中国联通集团运行维护部数据网处经理
魏贤虎　中通服咨询设计研究院有限公司网络院副院长
初铁男　中国联通集团运行维护部骨干网维护室经理
王 健　中通服咨询设计研究院有限公司副总经理
王元杰　中国联通山东省分公司网管中心传输主管

委 员

王光全　中国联通网络技术研究院网络部主任
吕洪涛　中国联通集团网络发展部传输网处经理
裴小燕　中国联通集团技术部技术战略处经理
张立彬　中国联通山东省分公司网管中心副总经理
赵升旗　中国联通山东省分公司运行维护部副总经理
杨宏博　中国联通集团运行维护部数据网处主管
张 贺　中国联通网络技术研究院网络部光传送技术研究室主任
陈 强　中国联通集团运行维护部骨干网维护室主管
史正思　中国联通集团运行维护部网管中心监控处主管
唐晓强　中国联通集团运行维护部骨干网维护室主管
黄 敏　中国联通安徽省分公司运行维护部传输组组长

序 《《《《《《

《论语·卫灵公》中有一句话："工欲善其事，必先利其器"，意思是说：工匠想要将他的工作做好，一定要先让工具锋利。对电信运营商来说，要想构建优质的网络，就需要领先的设备；要想打造领先的设备，就需要先进的技术。

近年来，电信业务悄然发生了变化，随着移动业务飞速发展以及互联网业务逐步普及，传统语音业务所占比例越来越小，数据业务逐步成了主流，这对带宽产生了更高需求，直接反映为对传送网能力和性能的要求提升，原有的传送技术（PDH、SDH、MSTP、ASON 等）面临新的挑战。

科技不断进步，技术领域不断推陈出新，分组传送网技术（IPRAN/PTN）和光传送网（OTN）技术成为传送网发展的主要方向。其中，分组传送网技术是近年来传送网 IP 化的新型解决方案，是传统 IP 技术和传送网技术的有效结合。凭借丰富的业务承载类型、强大的带宽承载能力以及完备的服务质量保障，分组传送网技术成为本地传送网的不二之选。光传送网（OTN）技术是目前传送宽带大颗粒业务的最优技术，受到业界一致青睐，它同时具有 SDH 网络和 WDM 网络的技术优势，既可以如 WDM 网络提供超大容量的带宽，又可以如 SDH 网络提供有效的运营维护管理和保护等功能。

《走近传送网》内容丰富，对传送网发展历程中涉及的各类技术进行了全面介绍，其中以分组传送网技术（IPRAN/PTN）、光传送网（OTN）为主，此外还涉及传送网规划设计、技术演进等诸多方面。

本书由中国联合网络通信有限公司和中通服咨询设计研究院有限公司的专家联合编写而成，内容通俗易懂，值得一读。

中国信息通信研究院技术与标准研究所副所长

张海懿

前 言 ‹‹‹‹‹‹

在工作中，我们经常遇到这样的情况：刚进入通信行业的大学生，或刚转行到传输岗位的工程师，想学习传输技术，却不知从何学起，于是向我们咨询该看什么书好。我们往往是发给他们一些相关的电子文档，或推荐他们几本书读。

其中有人继续问，有没有简捷快速的渠道可以速成，即通过看一本书就能读懂传送网。这个问题一直萦绕在我们心头，如果我们能创作一本这样的书，这对于爱学习的读者们来说确实有帮助，这无疑是一件有意义的事。

在本书的编写过程中，多位领导和同事给予了大力支持与帮助，在此表示衷心的感谢。我们要特别感谢中国信息通信研究院技术与标准研究所张海懿副所长为本书作序。由于编者水平有限，传送网内容涉及很广，书中难免有不妥之处；如有问题，恳请读者批评指正。

编　者
2018 年 4 月

目 录 ‹‹‹‹‹‹‹

第 1 章

传输网基础

传输网在整个通信网络中是一个基础网络，是各类业务网络的承载网，发挥的作用是传送各个业务网络的信号，使每个业务网络的不同节点、不同业务网之间互相连接在一起，形成一个四通八达的网络，为用户提供各种业务。

1.1　电信网架构

电信网（Telecommunication Network）是构成多个用户相互通信的多个电信系统互联的通信体系，是人类实现远距离通信的重要基础设施，利用电缆、无线、光纤或者其他电磁系统，传送、发射和接收标识、文字、图像、声音或其他信号。

电信网是十分复杂的网络，人们可以从各种不同的角度和以不同的方法来描述，从功能上，电信网大体上可分为传输网、业务网、支撑网，它们之间的关系如图 1-1 所示。

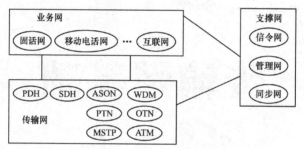

图 1-1　传输网、业务网、支撑网之间的关系

支撑网是现代电信网运行的支撑系统。建设支撑网的目的是利用先进的科学技术手段全面提高全网的运行效率。一个完整的电信网除了包括以传递电信业务为主的业务网之外，还需有若干个用来保障业务网正常运行、增强网络功能、提高网络服务质量的支撑网络。支撑网中传递相应的监测和控制信号。支撑网包括同步网、公共信道信令网、传输监控和网络管理网等。同步网在数字网中是用来实现数字交换机之间或数字交换机和数字传输设备之间时钟信号速率的同步，在模拟网中通过自动或人工方式校准和控制各主振器，使其频率趋于一致。公共信道信令网专用来实现网络中各级交换机之间的信令信息的传递。传输监控网是用来监视和控制传输网络中传输系统的运行状态。网络管理网主要用来观察、控制电话网服务质量并对网络实施指挥调度，以充分发挥网络的运行效能。可以看出，支撑网所有的这些功能都需要建立在一个性能优越的传输网的基础上才能实现。

业务网则包含了移动通信网、互联网、电话交换网、基础数据网等。起初，以 SDH 技术为基础的传输网定位于 PSTN 的配套传输网。现在，随着各类业务的增加，传输网在为传统语音业务提供传输通道的同时也服务于整个网络所承载的各种业务。所以，传输网是整个电信网络的基础，承载各业务网络，用于传送每个业务网的信号，使它们的不同节点和不同业务网之间能够互相联通，最终构成一个联通各处的网络，为语音业务、宽带数据业务以及下一代业务网和未来的 IP 多媒体等业务提供通道和多种传送方式，满足用户对各种业务的需求。可以说，没有传输网就无法构成电信网，传输网的稳定程度、质量优劣，直接影响到电信网的总体实力。

另外，人们往往将传输和传送相混淆，两者的基本区别是描述的对象不同，传送是从信息传递的功能过程来描述，而传输是从信息信号通过具体物理媒质传输的物理过程来描述。网络这个术语几乎可以泛指提供通信服务的所有实体（设备、装备和设施）及逻辑配置。传送网是在不同地点之间传递用户信息的网络的功能资源，即逻辑功能的集合。传送网是完成传送功能的手段，其描述对象是信息传递的功能过程，主要指逻辑功能意义上的网络。当然，传送网也能传递各种网络控制信息。

传输网是在不同地点之间传递用户信息的网络的物理资源，即基础物理实体的集合。传输网的描述对象是信号在具体物理媒质中传输的物理过程，并且传输网主要是指由具体设备所形成的实体网络，如光缆传输网、微波传输网。

因而，传送网主要指逻辑功能意义上的网络，即网络的逻辑功能的集合，而传输网具体是指实际设备组成网络。当然在不会发生误解的情况下，则传输网（或传送网）也可以泛指全部实体网和逻辑网。

电信网的分法可以有多种方法，也可以分为传送网、业务网、支撑网和物理承载网，如图 1-2 所示。物理承载网指为传送网提供物理承载的网络，包含管道网、杆路网、光缆网和电缆网等。

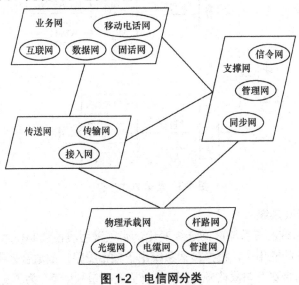

图1-2 电信网分类

1.2 传输系统概念

传输系统是包括了调制、传输、解调全过程的通信设备的总和。它是先把语音、数据、图像信息转变成电信号，再经过调制，将频谱搬移到适合于某些媒质传输的频段，并形成有利于传输的电磁波传送到对方，最后经过解调还原为电信号。作为信道时，传输系统可连接两个终端设备从而构成通信系统，也可以作为链路连接网络节点的交换系统构成通信网。

在传输信号的过程中，传输系统会遇到一些导致信号质量劣化的因素，如衰减、噪声、失真、串音、干扰、衰落等，这些都是不可避免的。为了提高传输质量、扩大容量，从而取得技术和经济方面的优化效果，传输技术必须坚持不懈地发展和提高。传输媒质的开发和调制技术的进步情况标志着传输系统的发展水平，可以从传输质量、系统容量、经济性、适应性、可靠性、可维护性等多个方面对传输系统进行综合评价。有效扩大传输系统容量的重要手段包括提高工作频率来扩展绝对带宽，压缩已调制信号占用带宽来提高频谱利用率等。

传输系统按其传输信号性质可分为模拟传输系统和数字传输系统两大类，按传输媒质可分为有线传输系统和无线传输系统两大类（见图1-3）。

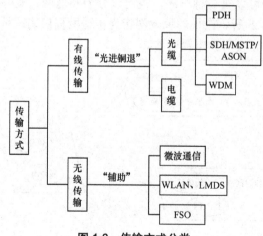

图1-3 传输方式分类

1. 模拟传输系统

模拟传输系统的信号随时间连续变化，必须采用线性调制技术和线性传输系统。在金属缆线的应用中，模拟传输系统由于频带受限，故适合采用单边带调制，它的已调信号的带宽可与原信号相同，有着更高频谱利用率。为了克服无线传输系统的干扰和衰落，模拟基带信号的二次调制大多采用调频方式。考虑到扩大容量，某些特大容量的模拟微波接力系统中会采用调幅方式。模拟传输系统的缺点是接力系统的噪声及信号损伤均有积累，它只适用于早期业务量很大的模拟电话网。

2．数字传输系统

数字传输系统的抗干扰及抗损伤能力变强，因为其信号参量在等时间间隔内取 2^n 或 2^n+1 个离散值，接收信号时只需取参量与各标称离散值的差值即可判决，接收信号无须保持原状，因此，信号经过每个中继器都可以逐段再生，无噪声及损伤的积累。同时，数字传输系统可用逻辑电路来处理信号，设备简单，易于集成。它不仅适用于数据等数字信号传输，也适用于传输数字语音信号以及其他数字化模拟信号，从而为建立包容各种信号的综合业务数字网提供便利。尽管数字化模拟信号的频谱利用率远低于原信号，但如果采用高效调制技术、高效编码技术和高工作频段的传输媒质等方法，依然可以相应地提高频谱利用率。这些优点使数字传输系统受到更多关注，其发展也变得迅速起来。

3．有线传输系统

有线传输系统是以线状金属导体（如同轴电缆、双绞线电缆等）及其周围或包围的空间为传输媒质，或者以线状光导材料（光纤）为传输媒质的传输系统。有线传输系统的传输质量相对稳定，其中，受外界电磁场辐射交联或集肤效应制约的金属缆线的可用频带严重受限，大体上只适用于模拟载波系统。借助缩小中继距离，我们可以在一定程度上提高金属缆线的系统容量。光纤是利用光线射到两种不同介质交界面时会产生折射和反射的原理，使携带信号的光线可在光纤的纤芯中长距离传播。光纤的优点是传输衰减小、距离长、频带宽、容量大、体积小、重量轻，同时抗电磁干扰，传输质量较好。当然，光纤也存在一些不足之处，如容易断裂，需要专业工具接续等。光纤由于具有良好的传播特性，现已成为有线传输系统的主要传输媒质。

4．无线传输系统

无线传输系统是以自由空间为媒质的传输系统，其信道大体上可分为卫星信道和地面无线信道两大类。卫星信道基本可以看作是恒参信道，只是由于电波超长距离地在空中传播，会造成明显的时延。同时，大气环境会影响卫星信道，致使其传播损耗不稳定。卫星信道的主要优点是代价低、使用方便、传输容量巨大，据测算，装有 10 个转发器的一到两颗卫星就可使世界上最大的国家能成功地进行通信。同时，卫星信道覆盖面宽，具有广播信道特性，可构成优良的无线传送信道，尤其是远程无线传送信道，现已成为远程无线传输的重要手段。在地面无线通信系统中，收端与发端之间是一种由直射波、绕射波、反射波、散射波、地表波等多个电波传播方式协同的信号传输模式。收发天线间的直射波传播要受到反射波、绕射波和散射波等干扰的影响，它们会对直射波产生干涉，形成多径效应。而沿地球表面传播的地表波，其能量随着传播距离增加而迅速减小，衰耗随着频率增高而急剧加大，多径效应反倒可以忽略不计。微波接力通信系统、特高频接力通信系统以及无线局域网（WLAN）、自由空间光通信系统（FSO）等都应用了地面无线信道。无线传输系统的传输质量不能保证稳定，容易受到干扰，必须采取各种抗干扰措施，并且进行频率的管理和系统间协调。同时，由于无线传输系统无需实体媒质，故其成本相对较低，建设工期短，调度灵活，配合不同的天线，它还可以方便地进行定向或全向广播通信。

1.3 传输网分层结构

按照建设及维护模式（或按照覆盖范围），传输网可以分为省际干线（一级干线）、省内干线（二级干线）和本地传输网 3 个层面，如图 1-4 所示。

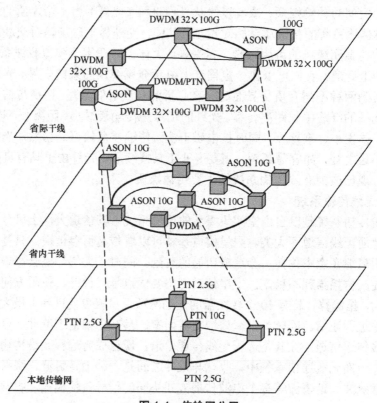

图 1-4 传输网分层

其中，省际干线用于连接各省的通信网元，省内干线则完成省内各地市间业务网元的连接，传输各地市间业务及出省业务。干线网络传输距离长、速率高、容量大、业务流向相对固定，业务颗粒也相对规范。干线网络既肩负海量数据传送的任务，又需要有非常强大的网络保护和恢复能力。这一层布设的应当是 OTN、DWDM 和 ASON 这一类设备，利用 OTN、DWDM 系统卓越的长途传输能力和大容量传输的特性，以及 ASON 节点十分灵活的调度能力和宽带容量，加之足够多的光纤资源相互交织成的网络，可以基本满足干线系统的需求。在相互之间和与本地传输网之间的沟通中，ASON 节点可以完成传统 SDH 设备需要行使的所有功能，还能够提供更大的节点宽带容量，同时更灵活和更快捷地调度电路，进一步降低网络的建设和运营费用。

本地传输网是以城市为范围组织的网络，是本地网内各类业务接入、传送承载的基础网络，主要目的是完成城市区域内的电路业务的传送。相较于干线网络，它有以下不同的特点：

① 中继距离相对较短、业务种类繁杂、颗粒大小不一，需要各种类型接口；

② 业务具有不确定性，受用户应用影响大，需要有比较强的调度和电路配置能力；

③ 要求网络有较强的可扩展性，以适应网络变化；

④ 技术多样性，每种技术都有其应用空间；

⑤ 接入环境复杂多变，设备数目众多，需要强大的网管；

⑥ 对成本敏感，如何降低运营成本成为重要因素；

⑦ 基于 IP 的应用逐渐成为主流，传统语音和专线服务已逐渐变为次要的收入来源。

从结构上来看，本地传输网又可以细分为骨干层、汇聚层和接入层 3 个层面，每个层面则包含多种混合组网设备。骨干层主要解决各骨干节点之间业务的传送、跨区域的业务调度等问题。汇聚层实现业务从接入层到骨干节点的汇聚。接入层则提供丰富的业务接口，实现多种业务的接入。本地传输网通过 3 个层面的配合，实现全程全网的多业务传送。

骨干层网络上联省内干线，主要由几个核心数据机房构成，比较大型的城市，往往业务量巨大，需要骨干层有足够的带宽和速率，所以这一层面也会选用 DWDM 和 ASON 设备组网。ASON 节点所能提供的单节点交叉容量可以大大缓解网络中节点的"瓶颈"问题。

汇聚层网络主要由网络中的业务重要节点和通路重要节点组成，多会布设 ASON 和 IPRAN、PTN 等设备。ASON 可以基于 G.803 规范的 SDH 传送网实现，也可以基于 G.872 规范的光传送网实现，因此，ASON 可以与现有 SDH 传输设备混合组网。IPRAN、PTN 设备也可以与 SDH 传输设备混合组网。ASON 和 IPRAN、PTN 与现有传输网络的融合是一个渐进的过程，在现有的 SDH 网络中组建 ASON 或 IPRAN、PTN 的基础上，逐步形成完整的 ASON 或 IPRAN、PTN，并取代原有网络。这一发展过程与 PDH 向 SDH 设备的过渡非常相似。

接入层网络的节点就是所有业务的接入点，包括通信基站、大客户专线、宽带租用点和小区宽带集散点等，它们的业务需求多种多样，网络结构也各有不同。针对这种情况，布设 IPRAN、PTN 设备和 PON 设备，IPRAN、PTN 中的随便一种设备就可以满足所有的业务需求，同时结合 PON 系统，实现"一网承送多重业务"。这个目标的实现需要一个渐进的过程，目前这层网络中的设备既有 IPRAN、PTN，也有 SDH，应当首先在有多业务需求的节点布设 IPRAN、PTN 设备，再逐步过渡到全网 IPRAN、PTN 设备组网。

本地传输网，还有一种分类方法，分为核心层、汇聚层、边缘层 3 层，如图 1-5 所示。

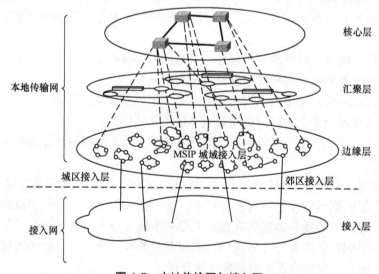

图 1-5　本地传输网与接入网

核心层是核心机房之间的传输系统，负责本地网范围内核心节点（各类业务本地核心网设备和干线设备所在机房，主要业务设备包括各类交换机、核心路由器、前置机、基站控制器、干线传输设备等）的信息传送。核心层位于本地传输网的顶层，传输容量大，节点的重要性高。

汇聚层介于核心层与边缘层之间，对边缘层上传的业务进行收容、整合，并向核心层节点进行转接传送。专门用于汇接边缘层业务的汇聚机房,主要业务设备包括 IP 城域网汇聚节点设备、承载网汇聚节点设备、BRAS 等。

一般的业务接入点(如基站、PoP 等)至汇聚节点的传输层面称为边缘层。边缘层节点包括基站、室内微蜂窝、数固业务接入间(DSLAM、以太网交换机、模块局)等业务接入点。

这样的 3 层结构也决定了现有移动回传所使用的光缆网的基本架构。

另外,用户接入点至边缘层节点的传输系统属于接入网,定义为接入层,接入层节点包括:大客户专线(数据和互联网专线)接入、商务和家庭宽带接入、商务和家庭电话接入、WLAN 接入等,设备均安装在客户驻地。设备种类较多,包括传输设备、各类 MODEM、PBX、终端等。

从技术定义、网络维护和建设界面上划分,接入网和本地传输网属于不同层次的网络。但习惯上,一般把边缘层、接入层统称为接入层。因此,本地网通常可以分为接入层、汇聚层和核心层 3 层,如图 1-6 所示。

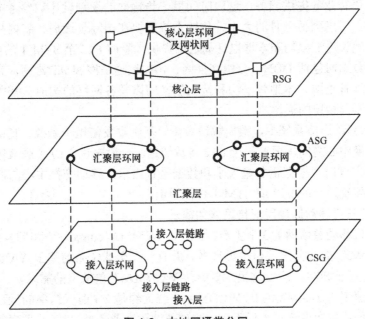

图 1-6 本地网通常分层

接入层的设备也称为基站侧网关(CSG,Cell Site Gateway);汇聚层的设备也称为汇聚侧网关(ASG,Aggregation Site Gateway);核心层的设备也称为无线侧业务网关(RSG,Radio Service Gateway)。

另外有些本地网也可以将汇聚层和核心层合二为一,即分为接入层、核心层(或核心汇聚层)两层。

1.4 业务网对传输网的需求

传输网提供诸如 2Mbit/s、8Mbit/s、34Mbit/s、140Mbit/s、155Mbit/s、2.5Gbit/s、10Gbit/s、40Gbit/s 乃至 100Gbit/s 速率的通道。各业务网通过传输网传送信号时，也必须以相应速率的接口与传输网对接，常用的有 2Mbit/s、155Mbit/s、2.5Gbit/s 等，这些接口可以是电口也可以是光口。之后传输设备把这些相同或不同速率的信号复用成高速率的信号，再通过传输媒质传送到对端，然后解复用，还原给相应的业务网。

1. 电话交换网、基础数据网、GSM 移动通信网对传输网的需求

早期，通信网主要以语音业务为主，传输网也只是作为电话交换网的基础网络，为语音业务提供服务。这段时间里，传输网的规划设计均参考电话网的架构进行。考虑到话务量的大小，传输系统需要在国际长途局、省内外长途汇接局、本地长途汇接局和本地电话局之间提供大量的 E12 至 STM-1 的信道。

基础数据网包括 DDN、分组交换网、帧中继通信网和 ATM 网，它的省骨干网和本地骨干网、本地骨干网和接入层之间以及各网络的构成，都需要传输系统提供不同接口的通道。

GSM 移动通信系统中，根据载波数量，基站收发信机子系统、基站控制器和移动交换中心之间需要若干个 E12 传输通道。一般来说，10 个载波需要一条 E12 通道。同时，根据话务量大小和数据带宽需求，移动交换中心与固话网之间也需要配置适当的 E12 或 STM-1 传输通道。

2. 第三代移动通信网对传输网的需求

第三代移动通信网的 3 个主流标准——WCDMA、cdma2000 和 TD- SCDMA 中，WCDMA 的业务侧接口种类最多。并且，在全球颁布的基于 WCDMA 的 3G 执照超过了 80%，所以这里主要介绍 WCDMA 对传输网的需求。

下行速率为 14.4Mbit/s 的 WCDMA 系统大约是 2G 时代速率的近百倍，相应的，其传输带宽也会扩大近百倍。除传统的语音业务外，3G 的主要业务是诸如多媒体流、上网等数据业务。数据业务的特点是突发性很强，这需要配套传输网不仅要有高带宽，而且要有高的带宽利用率和优良的多业务处理机制。接口方面，基站及控制器之间需要 2Mbit/s、155Mbit/s，乃至 1Gbit/s 的接口，就 WCDMA 的 R99 版本而言，其网络模型中与传输网紧密联系的部分如图 1-7 和表 1-1 所示。它主要由两部分组成：无线接入网（UTRAN）和核心网（CN）。

其中，UTRAN 负责处理与无线接入有关的事务，主要由基站（Node B）和无线网络控制器（RNC）组成。CN 负责处理内部数据与外部网络的交换事务及路由选择，主要由电路域（CS）的移动交换中心/拜访位置寄存器（MSC/VLR）及关口移动交换中心（GMSC）和分组域（PS）的服务 GPRS 支持节点（SGSN）及网管 GPRS 支持节点（GGSN）等组成。此外，R4 版本的 WCDMA 相比 R99 版本有一些调整和改变，但是对传输网络部分影响不大。

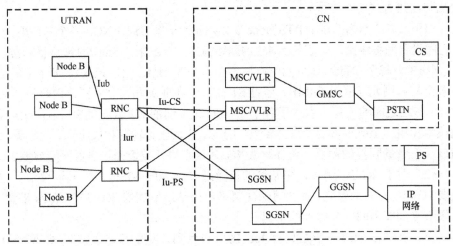

图 1-7 WCDMA R99 版本网络模型

表 1-1 WCDMA R99 版本接口类型

接口名称	连接位置	接口类型
Iub	Node B 到 RNC 之间接口	IMA E1 和 STM-1（ATM）
Iur	RNC 到 RNC 之间的接口	IMA E1 和 STM-1（ATM）
Iu-CS	RNC 到核心网电路域 MSC 之间的接口	IMA E1 和 STM-1/4（ATM）
Iu-PS	RNC 到核心网分组域 SGSN 之间的接口	IMA E1 和 STM-1/4（ATM）
	核心网内部电路域接口	E1、STM-n 的 TDM
	核心网内部分组域接口	GE、FE
	PSTN 网管接口	E1、STM-n 的 TDM
	数据网网管接口	GE、FE、POS、STM-1/4 的 ATM

3. 第四代移动通信网对传输网的需求

第四代移动通信网（4G）技术包括 TD-LTE 和 LTE TDD 两种制式，能够高质量且快速地传输数据、音频、视频和图像，几乎能够满足所有用户对于无线服务的要求。4G 技术支持 100～150Mbit/s 的下行网络速率，上行速率也能达到

20Mbit/s。4G 移动系统网络结构可分为 3 层：物理网络层、中间环境层、应用网络层。物理网络层提供接入和路由选择功能，它们由无线和核心网的结合格式完成。中间环境层的功能有 QoS 映射、地址变换和完全性管理等。物理网络层与中间环境层及应用网络层之间的接口是开放的，它使发展和提供新的应用及服务变得更为容易，提供无缝高数据速率的无线服务，并运行于多个频带。

与 3G 网络比较，4G 回传网有很大不同，具体主要表现在网络拓扑、流量变化和连接方式 3 个方面。

（1）2G/3G 网络的每个 BTS/Node B 只归属于一个 BSC/RNC，各个 BTS/Node B 之间没有网络连接，只存在点对点的网络模式，一般采用 SDH/PTN 进行回传。4G 网络中，每个 eNode B 可同时归属多个 S-GW/MME（S1-Flex），即 4G 基站与多个核心网元（SGW/MME）通过 S1 接口实现业务和信令互联。同时为了疏导 4G 基站之间的流量，引入了各个 eNode B 之间的 X2 直连接口。4G 回传网在技术和组网上既要满足"点到多点"的 4G 基站业务转发和长距离、大容量跨城域基站业务回传的需要，还要解决 4G 对业务的分类管理和质量保障问题。

（2）对于 2G/3G 网络，基站侧的流量最多为 30～40Mbit/s，其汇聚节点也只要 1Gbit/s 左右的带宽。而对于 4G 网络，仅基站侧就需 80～320Mbit/s 带宽，汇聚节点则需 10Gbit/s 以上的带宽。

（3）2G/3G 网络的基站只有 Iub 接口和点到多点的静态连接。4G 网络存在 SGW/MME 与 eNode B 间的 S1 接口，eNode B 与 eNode B 之间还存在 X2 接口，形成了点到多点的复杂逻辑关系，其中 X2 接口的连接始终处于动态变化中。

4. 互联网对传输链路的需求

随着电信和互联网的高速发展，各种高流量的业务不断涌现，使得全球的 IP 流量激增。智能手机、平板电脑的普及使得移动互联网业务迅猛增长，移动数据流量每年增长速度均超过 100%。这其中主要增长点是 P2P 和网络视频，另外 IPTV 流量增长率也不容忽视，虽然其绝对量不是主导因素。P2P 流量加起来约占互联网流量的 70%，并且绝大部分是音视频。从这些可以看出，未来 5 年平均增长率依然能达到 56%～80%，相当于容量需要增加 10～20 倍。目前，互联网链路在核心节点之间根据业务量大小配置若干个 100Gbit/s 的传输通道，在汇聚节点双归连接到附近的两个核心节点，根据业务量大小配置若干个 10Gbit/s 或以上通道带宽的传输通道；在边缘节点双归连接到附近的两个汇接节点，根据业务量大小配置若干个 STM-4、2.5G 或以上通道带宽的传输通道。

5. 因特网数据中心对传输网的需求

因特网数据中心（IDC，Internet Data Center）是基于因特网，为集中式收集、存储、处理和发送数据的设备提供运行维护的设施基地并提供相关的服务。IDC 提供的主要业务包括域名注册查询主机托管、资源出租、系统维护、管理服务及其他支撑和运行服务。

数据中心光传输系统对带宽的要求呈高速增长的态势。思科预测，全球数据中心 IP 流量将从 2015 年的 4.7ZB 增长到 2020 年的 15.3ZB，年复合增长率约为 27%。中国市场增长速度更快，未来 5 年我国干线网流量年增长率高达 60%~70%，干线网络带宽要求将是当前的 10~15 倍。采用新一代光纤及光模块可以不断发掘光网络带宽潜力。多模光纤较低的有源+无源的综合成本，促使多模光纤在数据中心的应用中占有绝对的优势，OM4 新类别 EIA/TIA-492AAAD 多模光纤标准的推出，为多模光纤今后大量应用提供了更优良的传输手段，多模光纤从 OM1 到 OM2，以及采用 VCSEL 激光优化技术后的 OM3 再到 OM4 几个阶段，带宽也是逐级提升，受到云计算环境中在线媒体和应用大量成长需求的推动，这个模块产品成为数据中心、服务器场、网络交换器、电信交换中心以及许多其他需要高速数据传输、高性能嵌入式应用的理想通信方案，系统应用包括数据聚合、背板通信、专用协议数据传输以及其他高密度/高带宽应用。在 40/100（Gbit/s）的状态下设备端口（如 QSFP）将直接与 MTP/MPO 连接器相连接，不论光纤通道中有几条光缆来连接，也不论中间连接的光纤是哪种类型连接方式，40/100（Gbit/s）的设备端与设备端之间最终的通道连接方式都需要形成一种特殊的模型状态，使设备发送端与接收端的通道相互对应。MPO/MTP 高密度光纤预连接系统目前主要用于三大领域：数据中心的高密度环境的应用、光纤到大楼的应用、在分光器及 40/100（Gbit/s）QSFP SFP+等光收发设备内部的连接应用。

6．大客户专线对传输网的需求

在固定宽带接入网络中，针对集团、政府、银行等大客户的接入叫作专线接入，是用于在客户不同分支机构之间传送各种信息服务、语音业务、数据业务的基础网络。

当前分组化专线用户数呈现增长的态势，一方面原因主要包括网络发展带来的移动和固定网络的数据业务量的增长，特别是移动网络 3G、4G 和 WiMAX 等逐渐推动部署，从而推动现有 SDH（MSTP）传输网向分组化网络方向转变；另一方面，随着信息技术的发展和行业信息化进程的推进，集团大客户对计算机技术和通信网络技术的依赖程度越来越高。视频、数据、OA 办公、即时消息、视频会议、实时监控等高带宽业务开始受到大家的关注。很多传统网络上不可能实现的应用都变成了现实。"高速互联网""视频会议""数据交互""办公自动化"等网络应用都是目前常见的基本需求，这些业务在传统通道上是难以实现的。现有大客户专线对接入网络主要具有以下需求。

① 业务带宽不断增长，从传统的 2～4Mbit/s 发展到 10～100Mbit/s 甚至更高的业务带宽需求。

② 数据业务的增长带来高带宽的投入需求，高带宽和带来的收入不完全匹配。

③ 专线接入涉及的客户主要是政府、金融、集团和机构等，这些客户对业务质量、可靠性和服务的要求高于普通用户，同时往往具备一些独特个性化的要求。

④ MSTP 网络刚性带宽的特点使得带宽利用率低，不能很好地适应未来全IP 的趋势，迫使专线接入的上层承载传输网络从 MSTP 向分组化的网络转变。

⑤ 专线网络的点数众多且分散，设备需要更强的管理特性、简单的部署配置以及满足低功耗的需求。

总的来说，各种业务网离不开传输网络，传输网的质量将直接影响到各种通信业务网的运行质量。业务网的不断演进对传输网提出了更新、更高的要求。第一，多业务的运营必然要求传输网实现多业务的承载；第二，数据业务要求传输网能够提供自动配置、动态可调带宽，提高资源利用率；第三，业务发展的不确定性要求网络能够灵活扩展；第四，面临多业务、多运营商的竞争环境，要求传输网络提供更高的安全保障。只有这样，传输网才能快速响应业务网的需求，运营商才能快速响应用户的需求，这就要求传输网必须向着具有自动交换能力，支持多业务、多接口，可经营管理的方向发展。

1.5 传输网技术现状

目前运营商中存在的传输技术大致分为两类，一类是中低速技术：PDH、SDH、MSTP、ASON、PTN、IPRAN，其中 MSTP 是在 SDH 基础上加载了以太网接入与处理模块，ASON 是在 SDH 基础上加载了智能软件；另一类是高速技术：WDM、OTN 技术，其中 OTN 是在 WDM 基础上加载了光交叉、电交叉和智能模块。目前，在本地网中，PDH 基本已经淘汰，MSTP、SDH 正面临被分组传送技术 PTN、IPRAN 淘汰，ASON 尚有一席之地，WDM、OTN 后起勃发；在长途网中，SDH、ASON、WDM、OTN 均有一定占比。

基于以上各种技术，业务的传送大致有 3 条路径，如图 1-8 所示。中低速业务承载于中低速技术上经物理光缆进行近距离传送，高速业务承载于高速技术上经物理光缆进行传送。中低速业务承载于中低速技术上，中低速技术再承载于高速技术上，经物理光缆进行远距离传送。

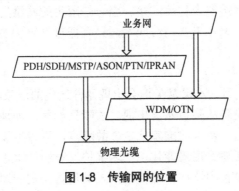

图 1-8　传输网的位置

1.6　传输网维护概述

传输网维护主要分为日常维护和故障处理两个方面。

1. 日常维护

传输网的稳定运行离不开维护人员的精心维护，只有在日常维护中做到预检、预修，尽可能早地发现故障隐患，才能尽最大可能杜绝网络故障的发生。与其出现故障后手忙脚乱地抢修，不如将故障消灭在萌芽状态。这种变被动应付为主动维护的方式，是所有维护人员需要具备的素质。

传输网的日常维护最重要的两项工作就是告警、性能的查看，这需要每天监测。通过告警可及时发现网络出现的故障，通过性能查看可发现网络隐患，比如某段光路光功率异常降低，可怀疑是光缆受损或者光板故障，在割接窗口时间通过光板自环等措施排除故障。

日常维护的另一项工作就是备品、备件和测试仪表的管理。要根据网络规模预留充足的备品、备件，对现网设备已配备"1+1"热备份的单板，备件可酌情减少，所有的备件要至少保证两块以上，在现网单板版本升级时，不要忘记对备件版本的升级。备件的保存最好有单独的库房，环境条件良好，并定期对备件进行加电测试。对换下来的故障板件要及时返修，保证备件可用。测试仪表也需要保养并定期测试指标是否良好，对于光功率计、光源、2M 误码仪等常用仪表，要注意备用电池等是否充足，如果出现故障后发现仪表也是坏的，这将导致最基本的故障情况都掌握不了，而且有可能导致故障超时。

日常维护可以说是最简单重复、枯燥乏味的一项工作，时间长了维护人员往往产生厌倦懈怠情绪，但它也是最基本的一项工作，贵在坚持，坚持下去的一个好处就是可以熟悉整个传输网络。当一个陌生的网络发生故障时，维护水平再高的人员处理起来也未必得心应手，只有把自己维护的网络摸透，处理故障才会事半功倍。

2. 故障处理

设备既然在网运行，不可避免地会出现器件老化的现象，再加上制造工艺、外部因素等原因，设备故障自然会出现。故障只能尽可能地去避免，不可能杜绝，当出现故障之后，快速、准确地定位故障点，及时地恢复业务，成为维护人员的当务之急。故障处理最能体现一名维护人员的技术水平，它不仅需要维护人员熟悉所维护设备的特性，还要维护人员具备扎实的理论功底、冷静的头脑、过硬的心理素质，甚至还要考虑外部因素（诸如天气、电源等）对于设备的影响。

不论处理什么问题，都应该保持清晰的思路，有条不紊地排查处理。在工作中会遇到许多的问题，有些问题我们知道它产生的原因，进而可以在碰到它时轻松地应对；还有些问题，我们虽然最后将它解决了，可是我们自己都不知道它是怎么产生，甚至是怎么解决的。这种问题很多，尤其是做设备维护工作，涉及的因素多而杂，也许一根线、一个接头都会是问题的源头。这种情况下，我们不能够消极地把它抛到脑后，而应该打破砂锅问到底，检查出到底是什么原因产生了问题，又是什么原因解决了问题，并将结果记录下来。只有这样，才能够在提高排查故障效率的同时做到未雨绸缪，防患于未然。

一般来说，传输网故障主要有设备故障和线路故障，处理方法也是耳熟能详的几种，比如告警分析法、性能分析法、环回法、替换法、配置数据分析法、更改配置法、仪表测试法、经验处理法等。同一种故障现象在不同的情形有着不同的故障原因，这需要维护人员灵活掌握，因此故障处理不能拘泥于哪种处理方法，适合的就是最好的，只有尽快排除故障才是最根本的任务。

第 2 章

通信线缆技术

连接网络首先要用到的载体介质就是线缆，其中光缆是当今信息社会各种信息网的主要传输媒介，通过光缆传输的信息，除了通常的电话、电报、传真以外，还有电视信号、银行汇款、股市行情等一刻也不能中断的信息。如果把"互联网"称作"信息高速公路"的话，那么，光缆网就是信息高速路的基石——光缆网是互联网的物理路由，一旦某条光缆遭受破坏而阻断，该方向的"信息高速公路"即告破坏。

2.1 电缆

设备之间的连接都采用线缆，在洲际、省份、城市之间一般采用光缆或海底光缆，在城市内部，程控交换机通过多种方式，如大对数电缆、光纤等连接用户的电话机或企业的电话交换机。在机房内，设备连接采用的线缆种类更丰富。比较常用的线缆有电话双绞线、以太网双绞线、光纤跳线（尾纤）、V.35 线缆、同轴电缆等（如图 2-1 所示）。

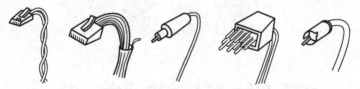

RJ-11 和双绞线　RJ-45 和五类线　光纤接头跳线　　V.35　　BNC 和同轴电缆
图 2-1　多种物理线缆和接头

1. 常用电缆

（1）同轴电缆

同轴电缆由同轴的内外两个导体组成，内导体是一根金属线，外导体是一根圆柱形的套管，一般是细金属线编制成的网状结构，内外导体之间有绝缘层。电磁场封闭在内外导体之间，带来的好处是辐射损耗小，受外界干扰影响小。同轴电缆多用于 E1/T1 接口线缆，广电网络、设备的支架连线，有线电视，共用天线系统以及彩色或单色射频监视器的转送，在早期的计算机局域网中也经常使用。在光纤出现以前，同轴电缆是传输容量最大的传输媒介。

同轴电缆有两种阻抗：75Ω 和 50Ω，不同的传送需求，选用不同阻抗值的同轴电缆。比如用于视频传送的，一般采用 75Ω，E1/T1 之间的同轴电缆也采用 75Ω。同轴电缆的接头一般是用基础网络连接头，即 BNC 接头。

（2）双绞线

每一对双绞线由绞合在一起的相互绝缘的两根铜线组成，每根铜线的直径在 1mm 左右，可以用于模拟传输或数字传输。把铜线"绞合"在一起是为了抗干扰，也就是防止"噪声"对数据造成影响。注意，绞合的铜线不能屏蔽噪声，而是通过数学物理方法将噪声抵消，还原真实的数据信号。当然，双绞线的抗干扰能力无法和同轴电缆比，因此在传送多路语音的时候，一般会选择同轴电缆或者光缆而不是双绞线。那么双绞线最初的广泛应用就发生在一路语音的传送，这就是连接电话机的那根导线——电话线。物理学里面的"噪声"和平时生活中说的"噪声"是不同的，物理学中的很多"噪声"一般都不是真实地发出声响，它们是传送过程中的其他电磁干扰，比如手机放到线缆旁边，手机发出的电磁波就会对线缆的磁场造成影响——因为这种电磁波也在铜金属的通过频率范围内，这就会对铜缆正在传送的数据造成破坏。双绞线就是一种比较廉价的减少这种破坏的传送介质。

除了电话线，计算机局域网也普遍使用双绞线，如图 2-2 所示。电话线一般采用一对或者两对双绞线，而局域网采用 4 对，这些"线对"都被装在一根套管里。也有将更多线对装入一根套管，这称为"大对数电缆"，一般用于从电信机房连接到室外的交接箱，从交接箱再通过若干对双绞线分别连接到千家万户，用于语音通信或者 ISDN、xDSL 等的数据传输。大对数电缆在线缆敷设过程中更加方便。

图 2-2　电话双绞线和局域网的双绞线

计算机局域网中经常使用的双绞线有屏蔽和非屏蔽之分，屏蔽双绞线（STP，Shielded Twisted Pair）的抗干扰性好，性能高，用于远程中继线时，最大传输距离可以达到十几千米，这个距离已经突破了一般意义上的"局域网"。高性能决定了其高成本，而光纤完全可替代它并有更好的性能和更低的成本，所以 STP 一直没有被广泛使用。应用广泛的是非屏蔽双绞线（UTP，Unshielded Twisted Pair），其传输距离一般为 100m 左右，常用的是五类线和加强版——超五类线。五类线、超五类线可支持百兆、千兆的以太网连接，是连接桌面设备的首选传输介质。

双绞线两头可安装 RJ-45 或者 RJ-11 的水晶头，这个透明的头用于插入以太网交换机、HUB、计算机以太网卡或者其他 IP 设备的 RJ-45 插孔。RJ-11 接头用于插入电话机、PBX 的 RJ-11 插孔。

双绞线也可被用于 E1/T1 信号的传送，由于线序不同，其两端的接口被称为 RJ-48 接口。

2．物理接口和接头

（1）RJ-11

RJ-11 接口和 RJ-45 接口有几分神似，其接头部分都叫作"水晶头"，透明而结实。RJ-11 只有 4 根针脚（RJ-45 为 8 根）。在电话系统中，电话机的接口就是 RJ-11 插孔，与之配套的电话线的末端是 RJ-11 的水晶头。在计算机系统中，RJ-11 主要用来连接调制解调器。

在通用综合布线标准里，没有单独提及 RJ-11，所有的连接器件必须是 8 针。RJ-11 和 RJ-45 的协同工作和兼容性还没有成文。

RJ 这个名称代表已注册的插孔（Registered Jack），来源于贝尔系统的通用服务分类代码（USOC，Universal Service Ordering Codes）。USOC 是一系列已注册的插孔及其接线方式，用于将用户的设备连接到公共网络。联邦通信委员会（FCC）代表美国政府发布了一个文档，规定了 RJ-11 的物理和电气特性。

（2）RJ-45

RJ-45 是一个常用名称，指的是由 IEC（60）603-7 标准化，使用由国际性的接插件标准定义的 8 个位置（8 针）的模块化插孔或者插头。IEC（60）603-7 也是 ISO/IEC 11801 国际通用综合布线标准的连接硬件的参考标准。

因此，使用 6 针或者 4 针接插件（比如 RJ-11）从此不被通用解决方案支持。为了使超五类双绞线达到性能指标和统一接线规范，国际上又制定了两种国际标准线序，常用的一种叫作 T568B，其线序为：白橙，橙，白绿，蓝，白蓝，绿，白棕，棕。

网络工程师在制作网线的时候，常常需要考虑水晶头与网线如何连接的问题。

双绞线中 4/5、7/8 这 4 根线没有定义。而具体施工时，往往不注意就接成了 1/2/3/4 针。10Mbit/s 网络相对而言带宽窄、连通性好，故连接成 1/2/3/4 针也没有什么问题。但是 100Mbit/s 的高带宽，再连成 1/2/3/4 针就不能很好地工作了。要命的是，该故障的表现方式不尽相同：有的计算机在连接后，网卡和 HUB 或交换机上的指示灯均正常点亮；有的计算机却是网卡上的指示灯正常亮，而 HUB 或交换机端的指示灯闪烁，从而增加了排错的难度。所以双绞线制作过程中一定要高度重视线序的问题。

（3）V.35

V.35 是通用终端接口的规范，是对 60～108kHz 群带宽线路进行 48kbit/s 同步数据传输的调制解调器的规定，其中一部分内容记述了终端接口的相关规范。

V.35 对机械特性，即对连接器的形状并未作出规定。因此我们应该经常能够在低端路由器、Modem、MUX 上见到各种形状的 V.35 接口。

路由器中的 V.35 接口一般采用 DB34 或者 DB25 的接口类型，用来传送同步的 $N \times$ 64kbit/s 数据。

（4）RJ-48

RJ-48 是 E1/T1 接口的连接器标准，和 RJ-45 接头外观极其相似，但正规的 RJ-48 接口在第八线侧的外壁有一个小突起与 RJ-45 区分（但目前基本都混合使用，电子市场购买的 8 芯水晶头，采用不同线序，就成了不同的接口类型，RJ-48 或者 RJ-45）。

RJ-48 通常指 RJ-48C，用于 E1/T1/语音接口，用 1/2/4/5 针。

（5）BNC

BNC 接头是一种用于同轴电缆的连接器，因为同轴电缆是一种屏蔽电缆，具有传送距离长、信号稳定的优点，因此 BNC 接头被大量用于通信系统中，如网络设备中的 E1 接口就可以用两根 BNC 接头的同轴电缆来连接，在高档的监视器、音响设备中，BNC 接头也经常用来传送音频、视频信号。

2.2　光纤

当今世界正处于大创新、大变革的时代，中国正在推进"中国制造 2025"和"互联网+"计划，国家"十三五"规划建议，把"网络强国""大数据"上升到国家战略的高度。近年来，我国光通信产业发展迅速，已经成为全球最大的光通信市场，并涌现出一批全球领先的光系统设备商，如华为、中兴、烽火等。

2.2.1　光纤简介

光纤是光导纤维的缩写，是一种由玻璃或塑料制成的纤维，可作为光传导工具，结构如图 2-3 所示。

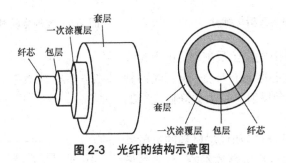

图 2-3　光纤的结构示意图

纤芯位于光纤中心，直径为 5～75μm，作用是传输光波。包层位于纤芯外层，直径为 100～150μm，作用是将光波限制在纤芯中。纤芯和包层组成裸光纤，两者采用高纯度二氧化硅（SiO_2）制成，但为了使光波在纤芯中传送，应对材料进行不同掺杂，使包层材料折射率 n_2 比纤芯材料折射率 n_1 小，即光纤导光的条件是 $n_1 > n_2$。

一次涂敷层是为了保护裸纤而在其表面涂上的聚氨基甲酸乙脂或硅酮树脂

层，厚度一般为 30～150μm。套层又称二次涂覆或被覆层，多采用聚乙烯塑料或聚丙烯塑料、尼龙等材料。经过二次涂敷的裸光纤称为光纤芯线。

光在不同的介质中以不同的速度传播，看起来就好像不同的介质以不同的阻力阻碍光的传播。描述介质的这一特征的参数就是折射率。当一条光线从空气中照射到物体表面时，不仅速度会减慢，在介质中的传播方向也会发生变化。通常，光线在均匀介质中传播时是保持直线传播的，当一条光线照射到两种介质相接的边界时，入射光线分成两束：反射光线和折射光线，会发生反射与折射现象，如图 2-4 所示，其中 n_1 为纤芯的折射率，n_2 为包层的折射率。

根据光的反射定律，反射角等于入射角，根据光的折射定律：$n_1\sin\theta_2 = n_2\sin\theta_2$，若 $n_1 > n_2$，则会有 $\theta_2 > \theta_1$。如果 n_1 与 n_2 的比值增大到一定程度，则会使折射角 $\theta_2 \geq 90°$，此时的折射光线不再进入包层，而会在纤芯与包层的分界面上掠过（$\theta_2 = 90°$ 时），或者重返回到纤芯中进行传播（$\theta_2 > 90°$ 时）。这种现象叫作光的全反射现象，如图 2-5 所示。对应于折射角 $\theta_2 = 90°$ 时的入射角叫作临界角。

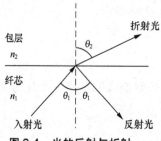

图 2-4　光的反射与折射

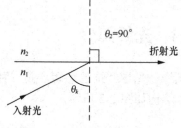

图 2-5　光的全反射现象

当光在光纤中发生全反射时，由于光线基本上全部在纤芯区进行传播，没有光跑到包层中去，所以全反射可以大大降低光纤的损耗。

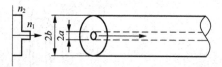

纤芯的粗细、材料和包层材料的折射率对光纤的特性起着决定性的影响。纤芯的折射率 n_1 大于包层折射率 n_2，是光信号在光纤中传输的必要条件。图 2-6 为 3 种典型光纤。从图中可看出，纤芯和包层横截面上，折射率剖面有两种典型的分布。

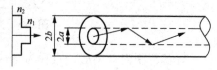

一种是，纤芯和包层折射率沿光纤径向分布都是均匀的，而在纤芯和包层的交界面

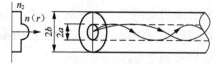

图 2-6　3 种典型光纤

上，折射率呈阶梯形突变，这种光纤称为阶跃折射率光纤。它可以使光波在纤芯和包层的交界面形成全反射，引导光波沿纤芯向前传播。

另一种是，纤芯的折射率不是均匀常数，而是随纤芯径向坐标增加而逐渐减少，一直渐变到等于包层折射率值，因而将这种光纤称为渐变折射率光纤。它可以使光波在纤芯中产生连续折射，形成穿过光纤轴线的类似于正弦波的光射线，引导光波沿纤芯向前传播。

随着纤芯直径的粗细不同，光纤中传输模式的数量多少也不同，按照传输模式的数量多少，光纤可分为单模光纤和多模光纤。单模光纤的纤芯直径极细，一般小于 10μm。多模光纤的纤芯直径较粗，通常为 50μm 左右。但从光纤的外观上来看，两种光纤区别不大，包括塑料护套的光纤直径都小于 1mm。

2.2.2 光纤通信的概念

光纤通信是将要传送的信号（如语音、视频、数据）调制到光载波上，以光缆（光纤）作为传输媒介的通信方式。要使光波成为携带信息的载体，必须在发射端对其进行调制，然后在接收端把信息从光波中检测出来（解调）。

光纤通信系统一般由光发射机、光纤与光接收机组成，如图 2-7 所示。在发射端，电端机把模拟信息（如语音）进行模/数转换，用转换后的数字信号去调制发射机中的光源器件（一般是半导体激光器 LD），则光源器件就会发出携带信息的光波。当数字信号为"1"时，光源器件发射一个"传号"光脉冲；当数字信号为"0"时，光源器件发射一个"空号"（不发光）。光波经光纤传输后到达接收端。在接收端，光接收机把数字信号从光波中检测出来送给电端机，而电端机再进行数/模转换，恢复出原来的模拟信息，这样就完成了一次通信的全过程。

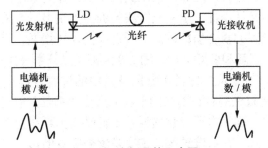

图 2-7 光纤通信示意图

和其他通信手段相比，光纤通信具有极大的优越性：通信容量大，中继距离长，保密性能好，不受外界强电磁场的干扰，耐腐蚀，体积小，重量轻，便于施工维护，原材料（二氧化硅）来源丰富，价格低廉。

可见光的波长范围为 400～700nm，光纤通信光源使用的波长在 800～1700nm 之间，但这个范围的光不是都可以在光纤中传输。光纤对不同波长的光呈现的传输特性是有很大差别的，在 850nm、1310nm 和 1550nm 处有 3 个低损耗窗口，如图 2-8 所示，衰减分别为 2dB/km、0.5dB/km 和 0.2dB/km。第一代光纤通信系统工作在 850nm 附近，目前常用的工作波长在 1310nm 和 1550nm 处，其中光纤通信大都运用在 1530～1565nm（也称 C 波段）与 1565～1625nm（也称 L 波段），其中 C 波段是目前高速、大容量、长距离系统最常用的波段。

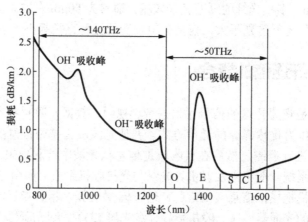

图 2-8　石英光纤损耗谱

2.2.3　光纤的传输特性

1. 损耗

光波在光纤中传输时，随着传输距离的增加而光功率逐渐下降，这就是光纤的传输损耗，即光纤损耗。引起光纤损耗的原因很多，有来自光纤本身的损耗，也有光纤与光源的耦合损耗以及光纤之间的连接损耗。而光纤本身损耗大致包括两类：吸收损耗和散射损耗。图 2-9 给出了光纤本身损耗的分类。

吸收损耗是由制造光纤材料本身以及其中的过渡金属离子和氢氧根离子（OH⁻）等杂质对通过光纤材料的光的吸收而产生的损耗，前者是由光纤材料本身的特性所决定的，称为本征吸收损耗。本征吸收损耗在光学波长及其附近有两种基本的吸收方式。在短波长区，主要是紫外吸收的影响；在长波长区，红外吸收起主导作用。除本征吸收以外，还有杂质吸收，它是因材料的不纯净和工艺不完善而造成的附加吸收损耗。影响最严重的是过渡金属离子吸收和水的氢氧根离子吸收。

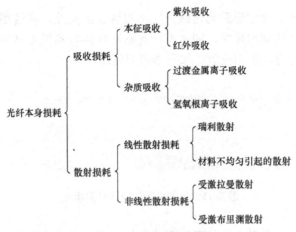

图 2-9　光纤损耗分类

由于光纤的材料、形状及折射指数分布等的缺陷或不均匀，光纤中传导的光因散射而产生的损耗称为散射损耗。散射损耗可分为线性散射损耗和非线性散射损耗两大类。线性散射损耗主要包括瑞利散射和材料不均匀引起的散射；非线性散射主要包括受激拉曼散射和受激布里渊散射等。

瑞利散射是光纤材料的折射率随机性变化而引起的，是一种最基本的散射过程，属于固有散射，也属于本征散射损耗。而因为结构的不均匀性以及在制作光纤的过程中产生的缺陷也可能使光纤产生散射，从而引起损耗。

光纤本身损耗除两种主要损耗（吸收损耗和散射损耗）之外，引起光纤损耗的还有光纤弯曲产生的损耗以及纤芯和包层中的损耗等。

掺铒光纤放大器（EDFA）的研制成功，使光纤衰减对系统的传输距离不再起主要的限制作用。

2．色散

光的色散现象是一种常见的物理现象，当自然光通过棱镜时会呈现按赤橙黄绿青蓝紫顺序排列的彩色光谱，如图 2-10 所示。这是由于棱镜材料（玻璃）对不同波长（对应于不同的颜色）的光呈现的折射率不同，从而使光的传播速度不同和折射角度不同，最终使不同颜色的光在空间上散开。

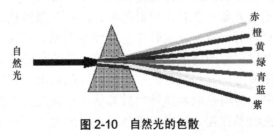

图 2-10　自然光的色散

在一根光纤中由于光源光谱成分中不同波长的光波，在传播时速度的不同所引起的光脉冲展宽的现象，即入射的光脉冲在接收端发生脉冲展宽并引起信号畸变造成失真的现象叫色散，如图 2-11 所示。

图 2-11　色散引起的脉冲展宽示意

光纤的色散是引起光纤带宽变窄的主要原因，光纤带宽变窄会限制光纤的传输容量，同时，也限制了光信号的传输距离。

光纤的色散可以分为下面 3 类。

（1）模间色散：在多模光纤中，即使是同一波长，不同模式的光由于传播速度的不同而引起的色散称为模式色散。

（2）色度色散：是指光源光谱中不同波长在光纤中的群延时差所引起的光脉冲展宽现象。

（3）偏振模色散：单模光纤中实际存在偏振方向相互正交的两个基模。当光纤存在双折射时，这两个模式的传输速度不同而引起的色散称为偏振模色散。

第一种是模间色散又称为模式色散，是由在多模光纤（MMF）中不同模式的传输速率不同而引起的。这种效应影响了信号在多模光纤中的传输距离，但是模间色散不影响 WDM 和 OTN 系统的网络设计，因为目前 WDM 和 OTN 系统中使用的是单模光纤（SMF）。

第二种类型的色散是色度色散，也是光纤中最重要的一种色散。它是由硅的折射指数随频率变化，即光纤的纤芯和包层之间的功率分布随频率变化而造成的。正是由于这两个因素导致了一个信道中的波长谱线的各个部分的传输速率不同。色度色散的定义是光源光谱中不同波长在光纤中的群时延差所引起的光脉冲展宽现象，主要由材料色散、波导色散组成。材料色散是由于光纤材料本身的折射指数 n 和波长 λ 呈非线性关系，从而使光的传播速度随波长而变化，这样引起的色散称为材料色散。波导色散是光纤中同一模式在不同的频率下传输时，其相位常数不同而引起的色散，这样引起的色散称为波导色散。其中，材料色散和波导色散都属于色度色散。在多模光纤中，模式色散和色度色散都存在，且模式色散占主导地位。而在单模光纤中只传输基膜，因此没有模式色散，只存在色度色散（包括材料色散和波导色散）。色度色散是由发射源光谱特性和光纤色度色散共同导致的、制约传输容量的效应。

色散主要用色散系数 $D(\lambda)$ 表示。色散系数一般只针对单模光纤。色散系数的定义：每公里的光纤由于单位谱宽所引起的脉冲展宽值，与长度呈线性关系。其计算公式为：$\sigma= \delta\lambda*D*L$ 其中：$\delta\lambda$ 为光源的均方根谱宽，$D(\lambda)$ 为色散系数，L 为长度，现在的单模光纤色散系数一般为 20ps/（nm·km）。光纤长度越长，则引起的色散总值就越大。色散系数越小越好，因色散系数越小，根据 σ 的计算公式可知，光纤的带宽越大，传输容量也就越大。所以，传输 2.5Gbit/s 以上光信号时，要考虑光纤色散对传输距离的影响，最好采用零色散的 G.653 光纤传输，但光纤色散为零时，传输 WDM 波分光信号会产生四波混频等非线性效应，所以色散要小，但不能为零，通常采用 G.655 光纤来传输 10Gbit/s 的光信号和 WDM 波分复用信号。

色散是限制光信号传输的一个主要因素。单波长速率越高，对色散控制要求也越高。40Gbit/s 系统的色散容限只有 10Gbit/s 系统的 1/16，也就是说，这种容限与信号速率的平方成反比。色散使光信号产生畸变的原因有两个：一是发射机的寄生啁啾与色散的混合效应；二是光纤中的克尔效应与色散的混合，即光纤的非线性效应。为了减少信号畸变的影响，应使光信号波长处的色散为零，但这又与减少四波混频的要求相矛盾。为了解决这一矛盾，可以采用色散管理技术，使传输中采用的光纤色散值正负交替，系统总的色散为零。色散斜率使 WDM 系统不同波道的色散不同，导致系统性能下降。减少色散斜率的方法是在接收端加入色散均衡设备进行补偿，以及在系统中进行色散补偿，如采用布拉格光栅色散补偿器等。

第三种色散是偏振模色散（PMD，Polarization Mode Dispersion）。随着单模光纤在测试中应用技术的不断发展，特别是集成光学、光纤放大器以及超高带宽的非零色散位移单模光纤，即 ITU-T G.655 光纤的广泛应用，光纤衰减和色散特性已不是制约长距离传输的主要因素，偏振模色散特性越来越受到人们的重视。偏振是与光的振动方向有关的光性能，我们知道光在单模光纤中只有基模 HE11 传输，由于 HE11 模由相互垂直的两个极化模 HE11x 和 HE11y 简并构成，在传输过程中极化模的轴向传播常数 β_x 和 β_y 往往不等，从而造成光脉冲在输出端展宽现象，如图 2-12 所示。

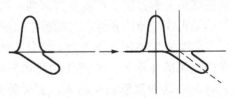

图 2-12　PMD 极化模传输图

因此，两极化模经过光纤传输后由

于群速度时延差不同而导致信号展宽，这个时延差就称为偏振模色散。PMD 用群速度时延差（单位为 ps）来表示，或者根据光纤的长度归一化为 $ps/\sqrt{km}$。由于上述 PMD 是由随机因素引起的，故 PMD 具有随机统计的特性，与具有确定性的色度色散不同，任意一段光纤的 PMD 是一个服从 Maxwllian 分布的随机变量。瞬时 PMD 值随波长、时间、温度、移动和安装条件的变化而变化，研究表明，长距离光纤的 PMD 具有随长度平方根而变化的关系，因而 PMD 的单位为 $ps/\sqrt{km}$。

光纤是各向异性的晶体，一束光入射到光纤中被分解为两束折射光，这种现象就是光的双折射，如果光纤为理想的情况，即其横截面无畸变，为完整的真正圆，并且纤芯内无应力存在，光纤本身无弯曲现象，这时双折射的两束光在光纤轴向传输的折射率是不变的，与各向同性晶体完全一样，这时 PMD=0。但实际应用中的光纤并非理想情况，各种原因使 HE11 两个偏振模不能完全简并，产生偏振不稳定状态。

造成单模光纤中光的偏振态不稳定有光纤本身的内部因素，也有光纤的外部因素。

（1）内部因素

由于光纤在制造过程中存在着纤芯不圆度，应力分布不均匀，承受侧压，光纤的弯曲和扭转等，这些因素将造成光纤的双折射。光在单模光纤中传输，两个相互正交的线性偏振模之间会形成传输群速度差，产生偏振模色散。同时，由于光纤中的两个主偏振模之间要发生能量交换，即产生模式偶合。当光纤较长时，由于偏振模随机模偶合对温度、环境条件、光源波长的轻微波动等都很敏感，故模式偶合具有一定随机性，这决定了 PMD 是个统计量。但 PMD 的统计测量的分布表明，其均值与光纤的双折射有关，降低光纤的 PMD 及其对环境的敏感性，关键在于降低光纤的双折射。

（2）外部因素

单模光纤受外界因素影响引起光的偏振态不稳定，是用外部双折射表示的。由于外部因素很多，外部双折射的表达式也不能完全统一。外部因素引起光纤双折射特性变化的原因，在于外部因素造成光纤新的各向异性。例如，光纤在成缆或施工的过程中可能受到弯曲、扭绞、振动和受压等机械力作用，这些外力的随机性可能使光纤产生随机双折射。另外，光纤有可能在强电场和强磁场以及温度变化的环境下工作。光纤在外部机械力作用下，会产生光弹性效应；在外磁场的作用下，会产生法拉第效应；在外电场的作用下，会产生克尔效应。所有这些效应的总结果，都会使光纤产生新的各向异性，导致外部双折射的产生。

以上两种因素都可能使单模光纤产生双折射现象，但由于外部因素的随机性和不可避免性，所以在实际应用中人们非常重视对内部因素的控制，尽量减小光纤双折现象。

在技术上逐步解决了损耗和色度色散的问题后，光传输系统的传输速率越来越高，无中继的距离越来越长的情况下，PMD 的影响成了必须要考虑的主要因素。在以前的数字和模拟通信系统中，当数据传输率较低和距离相对较短时，PMD 的影响可以忽略不计。随着传输系统速率越来越高、传输距离越来越长，特别是在 10Gbit/s 及更高速率的系统中，PMD 开始成为限制系统性能的重要因素。PMD 引起数字信号的脉冲展宽，使得高速系统容易产生误码，限制了光纤波长带宽使用和光信号的传输距离。

因此，在新建光缆线路、开通长距离系统、现有光缆线路升级系统等情况下，必须测量 PMD 值。网络规划者在设计链路时最有效的方法是通过现场实地测量光缆链路的 PMD 值，在此基础上充分考虑 PMD 的影响，预留足够的 PMD 富余度。

3. 非线性效应

随着光纤放大器的应用，光传输系统中光信号的传输距离越来越长。更长的传输距离和光纤放大器输出的高功率，使得光纤非线性效应日益显著。在光传输系统中，只要使用的光功率足够低，就可以假设这个光系统是线性的。因此，当发射机发出的功率很低时，就可以认为折射指数和光纤的衰减是不依赖功率的变化而变化的。在高速率系统中，为了增加中继距离而提高发射光功率时，光纤的非线性效应开始出现。

光纤的非线性效应是指在强光场的作用下，光波信号和光纤介质相互作用的一种物理效应。光纤中的非线性效应包括① 散射影响（受激布里渊散射 SBS 和受激拉曼散射 SRS 等）；② 与克尔效应相关的影响，即与折射率密切相关（自相位调制 SPM、交叉相位调制 XPM、四波混频效应 FWM），其中四波混频、交叉相位调制对系统影响严重。

（1）散射影响

散射影响包括受激布里渊散射（SBS）和受激拉曼散射（SRS）。

受激布里渊散射（SBS）是由光纤中的光波和声波的作用引起的，SBS 使部分前向传输光向后传输，消耗信号功率。

在所有的光纤非线性效应中，SBS 的阈值最低，约为 10mW，且与信道数无关。因为 SBS 阈值随着光源线宽的加宽而升高，所以用一小的低频正弦信号调制光源很容易提高其阈值。因此，虽然 SBS 是最容易产生的非线性效应，但也很容易克服。在使用窄谱线宽度光源的强度调制系统中，一旦信号光功率超过 SBS 门限，将有很强的前向传输光信号转化为后向传输。SBS 门限与激光器线宽成正比，线宽越窄，门限功率越低。SBS 限制了光纤中可能传输的最大光功率。前向传输功率逐渐饱和，而后向散射功率急剧增加。解决方法一般是，设置光源线宽明显大于布里渊带宽或者信号功率低于门限功率。SBS 效应不仅会带给系统噪声，而且会造成信号的一种非线性损伤，限制入纤功率的提高，并降低系统的信噪比，严重限制传输系统性能的提高。SBS 效应是一种窄带效应，一般由光信号中的载波分量引起，可采用载波抑制或展宽载波光谱进行抑制。

受激拉曼散射（SRS）是光波和光纤中的分子振动作用引起的：强光信号输入光纤引发介质中的分子振动，分子振动对入射光调制后产生新的光频，从而对入射光产生散射。SRS 的增益带宽约为 100nm，SRS 可引起 WDM 的信道耦合，产生串扰。SRS 阈值取决于信道数、信道间隔、信道平均功率和再生距离。单信道 SRS 阈值约为 1W，远大于 SBS 的阈值，在目前的光网络中可以不考虑SRS 的影响。SRS 效应是一种宽带效应，短波长信道可以逐次泵浦许多较长波长信道，而且这种信道间能量的转移和放大作用还与比特图形有关，并以光功率串扰的方式降低信号的信噪比，损害系统的性能。

（2）克尔效应

入射光功率较高，会导致介质的折射率与入射光的光强有关，会大大改变入射光在介质中的传输特性，这就是克尔效应。与克尔效应相关的影响包括自相位调制（SPM）、交叉相位调制（XPM）、四波混频（FWM）等。SPM 是指信号光功率的波动引起信号本身相位的调制；XPM 是指在光纤中同时传播的每一个不同频率的光束通过光纤的非线性极化率而影响其他频率光束的有效折射率并对后者产生相位调制；FWM 是指两个或 3 个光波结合，产生一个或多个新的波长。

SPM 使光脉冲的频谱展宽。对于强度调制—直接检测系统（IM-DD），相位调制不会影响系统性能。但是，当 SPM 与色散共同作用时，频谱展宽会导致时域的脉冲展宽。光纤的大模场面积可减小 SPM。当光纤的色散为零或很小时，也可以降低 SPM 对系统性能的影响。在一定条件下，SPM 会对系统性产生有利的作用。SPM 与激光器啁啾或光纤的正色散作用，可以在时域压缩光脉冲，从而延长色散限制距离。由于 SPM 对正色散光纤中光脉冲的压缩作用，在色散补偿光放大系统中，存在一定残余色散的系统将会比完全色散补偿系统的性能优越，研究不同入纤功率下各种光纤传输系统的残余色散与系统性能的关系，对于优化色散补偿非常有益。

光强度变化导致相位变化时，SPM 效应将逐渐展宽信号的频谱。在光纤的正常色散区中，由于色度色散效应，一旦 SPM 效应引起频谱展宽，沿着光纤传输的信号将经历较大的展宽。不过在异常色散区，光纤的色度色散效应和 SPM 效应可能会互相补偿，从而使信号的展宽会小一些。

XPM 可引起信道间串扰，导致脉冲波形畸变。信道越密集，传输跨段数越多，XPM 效应对 WDM 系统的影响越大。XPM 发生于多信道系统，是指一个信道对其他信道的相位产生的调整作用。

FWM 亦称四声子混合，是光纤介质三阶极化实部作用产生的一种光波间耦合效应，是因不同波长的两三个光波相互作用而导致在其他波长上产生所谓的混频产物，或边带的新光波，这种互作用可能发生于多信道系统的信号之间，可以产生三倍频、和频、差频等多种参量效应。在 DWDM 系统中，当信道间距与光纤色散足够小且满足相位匹配时，四波混频将成为非线性串扰的主要因素。当信道间隔达到 10GHz 以下时，FWM 对系统的影响将最严重。

FWM 对 DWDM 系统的影响主要表现为① 产生新的波长，使原有信号的光能量受到损失，影响系统的信噪比等性能；② 如果产生的新波长与原有某波长相同或交叠，从而产生严重的串扰。四波混频 FWM 的产生要求各信号光的相位匹配，当各信号光在光纤的零色散附近传输时，材料色散对相位失配的影响很小，因而较容易满足相位匹配条件，容易产生四波混频效应。

非线性效应是一个很复杂的过程，目前还没有直接的补偿方式。降低信号的发射光功率，或改善传输媒质使用大有效面积光纤，或利用色散效应，都会对非线性效应有所抑制。为了减小非线性效应的影响，应该把每个信道的光功率限制在 SBS 和 SRS 的门限值之下，此外还可以使用不相等的信道间隔，这样可以避免由四波混频产生的新波长。

色散对于克服光纤非线性效应起着关键作用。要减小 SPM 和 XPM 的影响，色散必须要小；要减小 XPM 和 FWM 的作用，色散又必须足够大，以减小或消除互作用的信道间的相位匹配；同时，要尽量减小再生中继器之间的色散积累，以避免线性色散叠加。

对于光纤非线性效应，一般可通过降低入纤光功率、采用新型大孔径光纤、拉曼放大技术、色散管理、奇偶信道偏振复用等方法加以抑制。采用特殊的码型调整技术，也可以有效地提高光脉冲抵抗非线性效应的能力，增加非线性受限传输距离。

2.2.4　光纤种类

光纤分为多模光纤和单模光纤，虽然从尺寸上不好分辨，但可从颜色上辨认。单模光纤外护套为黄色，多模光纤外护套为橙色。多模光纤只有一种，即 G.651 光纤，单模光纤有 5 种，即 G.652、G.653、G.654、G.655 和 G.657 光纤。我国现网光纤以 G.652 和 G.655 为主，其中 G.652 占多数，绝大多数本地网光纤都是 G.652 光纤，骨干网中 G.655 光纤有一定的比例。

G.651 光纤，主要用于计算机局域网或接入网，基本已经被淘汰。

G.652 光纤是常规单模光纤，称为 1310nm 性能最佳的单模光纤，也称为非色散位移光纤，是指色散零点（色散为零的波长）在 1310nm 附近的光纤，目前是我国传输网中敷设最为普遍的一种光纤。

G.653 光纤也称色散位移光纤(DSF)，是指色散零点在 1550nm 附近的光纤，它相对于标准单模光纤（G.652），色散零点发生了移动（见图 2-13），所以叫色散位移光纤。

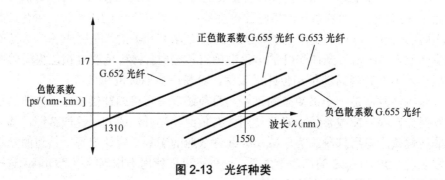

图 2-13　光纤种类

G.654 光纤共包含 A、B、C、D 和 E 5 个子类，前 4 种主要应用于需要中继距离很长的海底光纤通信。G.654E 增大了光纤有效面积，同时降低了光纤衰减系数，可应用于陆地高速传送系统。

G.655 光纤也称为非零色散位移单模光纤，在 1550nm 附近保持了一定的色散值，适用于高速（10Gbit/s 以上）、大容量 DWDM 系统。

G.657 光纤是随着 FTTx 应用越来越深入到家庭用户而诞生的，是在 G.652 光纤的基础上开发的最新的一个光纤品种，最主要的特性是具有优异的耐弯曲特性，适于用户接入段。

光纤连接器是光纤与光纤之间进行可拆卸（活动）连接的器件。光纤的外形有很多种，光纤连接器也不尽相同，有 MTRJ 型、MPO 型、MD 型和 MPX 型等，其中 MPO、MD、MPX 型主要用于连接带状光纤，也称带状光纤连接器，最高可以实现单个连接器出 24 根光纤。光纤连接器见表 2-1。

表2-1 光纤连接器

序号	类型	光纤外形	光纤连接器
1	ST		
2	FC		
3	SC		
4	LC		
5	MU		
6	MTRJ		
7	MPO		
8	MPX		
9	MD		

2.3 光缆

如果把"互联网"称作"信息高速公路"的话，那么，光缆网就是信息高速路的基石——光缆网是互联网的物理路由。

1. 光缆简介

光缆是光纤经过一定的工艺而形成的线缆，它由一定数量的光纤按照一定方式组成缆心，外包有护套，有的还包覆外护层，用以实现光信号传输的一种通信线路。光缆的基本结构一般是由缆芯、加强钢丝、填充物和护套等几部分组成，另外根据需要还有防水层、缓冲层、绝缘金属导线等构件，如图 2-14 所示。

图 2-14　光缆示意图

光缆的分类方式很多，最常见的是按照敷设方式划分为管道光缆、直埋光缆、架空光缆和水底光缆。

2. 我国光缆网概况

我国光纤研究从 20 世纪 70 年代中期开始起步，经过三十多年的发展，光纤光缆产业已经雄踞世界前列。我国基础电信运营商在 2008 年之前所用光缆长度累计已达 400 多万公里，耗用光纤约 8000 多万公里。加上广电、电力、石油等行业，全国所用光缆总长约为 500 多万公里，耗用光纤 1 亿多公里。20 世纪 90 年代，国内通信产业的飞速发展带动了光纤通信市场的快速增长。目前我国长途传输网的光纤化比重已超过 90%，国内已建成"八纵八横"主干光纤网，覆盖全国 85%以上的县市。

我国著名的"八纵八横"通信干线，是原邮电部于 1988 年开始建设的全国性通信干线光纤工程，项目包含 22 条光缆干线、总长达 3 万多公里的大容量光纤通信干线传输网。其中值得一提的是，"兰（州）西（宁）拉（萨）"光缆干线穿越平均海拔 3000 多米的高寒冻土区，全长 2700 公里，是我国通信建设史上施工难度最大的工程！由此，我国网络覆盖全国省会以上城市和 90%以上的地市，全国长途光缆达到 20 万公里，形成以光缆为主，卫星和数字微波为辅的长途骨干网络。

八纵是：哈尔滨－沈阳－大连－上海－广州；齐齐哈尔－北京－郑州－广州－海口－三亚；北京－上海；北京－广州；呼和浩特－北海；呼和浩特－昆明；西宁－拉萨；成都－南宁。

八横是：北京－兰州；青岛－银川；上海－西安；连云港－伊宁；上海－

重庆；杭州—成都；广州—南宁—昆明；广州—北海—昆明。

3．海缆

互联网是一个国际计算机网络，由遍布世界各地的计算机组成。若从各个国家的实际网络部署来看，绝大多数国家的网络都可以看成是一个超大型的局域网，必须要在这些超大型的局域网之间进行互相连接，才能形成与我们生活密不可分的互联网。

当前，连接这些超大局域网的方式有 3 种：陆地上敷设的光缆（以下简称陆上光缆或陆缆）、海底敷设的光缆（以下简称海底光缆或海缆）、卫星。陆上光缆可以解决有领土接壤的国家之间的网络连接，如中国和俄罗斯之间、美国和加拿大之间，但是要连接跨越大洋之间的国家，如中国和美国之间、中国和法国之间，或者要与日本、新西兰这样的岛国连接，就只能依靠海底光缆和卫星通信这两种方式了。卫星通信容易受太空粒子、磁场、天气等因素的干扰，且传输效率不高、成本昂贵，目前仅作为海缆通信的辅助手段。海底光缆作为当代国际通信的重要手段，承担了 90% 的国际通信业务，是全球信息通信的骨干载体和当今互联网中的"骨架"。

如图 2-15 所示，典型海底光缆的结构包括① 绝缘聚乙烯层；② 聚酯树脂或沥青层；③ 钢绞线层；④ 铝制防水层；⑤ 聚碳酸酯层；⑥ 铜管或铝管；⑦ 石蜡，烷烃层；⑧ 光纤束。海缆要承受相当于几百至一千大气压的水压，耐磨耐腐蚀，耐受数千至 1 万伏的高电压，敷设时还要承受数吨的张力，有铠装层防止渔轮拖网、船锚及鲨鱼的伤害，光缆断裂时，尽可能减少渗入光缆中的海水，使用寿命要求在 25 年以上。

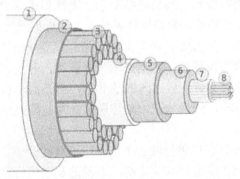

图 2-15　海缆结构

海底光缆要穿过海底平坦的表面，还要避开珊瑚礁、沉船、鱼类栖息地以及其他生态栖息地和常见障碍物，因此需要在敷设前进行海底地形勘探，这使得海底光缆的敷设成为一项漫长而艰巨的工程。实际作业时，是通过敷设船敷设海底光缆，位于浅水区的光缆借助高压水喷流埋到海床下面，深水区则需要用犁状设备来挖沟。敷设在浅水域的光缆直径与罐装苏打水相当，深海的光缆直径与一根魔笔差不多，这是因为由于敷设到海底 8000 英尺（约合 2440 米）以下的光缆数量不多，而且受到的外界影响小，不需要使用太多镀锌屏蔽线。敷设海底光缆的成本取决于光缆总长度、敷设深度和目的地。海底光缆的长度可达数十万英里，深度有的可以达到相当于珠穆朗玛峰的高度，因此一条跨洋光缆的敷设成本可达到数亿美元。

截至 2014 年，海底通信光缆数量已达到 285 条，其中 22 条不再使用，被称为"黑光缆"。从 1993 年中国第一套海底光缆系统建成到现在，我国已经有 7 套海底光缆系统，并还在建设新的国际海底光缆系统；日本有 23 套在用的国际海底光缆系统；韩国有 11 套在用海底光缆系统；而美国目前至少有 50 条以上的海底光缆系统连接世界各地。

2016 年 4 月，中国、韩国、日本和美国的运营商共同启动了新跨太平洋国际海底光缆（NCP）工程建设。该海底光缆全长超过 1.3 万公里，通过采用 100G 波分复用传输技术，设计容量超过 80Tbit/s。

中国"一带一路"倡议、海洋战略的深入实施，以及全球宽带提速、海底光缆系统的扩容，给海底光缆的发展带来了巨大的市场空间，全球范围内海底光缆建设已进入爆发前期。

4．通信安全

近年来，随着通信业务快速发展，光缆网络规模逐年增加，承载业务数量呈几何级增长，光缆运行安全问题日益严峻。光缆线路作为通信基础设施，主要在户外敷设，线路跨度长，周边环境复杂，无法集中看护。通信光缆遭受破坏，已经成为一个普遍现象，也是困扰通信运营企业的一大难题。

通信光缆遭破坏主要包括 5 种情况。一是恶意竞争破坏，如企业重点针对专线、小区宽带光缆实施破坏；二是资源垄断破坏，有的企业将联建管线资源据为己有，破坏联建参与方光缆进入联建管道；三是野蛮施工破坏，施工单位未按安全施工要求操作，野蛮施工，破坏通信光缆；四是台风、地震等不可控因素；五是偷盗破坏。

《电信条例》规定，任何单位或者个人不得擅自改动或者迁移他人的电信线路，从事施工、生产、种植树木等活动，不得危及电信线路的安全或者妨碍线路畅通。《中华人民共和国刑法》第 124 条规定，破坏广播电视设施、公用电信设施，危害公共安全的，处三年以上七年以下有期徒刑；造成严重后果的，处七年以上有期徒刑。

第 3 章

同步时分复用

时分复用（TDM）是采用同一物理连接的不同时段来传输不同的信号，按传输信号的时间进行分割的，它使不同的信号在不同的时间内传送，将整个传输时间分为许多时间间隔，又称为时隙，每个时隙被一路信号占用。

TDM 分为同步时分复用和统计时分复用。在同步时分复用中，时隙预先分配且固定不变，无论时隙拥有者是否传输数据都占有一定时隙，这就形成了时隙浪费，其时隙的利用率很低，PDH、SDH 等属于同步时分复用。统计时分复用也叫异步时分复用，在给用户分配资源时，不像同步时分复用那样固定分配，而是采用动态分配，即按需分配，只有在用户有数据传送时才给它分配资源，因此线路的利用率高。统计时分复用有两种方式：面向连接的虚电路方式和面向无连接方式，如 ATM 网络属于前者，IP 网络属于后者。

3.1 准同步数字系列

为了将低速信号复接成高速信号并使复接方便，标准化组织规定了各信道比特流之间的各速率等级标称值和容差范围。例如，规定了各主时钟有共同的标称值，同时不允许它们偏离标称值，即不超过容差范围的这种允许比特偏差但几乎是同步的工作状态，称之为准同步。相应的比特系列称为准同步数字系列（PDH，Plesiochronous Digital Hierarchy），是一种早期的传输技术。

20 世纪 70 年代开始，国际电信联盟远程通信标准化组织（ITU-T）的前身国际电报电话咨询委员会（CCITT）提出了 PDH 体系。PDH 包括北美体制、欧洲体制、日本体制，如表 3-1 所示，这便是数字通信发展的初期。进入 80 年代后，大量的数字传输系统都采用了 PDH，它基本上是电信号层的处理运作，所以铜导线主宰了整个通信网。

表 3-1　国际上允许存在的 3 种 PDH 制式

次群	以 1.5Mbit/s 为基础的系列		以 2Mbit/s 为基础的系列
	日本体制（kbit/s）	北美体制（kbit/s）	欧洲体制（kbit/s）
0 次群	64	64	64
1 次群	1554	1554	2048
2 次群	6312	6312	8448
3 次群	32 064	44 736	34 368
4 次群	97 728	274 176	139 264
5 次群	*	*	564 992

我国采用的是欧洲体制，传输的基本群次是 PCM 一次群：PCM30/32 路系统，如图 3-1 所示。PCM 一次群是由 32 个 64kbit/s 速率的数字信号复用而成的，其中 30 个 64kbit/s 信号可传送语音信号，也可作为数字信道来传送数据信号。

语音信号根据原 CCITT 建议采用 8kHz 抽样，抽样周期为 125μs，所以一帧的时间（帧周期）T=125μs。PCM30/32 路系统帧结构如图 3-1 所示，每一帧由 32 个话路时隙组成（每个时隙对应一个样值，一个样值编 8 位码）。

（1）30 个话路时隙（TS1～TS15，TS17～TS31）

TS1～TS15 分别传送第 1～15 路（CH1～CH15）语音信号，TS17～TS31 分别传送第 16～30 路语音信号。

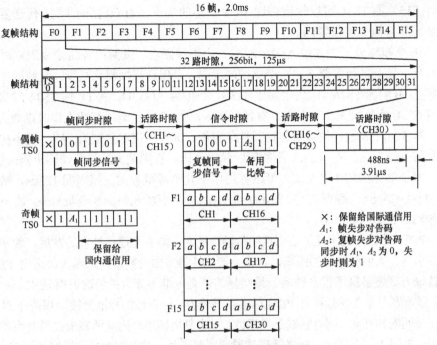

图 3-1　PCM30/32 路系统的帧结构图

（2）同步时隙（TS0）为了实现帧同步

偶帧 TS0——发送同步 10011011，偶帧 TS0 的 8 位码中第 1 位保留给国际用，暂定为 1，后 7 位为帧同步码。

奇帧 TS0——发送帧失步告警码。奇帧 TS0 的 8 位码中第 1 位也保留给国际用，暂定为 1，其第 2 位码固定为 1 码，以便在接收端用以区别是偶帧还是奇帧（因为偶帧的第 2 位码是 0 码）。第 3 位码 A_1 为帧失步时向对端发送的告警码（简称对告码）。当帧同步时，A_1 为 0 码；如失步时，A_1 为 1 码，以便告诉对端，收端已经出现帧失步，无法工作。其第 4~8 位码可供传送其他信息（如业务联络、G.704 规定可传时钟 SSM 等）。这几位码未使用时，固定为 1 码。这样，奇帧 TS0 时隙的码型为"11$A_1$11111"。

G.704 规定 SA4 表示使用连续 4 个奇帧中的第 4 比特来传时钟 SSM。

（3）信令与复帧同步时隙 TS16

为了起各种控制作用，每一路语音信号都有相应的信令，即要传信令。由于信令频率很低，其抽样频率取 500Hz，即其抽样周期为 1/500=125μs×16T（T=125μs）只编 4 位码（称为信令码或标志信号码，实际一般只需要 3 位码），所以对于每个话路的信令，只要每隔 16 帧轮流传送一次就够了。将每一帧的 TS16 传送两个话路信令：前 4 位码为一路，后 4 位码为另一路，这样 15 个帧

（Fl～F15）的 TS16 可以轮流传送 30 个话路的信令。而 F0 帧的 TS16 传送复帧同步码和复帧失步告警码。

16 个帧称为一个复帧（F0～F15）。为了保证收、发两端各路信令码在时间上对准，每个复帧需要送出一个复帧同步码，以保证复帧得到同步。复帧同步码安排在 F0 帧的 TS16 时隙中的前四位码，码型为（0000），另 F0 帧 TS16 时隙的第 6 位 A_2 为复帧失步对告码。复帧同步时，A_2 码为 0 码；复帧失步时则改为 1 码。第 5、7、8 位码也可供传送其他信息用。如暂不用时，则为 1 码。需要注意的是信令码 I（a、b、c、d）不能同时编成 0 码，否则就无法与复帧同步码区别。

对于 PCM30/32 路系统，可以算出以下几个标准数据：帧周期 125μs，帧长度 32×8=256bit；路时隙 125μs/32=3.91μs；位时隙 3.91μs/8=0.488μs；数码率 8000×32×8=2048kbit/s。

PDH 传输方式实现了点到点的传输，然而，随着光通信技术的发展，数字交换的引入，人们对通信的距离、容量、智能性等方面的需求越来越大，采用 PDH 的传输方式便暴露了很多弊端。最明显的便是标准不兼容的情况时有发生——北美、欧洲和日本 3 种地区性 PDH 标准互不兼容、世界性的标准光接口规范在 PDH 下无法匹配和互通。同时它缺乏灵活性，异步复用需逐级码速调整来实现复用和解复用，难以上、下话路。网络管理的通道明显不足，建立集中式传输网管困难。

PDH 有 3 种信号速率等级，各种信号系列的电接口速率等级、信号的帧结构以及复用方式均不相同，这种局面造成了国际互通的困难，不适应当前随时随地便捷通信的发展趋势。3 种信号系列的电接口速率等级如图 3-2 所示，其中将低速信号变成高速信号的过程叫作复用，其反变换叫作解复用。

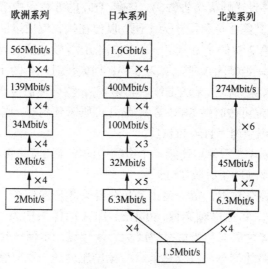

图 3-2　电接口速率

PDH 采用异步复用方式，从 PDH 的高速信号中不能直接分/插出低速信号，要一级一级地进行。例如从 140Mbit/s 的信号中分/插出 2Mbit/s 低速信号要经过如图 3-3 所示的过程。

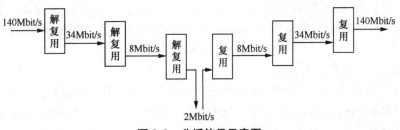

图 3-3　分插信号示意图

从图中看出，在将 140Mbit/s 信号分/插出 2Mbit/s 信号过程中，使用了大量的"背靠背"设备，先从 140Mbit/s 信号中分出 34Mbit/s 信号、8Mbit/s 信号，最后才能分出 2Mbit/s 低速信号；同理，也需要通过三级复用设备，才能将 2Mbit/s 低速信号复用到 140Mbit/s 信号中。由此一来，不仅增加了设备的体积、成本、功耗，还增加了设备的复杂性，降低了设备的可靠性。在当前电信运营商的网络中，PDH 这种技术基本已经淘汰。

3.2　同步数字体系

高速大容量光纤通信技术和智能网技术的发展加快了传输网的体制的变革。美国贝尔通信研究所（Bellcore）首先提出了用一整套分等级的准数字传递结构组成的同步光网络（SONET），而后国际电报电话咨询委员会（CCITT）于 1988 年接受了 SONET 概念，并重新命名为同步数字体系（SDH），使之成为不仅适用于光纤也适用于微波和卫星传输的通用技术体制。

3.2.1　SDH 概念及特点

SDH 网是由一些 SDH 网元（NE）组成的，在光纤上进行同步信息传输、复用、分插和交叉连接的网络。下面对 SDH 传输网体系的特点做进一步的说明。

（1）统一的网络节点接口（NNI）

网络节点接口进行了统一的规范，包括数字速率等级、帧结构、复接方法、线路接口、监控管理等，这就使得 SDH 易于实现多厂商环境操作，即同一条线路上可以安装不同厂家的设备，这体现了横向兼容性。

（2）标准化的信息结构等级

一套标准化的信息结构等级又称为同步传送模块，分别为 STM-1（速率为 155Mbit/s）、STM-4（速率为 622Mbit/s）、STM-16（速率为 2488Mbit/s）、STM-64（速率为 10Gbit/s）、STM-256（速率为 40Gbit/s）。

（3）良好的兼容性

SDH 网络不仅与现有的 PDH 网络完全兼容，还能容纳各种新业务信号，例如，城域网的分布排队双总线信号（DQDB）、宽带 ISDN 中异步转移模式（ATM）及以太网数据等。SDH 信号的基本传输模块还可以容纳北美、日本和欧洲的准同步数字系列。包括 1.5Mbit/s、2Mbit/s、6.3Mbit/s、34Mbit/s、45Mbit/s 及 140Mbit/s 在内的 PDH 速率信号均可装入"虚容器"，然后经复接安排到 155.52Mbit/s 的 SDH STM-1 信号帧的净荷内，使新的 SDH 能支持现有的 PDH，顺利地从 PDH 向 SDH 过渡，体现了后向兼容性。

（4）灵活的复用映射结构

因采用了同步复用方式和灵活的复用映射结构，所以只需利用软件即可使高速信号一次直接分插出低速支路信号，这样既不影响别的支路信号，又避免了需要对全部高速复用信号进行解复用的做法，省去了全套背靠背复用设备，使上、下业务十分容易，并省去了大量的电接口，简化了运营操作。

（5）完善的保护和恢复机制

SDH 网络具有智能检测的网络管理系统和网络动态配置功能，自愈能力很强。当设备或系统发生故障时，能迅速恢复业务，从而提高了网络的可靠性。

（6）强大的网络管理能力

SDH 的帧结构中有丰富的开销比特，大约占信号的 5%，因而网络运行、管理和维护（OAM）能力极强。由于 SDH 采用的是分层的网络结构，能实现分布式管理，所以每一层网络系统的信号结构中都安排了足够的开销比特来实现 OAM。

综上所述，SDH 最核心的特点是同步复用、标准的光接口以及强大的网管能力。当然，SDH 作为一种新的技术体制还存在一些缺陷。SDH 系统频带利用率不如传统的 PDH 系统，比如 PDH 的 139.264Mbit/s 可以收容 64 个 2.048Mbit/s 系统，而 SDH 的 155.52Mbit/s 却只能收容 63 个 2.048 Mbit/s 系统，频带利用率从 PDH 的 94%下降到 83%。指针调整机制复杂，比如 SDH 与 PDH 互联时，由于指针调整产生的相位跃变使经过多次 SDH/PDH 变换的信号在低频抖动和漂移上比纯粹的 PDH 或 SDH 信号更严重。

3.2.2　SDH 速率与帧结构

要确立一个完整的数字体系，必须确立一个统一的网络节点接口，定义一整套速率和数据传送格式以及相应的复接结构（帧结构）。

SDH 信号以同步传送模块（STM）的形式传输，其最基本的同步传送模块是 STM-1，节点接口的速率为 155.520Mbit/s，更高等级的 STM-n 模块是将 4 个 AUG-n 复用为 AUG-4n，然后加上新生成的 SOH。STM-n 的速率是 155.520Mbit/s 的 n 倍，n 值规范为 4 的整数次幂，目前 SDH 仅支持 n=1、4、16、64、256。为了加速无线系统引入 SDH 网络，无线系统采用了其他的接口速率。例如，对于携载负荷低于 STM-1 信号的中小容量 SDH 数字微波系统，可采用 51.84Mbit/s 的接口速率，并称为 STM-0 系统。

ITU-TG.707 建议规范的 SDH 标准速率如表 3-2 所示。

表 3-2　SDH 网络接口的标准速率

等级	STM-1	STM-4	STM-16	STM-64
速率（Mbit/s）	155.520	622.080	2488.320	9953.280

SDH 的帧结构必须适应同步数字复用、交叉连接和交换的功能，同时也希望支路信号在一帧中均匀分布、有规律，以便接入和取出。ITU-T 最终采纳了一种以字节为单位的矩形块状（或称页状）帧结构，如图 3-4 所示。

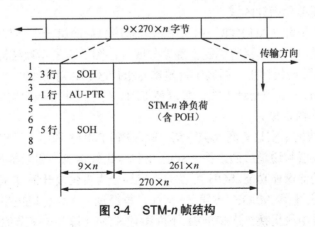

图 3-4　STM-n 帧结构

STM-n 的帧是由 9 行、270×n 列的 8bit 组成的码块，故帧长为 9×270×n×8=19440×$n$bit。由于 STM-1 等级中可容纳 3 个 STM-0 等级速率，所以

在 STM-n 中应容纳 $3n$ 倍的 STM-0。除了 STM-0 外，对于任何 STM 等级，其帧周期均为 125μs。帧周期恒定是 SDH 帧结构的一大特点（PDH 的帧长和帧周期不恒定，它随着 PDH 信号的等级而异）。

对于 STM-1 而言，帧长度为 270×9=2430Byte，相当于 19 440bit，帧周期为 125μs，由此可算出其比特速率为 270×9×8/125×10^{-6}= 155.520Mbit/s。

这种块状（页状）结构的帧结构中各字节的传输是从左到右、由上而下按行进行的，即从第 1 行最左边字节开始，从左向右传完第 1 行，再依次传第 2 行、第 3 行等，直至整个 9×270×n 个字节都传送完再转入下一帧，如此一帧一帧地传送，每秒共传 8000 帧。

由图 3-4 可见，整个帧结构可分为 3 个主要区域。

（1）段开销区域

段开销（SOH）是指 STM 帧结构中为了保证信息净负荷正常、灵活传送所必需的附加字节，是供网络运行、管理和维护（OAM）使用的字节。帧结构的左边 9n 列 8 行（除去第 4 行）属于段开销区域。对 STM-1 而言，它有 72 字节（576bit），由于每秒传送 8000 帧，因此共有 4.608Mbit/s 的容量用于网络的运行、管理和维护。

（2）净负荷区域

信息净负荷（Payload）区域是帧结构中存放各种信息负载的地方，图 3-4 中横向第 10n～270n，纵向第 1 行到第 9 行的 2349n 个字节都属此区域。对于 STM-1 而言，它的容量大约为 150.336Mbit/s，其中含有少量的通道开销（POH）字节，用于监视、管理和控制通道性能，其余承载业务信息。

（3）管理单元指针区域

管理单元指针（AU-PTR）用来指示信息净负荷的第一个字节在 STM-n 帧中的准确位置，以便在接收端能正确地分解。在图 3-4 所示帧结构中第 4 行左边的 9n 列分配给指针用，即属于管理单元指针区域。对于 STM-1 而言它有 9 个字节（72bit）。采用指针方式，可以使 SDH 在准同步环境中完成复用同步和 STM-n 信号的帧定位。

SDH 帧结构中安排有两大类开销：段开销（SOH）和通道开销（POH），它们分别用于段层和通道层的维护。SOH 中包含定帧信息，用于维护与性能监视的信息以及其他操作功能。SOH 可以进一步划分为再生段开销（RSOH，占第 1～3 行）和复用段开销（MSOH，占第 5～9 行）。每经过一个再生段更换一次 RSOH，每经过一个复用段更换一次 MSOH。下面阐述 STM-1 段开销字节的安排和功能。各种不同 SOH 字节在 STM-1 帧内的安排如图 3-5 所示。

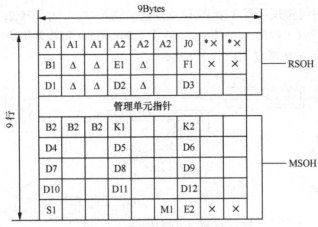

图 3-5　STM-1 SOH 字节安排

3.2.3　SDH 复用与映射

SDH 网有一套特殊的复用结构，允许现存准同步数字体系、同步数字体系和 B-ISDN 的信号都能纳入其帧结构中传输，各种业务信号复用进 STM-n 帧的过程经历 3 个步骤：映射、定位和复用。

1. 复用结构与单元

SDH 的一般复用结构如图 3-6 所示，它是由一些基本复用单元组成的有若干中间复用步骤的复用结构。SDH 的基本复用单元包括标准容器（C）、虚容器（VC）、支路单元（TU）、支路单元组（TUG）、管理单元（AU）和管理单元组（AUG）。

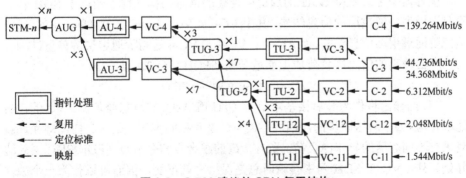

图 3-6　G.709 建议的 SDH 复用结构

我国的光同步传输网技术体制规定以 2Mbit/s 为基础的 PDH 系列作为 SDH 的有效负荷并选用 AU-4 复用路线，其基本复用映射结构如图 3-7 所示。我国的

SDH 复用映射结构规范有 3 个 PDH 支路信号输入口。一个 139.264Mbit/s 可被复用成一个 STM-1（155.520Mbit/s）；63 个 2.048Mbit/s 可被复用成一个 STM-1；3 个 34.368Mbit/s 也能复用成一个 STM-1。

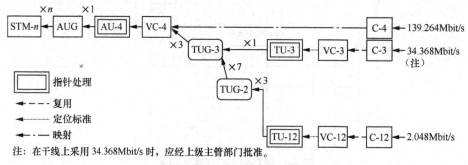

图 3-7　我国的 SDH 基本复用映射结构

（1）标准容器

容器是一种用来装载各种速率的业务信号的信息结构，主要完成适配功能（例如速率调整），以便让那些最常使用的准同步数字体系信号能够进入有限数目的标准容器。目前，针对常用的准同步数字体系信号速率，ITU-T 建议 G.707 已经规定了 5 种标准容器：C-11、C-12、C-2、C-3 和 C-4，其标准输入比特率分别为 1.544Mbit/s、2.048Mbit/s、6.312Mbit/s、34.368Mbit/s（或 44.736Mbit/s）和 139.264Mbit/s。参与 SDH 复用的各种速率的业务信号都应首先通过码速调整等适配技术装进一个恰当的标准容器。已装载的标准容器又作为虚容器的信息净负荷。

（2）虚容器

虚容器是用来支持 SDH 的通道层连接的信息结构（虚容器属于 SDH 传送网分层模型中通道层的信息结构。其中 VC-11、VC-12、VC-2 及 TU-3 中的 VC-3 是低阶通道层的信息结构；而 AU-3 中 VC-3 和 VC-4 是高阶通道层的信息结构），它由容器输出的信息净负荷加上通道开销（POH）组成，即

$$VC\text{-}n = C\text{-}n + VC\text{-}n\,POH$$

VC 的输出将作为其后接基本单元（TU 或 AU）的信息净负荷。VC 的包封速率是与 SDH 网络同步的，因此不同 VC 是互相同步的，而 VC 内部却允许装载来自不同容器的异步净负荷。除在 VC 的组合点和分解点（PDH/SDH 网的边界处）外，VC 在 SDH 网中传输时总是保持完整不变，因而可以作为一个独立的实体十分方便、灵活地在通道中任意点插入或取出，进行同步复用和交叉连接处理。

虚容器有 5 种：VC-11、VC-12、VC-2、VC-3 和 VC-4。虚容器还可分成低

阶虚容器和高阶虚容器两类。准备装进支路单元（TU）的虚容器称为低阶虚容器；准备装进管理单元（AU）的虚容器称高阶虚容器。由图3-6可见，VC-11、VC-12和VC-2为低阶虚容器，VC-4和AU-3中的VC-3为高阶虚容器。

（3）支路单元和支路单元组（TU和TUG）

支路单元（TU）是提供低阶通道层和高阶通道层之间适配的信息结构（负责将低阶虚容器经支路单元组装进高阶虚容器）。有4种支路单元，即TU-n（n=11、12、2、3）。TU-n由一个相应的低阶VC-n和一个相应的支路单元指针（TU-n PTR）组成，即

$$TU\text{-}n = VC\text{-}n + TU\text{-}n\ PTR$$

TU-n PTR指示VC-n净负荷起点在TU帧内的位置。

在高阶VC净负荷中固定地占有规定位置的一个或多个TU的集合称为支路单元组（TUG）。把一些不同规模的TU组合成一个TUG的信息净负荷可增加传送网络的灵活性。VC-4/3中有TUG-3和TUG-2两种支路单元组。一个TUG-2由一个TU-2或3个TU-12或4个TU-11按字节交错间插组合而成；一个TUG-3由一个TU-3或7个TUG-2按字节交错间插组合而成。一个VC-4可容纳3个TUG-3，一个VC-3可容纳7个TUG-2。

（4）管理单元和管理单元组（AU和AUG）

管理单元（AU）是提供高阶通道层和复用段层之间适配的信息结构（负责将高阶虚容器经管理单元组装进STM-n帧，STM-n帧属于SDH传送网分层模型中段层的信息结构），有AU-3和AU-4两种管理单元。AU-n（n=3、4）由一个相应的高阶VC-n和一个相应的管理单元指针（AU-n PTR）组成，即

$$AU\text{-}n = VC\text{-}n + AU\text{-}n\ PTR$$

AU-n PTR指示VC-n净负荷起点在AU帧内的位置。

在STM-n帧的净负荷中固定地占有规定位置的一个或多个AU的集合称为管理单元组（AUG）。一个AUG由一个AU-4或3个AU-3按字节交错间插组合而成。

2. 映射

映射是指在SDH网络边界处使各种支路信号适配进虚容器的过程，其实质是使各种支路信号的速率与相应虚容器的速率同步，以便使虚容器成为可独立地进行传送、复用和交叉连接的实体。

3. 定位

定位是一种将帧偏移信息收进支路单元或管理单元的过程，即以附加于VC上的支路单元指针指示和确定低阶VC帧的起点在TU净负荷中的位置或管理单元指针指示和确定高阶VC帧的起点在AU净负荷中的位置，在发生相对帧相

位偏差使 VC 帧起点浮动时，指针值亦随之调整，从而始终保证指针值准确指示 VC 帧的起点的位置。

SDH 中指针的作用可归结为以下 3 点。

① 当网络处于同步工作方式时，指针用来进行同步信号间的相位校准。

② 当网络失去同步时（处于准同步工作方式），指针用作频率和相位校准；当网络处于异步工作方式时，指针用作频率跟踪校准。

③ 指针还可以用来容纳网络中的频率抖动和漂移。

设置 TU 或 AU 指针可以为 VC 在 TU 或 AU 帧内的定位提供一种灵活和动态的方法。因为 TU 或 AU 指针不仅能够容纳 VC 和 SDH 在相位上的差别，而且能够容纳帧速率上的差别。

4．复用

复用是一种使多个低阶通道层的信号适配进高阶通道层或者把多个高阶通道层信号适配进复用层的过程，即以字节交错间插方式把 TU 组织进高阶 VC 或把 AU 组织进 STM-n 的过程。由于经 TU 和 AU 指针处理后的各 VC 支路已相位同步，此复用过程为同步复用。

3.2.4　SDH 组网

1．SDH 设备

（1）终端复用器

终端复用器用（TM）在网络的终端站点上，例如一条链的两个端点上，它是具有两个侧面的设备，如图 3-8 所示。

终端复用器的作用是将支路端口的低速信号复用到线路端口的高速信号 STM-n 中，或从 STM-n 的信号中分出低速支路信号。请注意它的线路端口输入/输出一路 STM-n 信号，而支路端口却可以输出/输入多路低速支路信号。

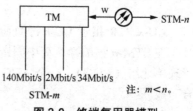

图 3-8　终端复用器模型

在将低速支路信号复用进 STM-n 帧（将低速信号复用到线路）时，有一个交叉的功能。例如，可将支路的一个 STM-1 信号复用进线路上的 STM-16 信号中的任意位置上，也就是指复用在 1~16 个 STM-1 的任一个位置上。将支路的 2Mbit/s 信号可复用到一个 STM-1 中 63 个 VC-12 的任一个位置上去。

（2）分插复用器

分插复用器（ADM）用于 SDH 传输网络的转接站点处，例如链的中间节点或环上节点，是 SDH 网上使用最多、最重要的一种网元设备，它是一种具有

3 个侧面的设备, 如图 3-9 所示。

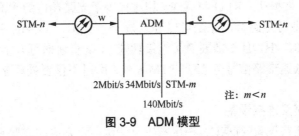

图 3-9　ADM 模型

ADM 有两个线路侧面和一个支路侧面。两个线路侧面分别接一侧的光缆 (每侧收/发共两根光纤), 为了描述方便我们将其分为西 (W) 向、东 (E) 向两侧线路端口。ADM 的一个支路侧面连接的都是支路端口, 这些支路端口信号都是从线路侧 STM-n 中分支得到或插入 STM-n 线路码流中去。因此, ADM 的作用是将低速支路信号交叉复用进东向或西向线路中去; 或从东或西侧线路端口接收的线路信号中拆分出低速支路信号。另外, 还可将东/西向线路侧的 STM-n 信号进行交叉连接, 例如, 将东向 STM-16 中的 3#STM-1 与西向 STM-16 中的 15#STM-1 相连接。

ADM 是 SDH 最重要的一种网元设备, 它可等效成其他网元, 即能完成其他网元设备的功能。例如, 一个 ADM 可等效成两个 TM 设备。

(3) 再生中继器

由于光纤固有损耗的影响, 光信号在光纤中传输时, 随着传输距离的增加, 光波逐渐减弱。如果接收端所接收的光功率过小, 便会造成误码, 影响系统的性能, 因而此时必须对变弱的光波进行放大、整形处理, 这种仅对光波进行放大、整形的设备就是再生器。由此可见, 再生器不具备复用功能, 是最简单的一种设备。

再生中继器 (REG) 的最大特点是不上下 (分/插) 电路业务, 只放大或再生光信号。SDH 光传输网中的再生中继器有两种: 一种是纯光的再生中继器, 主要对光信号进行功率放大以延长光传输距离; 另一种是用于脉冲再生整形的电再生中继器, 主要通过光/电转换、电信号抽样、判决、再生整形、电/光变换, 以消除已积累的线路噪声, 保证线路上传送信号波形的完整性。在此介绍的是后一种再生中继器, REG 是双侧面的设备, 每侧与一个线路端口——w、e 相接, 如图 3-10 所示。

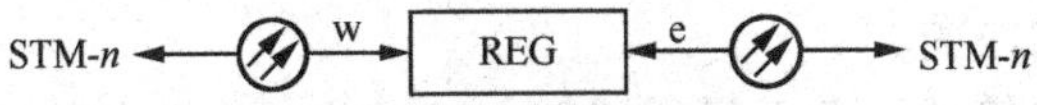

STM-n ←—— ⊗ —w— | REG | —e— ⊗ ——→ STM-n

图 3-10　REG 模型

REG 的作用是将 w/e 两侧的光信号经 O/E、抽样、判决、再生整形、E/O 在 e/w 侧发出。实际上，REG 与 ADM 相比仅少了支路端口的侧面，所以 ADM 若不上/下本地业务电路时，完全可以等效为一个 REG。单纯的 REG 只需处理 STM-n 帧中的 RSOH，且不需要交叉连接功能（w/e 直通即可），而 ADM 和 TM 因为要完成将低速支路信号分/插到 STM-n 中，所以不仅要处理 RSOH，而且还要处理 MSOH。

（4）数字交叉连接设备

数字交叉连接设备（DXC）在现网中已淘汰，它完成的主要是 STM-n 信号的交叉连接功能。DXC 是一个多端口器件，实际上相当于一个交叉矩阵，完成各个信号间的交叉连接，如图 3-11 所示。

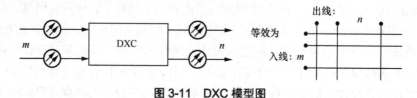

图 3-11　DXC 模型图

通常用 DXCm/n 来表示一个 DXC 的类型和性能（注：$m \geqslant n$），其中 m 表示可接入 DXC 的最高速率等级，n 表示在交叉矩阵中能够进行交叉连接的最低速率级别。m 越大，表示 DXC 的承载容量越大；n 越小，表示 DXC 的交叉灵活性越大。

2. SDH 网络拓扑结构

网络物理拓扑即网络节点和传输线路的几何排列，也就是将维护和实际连接抽象为物理上的连接性。网络拓扑的概念对于 SDH 网的应用十分重要，特别是网络的效能、可靠性和经济性在很大程度上与具体物理拓扑有关。根据不同的用户需求，同时考虑到社会经济的发展状况，可以确定不同的网络拓扑结构。

在 SDH 网络中，通常采用点到点链状、星形、树形、环形等网络结构，下面分别进行介绍。

（1）点到点链状网络结构

点到点链状拓扑即为线形拓扑，它将各网络节点串联起来，同时保持首尾两个网络节点呈开放状态的网络结构。图 3-12（a）就是一个最为典型的点到点链状 SDH 网络。其中在链状网络的两端节点上配备有终端复用器，而在中间节点上配备有分插复用器。因而它是由具有复用和光接口功能的线路终端、中继器和光缆传输线构成的。

这种网络结构简单，便于采用线路保护方式进行业务保护，但当光缆完全中断时，此种保护功能失效。另外，这种网络的一次性投资小、容量大，具有良好的经济效益，因此很多地区采用此种结构来建立 SDH 网络。

（2）星形网络结构

所谓星形网络拓扑结构是指图 3-12（b）所示的网络结构，即其中一个特殊网络节点（枢纽点）与其他的互不相连的网络节点直接相连，这样除枢纽点之外的任意两个网络节点之间的通信，都必须通过此枢纽点才能完成，因而一般在特殊点配置交叉连接器（DXC）以提供多方向的互联，而在其他节点上配置终端复用器（TM）。

这种网络结构简单，它可以将多个光纤终端统一成一个终端，从而提高带宽的利用率，同时又可以节约成本，但在枢纽节点上业务过分集中，并且只允许采用线路保护方式，因此系统的可靠性不高，故仅在初期 SDH 网络建设中出现，目前多使用在业务集中的接入网中。

（3）树形网络结构

树形网络一般是由星形结构和线形结构组合而成的网络结构，是指将点到点拓扑单元的末端点连接到几个枢纽点时的网络结构，如图 3-12（c）所示。通常在这种网络结构中，连接 3 个以上方向的节点应设置 DXC，其他节点可设置 TM 或 ADM。

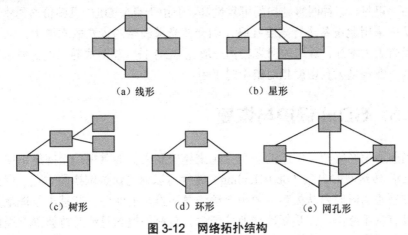

（a）线形 （b）星形

（c）树形 （d）环形 （e）网孔形

图 3-12　网络拓扑结构

这种网络结构适合于广播式业务，而不利于提供双向通信业务，同时也存在枢纽点可靠性不高和光功率预算问题，但这种网络结构仍在长途网中使用。

（4）环形网络结构

所谓环形网络是指那些将所有网络节点串联起来，并且使之首尾相连，而构成的一个封闭环路的网络结构，如图 3-12（d）所示。在此网络中，只有任意两网络节点之间的所有节点全部完成连接之后，任意两个非相邻网络节点才能进行通信。通常在环形网络结构中的各网络节点上可选用分插复用器，也可以选用交叉连接设备来作为节点设备，它们的区别在于后者具有交换功能。它是一种集复用、自动化配线、保护/恢复、监控和网管等功能为一体的传输设备，可以在外接的操作系统或电信管理网（TMN）设备的控制下，对多个电路组成的电路群进行交换，因此其成本很高，通常使用在线路交汇处。

这种网络结构的一次性投资要比线形网络大，但其结构简单，而且在系统出现故障时，具有自愈功能，即系统可以自动地进行环回倒换处理，排除故障网元，而无须人为干涉就可恢复业务功能。这对现代大容量光纤网络是至关重要的，因而环形网络结构受到人们的广泛关注。

（5）网孔形结构

所谓网孔形结构，是指若干个网络节点直接相互连接时的网络结构，如图 3-12（e）所示。这时没有直接相连的两个节点之间仍需利用其他节点的连接功能，才能完成互通，而如果网络中所有的网络节点都达到互通，则称之为理想的网孔形网络结构。通常在业务密度较大的网络中的每个网络节点上均需设置一个 DXC，可为任意两节点间提供两条以上的路由。这样一旦网络出现某种故障，则可通过 DXC 的交叉连接功能，对受故障影响的业务进行迂回处理，以保证通信的正常进行。

由此可见，这种网络结构的可靠性高，但由于目前 DXC 设备价格昂贵，如果网络中采用此设备进行高度互联，则会使光缆线路的投资成本增大，从而一次性投资大大增加，故这种网络结构一般在 SDH 技术相对成熟、设备成本进一步降低、业务量大且密度相对集中时采用。

3.2.5　SDH 保护与恢复

当前通信网络中，网络的安全性越来越受到人们的重视。当网络出现故障时，SDH 传送网的自愈（Self-Healing）特性可以通过保护倒换的方式，保证网络能在极短的时间内从失效故障中自动恢复所携带的业务。其基本原理就是使网络具有备用路由，并重新确立通信能力。自愈的概念只涉及重新确立通信，而不管具体失效元部件的修复与更新，而后者仍需人为干预才能完成。

在 SDH 网络中，根据业务量的需求，可以采用各种各样拓扑结构的网络，不同的网络结构所采取的保护方式不同，在 SDH 网络中的自愈保护可以分为自动线路保护倒换、自愈环、网孔形 DXC 网络恢复及混合保护方式等。

1.　自动线路保护倒换

自动线路保护倒换是最简单的自愈形式，其结构有两种，即 1+1（见图 3-13）和 1∶n（见图 3-14）结构方式。

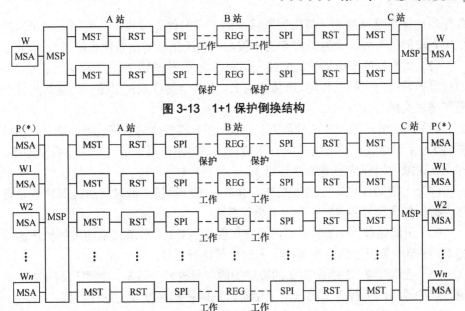

图 3-13　1+1 保护倒换结构

图 3-14　1：n 保护倒换结构

*仅对额外业务才需要。

1+1 结构方式：STM-n 信号同时在工作段和保护段两个复用段发送，也就是说在发送端 STM-n 信号永久地与工作段和保护段相连（并发）。接收端对从两个复用段收到的 STM-n 信号进行监视并选择连接更合适的一路信号（选收）。可见，对于 1+1 结构，由于工作通路是永久连接的，因而不允许提供无保护的额外业务。这种保护方式可靠性较高，在高速大容量系统（如 STM-16）中经常采用，特别是在 SDH 的发展初期或网络的边缘处，没有多余路由可选时是一种常用的保护措施，但其成本较高。

1：n 结构方式：保护段由很多工作通路共享，n 值范围为 1～14。在两端，n 个工作通路中的任何一个或者额外业务通路（如测试信号）都与保护段相连。MSP 对接收信号条件进行监视和评价，在首端执行桥接，而在尾端从保护段中选收合适的 STM-n 信号。

为了保证收发两端能同时正确完成倒换功能，SDH 帧结构的段开销中使用了两个自动保护倒换字节 K1 和 K2，以实现 APS 倒换协议。其中 K1 字节表示请求倒换的信道，K2 字节表示确认桥接到保护信道的信道号。

如果上一站出现信号丢失或者与下游站进行连接的线路出现故障和远端接收失效，那么在下游接收端都可检查出故障，这样该下游接收端必须向上游站发送保护命令，同时向下一站发送倒换请求，具体过程如下。

（1）当下游站发现（或检查出）故障或收到来自上游站的倒换请求命令时，

首先启动保护逻辑电路，将出现新情况的通道的优先级与正在使用保护通道的主用系统的优先级、上游站发来的桥接命令中所指示的信道优先级进行比较。

（2）如果新情况通道的优先级高，则在此（下游站）形成一个 K1 字节，并通过保护通道向上游站传递。所传递的 K1 字节包括请求使用保护通道的主信道号和请求类型。

（3）当上游站连续 3 次收到 K1 字节，那么被桥接的主信道得以确认，然后再将 K1 字节通过保护通道的下行通道传回下游站，以此确认下游站桥接命令，即确认请求使用保护通道的通道请求。

（4）上游站首先进行倒换操作，并准备进行桥接，同时又通过保护通道将包含被保护通道号的 K2 字节传送给下游站。

（5）下游站收到 K2 字节后，便将其接收到 K2 字节所指示的被保护通道号与 K1 字节中所指示的请求保护主用信道号进行复核。

（6）当 K1 与 K2 中所指示的被保护的主信道号一致时，便再次将 K2 字节通过保护通道的上行通道回送给上游站，同时启动切换开关进行桥接。

（7）当上游站再次收到来自下游站的 K2 字节时，桥接命令最后得到证实，此时才进行桥接，从而完成主、备用通道的倒换。

从上面的分析我们可以归纳出，线路保护倒换的主要特点有：业务恢复时间很快，可少于 50ms。

若工作段和保护段属同缆备用（主用和备用光纤在同一缆芯内），则有可能导致工作段（主用）和保护（备用）因意外故障而被同时切断，此时这种保护方式就失去作用了。解决的办法是采用地理上的路由备用方式。这样当主用光缆被切断时，备用路由上的光缆不受影响，仍能将信号安全地传输到对端。通常采用空闲通路作为备用路由。这样既保证了通信的顺畅，同时也不必备份光缆和设备，不会造成投资成本的增加。

2. 自愈环

环网络是指网上的每个节点都通过双工通信设备与相邻的两个节点相连，从而组成一个封闭的环。利用 SDH 的分插复用器或交叉连接设备可以组建具有自愈功能的 SDH 环网络，这是目前组建 SDH 网应用较多的一种网络拓扑形式。针对光纤线路保护倒换而形成的 SDH 自愈环（SHR，Self-Healing Ring），不仅提高了网络的生存能力，而且降低了倒换中备用路由的成本，在网络规划中起到重要作用，在中继网、接入网和长途网中都得到了广泛的应用。

SDH 自愈环是一种比较复杂的网络结构，在不同的场合有不同的分类方法。

（1）单向环和双向环

按照进入环的支路信号方向与由该支路信号目的节点返回的信号（返回业

务信号）方向是否相同来区分，可以分为单向环和双向环。正常情况下，单向环中的来回业务信号均沿同一方向（顺时针或逆时针）在环中传输；双向环中，进入环的支路信号按一个方向传输，而由该支路信号分路节点返回的支路信号按相反的方向传输。

（2）二纤环和四纤环

按环中每一对节点间所用光纤的最小数量来分，可以划分为二纤环和四纤环。

（3）通道保护环和复用段倒换环

按保护倒换的层次来分，可以分为通道保护环和复用段倒换环（北美称为线路倒换环）。从抽象的功能结构观点来划分，通道保护环属于子网连接保护，复用段倒换环则属于路径保护。

综上所述，尽管可组合成多种环形网络结构，但目前多采用下述两种结构的环形网络。

（1）四纤双向复用段倒换环

四纤双向复用段倒换环的工作原理及各信号传输方向如图 3-15（a）所示，它是以两根光纤 S1 和 S2 共同作为主用光纤，而 P1 和 P2 两根光纤为备用光纤。正常情况下，信息通过主用光纤传输，备用光纤空闲。下面以 A、C 节点间的信息传输为例，说明其工作原理。

① 正常工作情况下信息由 A 节点插入，沿主用光纤 S1 传输，经节点 B，到达节点 C，在 C 节点完成信息的分离。当信息由节点 C 插入后，则沿主用光纤 S2 传送，同样经 B 节点，到达 A 节点，从而完成由 C 节点到 A 节点的信息传送。

② 当 B、C 节点之间 4 根光纤同时出现断纤故障时，如图 3-15（b）所示，与光纤断线故障相连的节点 B、C 中各有两个执行环回功能电路，从而在节点 B、C，主用光纤 S1 和 S2 分别通过倒换开关，与备用光纤 P1 和 P2 相连，这样当信息由 A 节点插入时，信息首先由主用光纤 S1 携带，到达 B 节点，通过环回功能电路 S1 和 P1 相连，因而此时信息又转为 P1 所携带，经过节点 A、D 到达 C 点，通过 C 节点的环回功能，实现 P1 和 S1 的连接，从而完成 A 到 C 节点的信息传递。而由 C 节点插入的信息，首先被送到主用光纤 S2 经 C 节点的环回功能，使 S2 与 P2 相连接，这时信息则沿 P2 经 D、A 节点，到达 B 节点，由于 B 节点同样具有环回功能，P2 和 S2 相连，因而信息又转为由 S2 传输，最终到达 A 节点，以此完成 C 到 A 节点的信息传递。

（2）二纤双向复用段倒换环

从图 3-15（a）可见，S1 和 P2、S2 和 P1 的传输方向相同，由此人们设想采用时隙技术将前一部分时隙用于传送主用光纤 S1 的信息，后一部分时隙用于传送备用光纤 P2 的信息，这样可将 S1 和 P2 的信号置于一根光纤（S1/P2 光纤），同样 S2 和 P1 的信号也可同时置于另一根光纤（S2/P1）上，这样四纤环就简化为二纤环，具体结构如图 3-16 所示。下面还是以 A、C 节点间的信息传递为例，说明其工作原理。

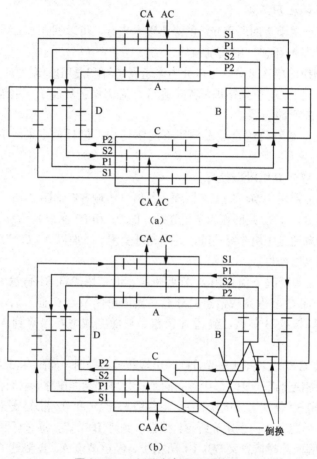

图 3-15　四纤双向复用段倒换环

①　正常工作情况下，当信息由 A 节点插入时，首先是由 S1/P2 光纤的前半时隙所携带，经 B 到 C 节点，完成由 A 到 C 节点的信息传送，而当信息由 C 节点插入时，则是由 S2/P1 光纤的前半时隙来携带，经 B 节点到达 A 节点，从而完成 C 到 A 节点的信息传递。

②　当 B、C 节点间出现断纤故障时，如图 3-16（b）所示，由于与光纤断线故障点相连的节点 B、C 都具有环回功能，这样当信息由 A 节点插入时，信息首先由 S1/P2 光纤的前半时隙携带，到达 B 节点，通过回路功能电路，将 S1/P2

光纤前半时隙所携带的信息装入 S2/P1 光纤的后半时隙，并经 A、D 节点传输到达 C 节点，在 C 节点利用其环回功能电路，又将 S2/P1 光纤中后半时隙所携带的信息置于 S1/P2 光纤的前半时隙之中，从而实现 A 到 C 节点的信息传递；而由 C 节点插入的信息则首先被送到 S2/P1 光纤的前半时隙之中，经 C 节点的环回功能转入 S1/ P2 光纤的后半时隙，沿线经 D、A 节点到达 B 节点，又同时由 B 节点的环回功能处理，将 S1/P2 光纤后半时隙中携带的信息转入 S2/P1 光纤的前半时隙传输，最后到达 A 节点，以此完成由 C 到 A 节点的信息传递。

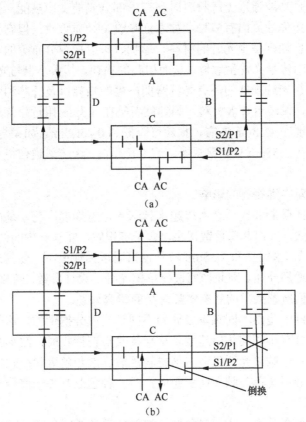

图 3-16 二纤双向复用段倒换环

3.2.6 SDH 性能分析

1. SDH 线路性能分析

在光纤通信系统中，光纤线路的传输性能主要体现在其衰减特性和色散特性上，而这恰恰是在光纤通信系统的中继距离设计中所需考虑的两个因素。后者直接与传输速率有关，在高速率传输情况下甚至成为决定因素，因此在高比特率系统的设计过程中，必须考虑这两个因素的影响。

（1）衰减对中继距离的影响

一个中继段上的传输衰减包括两部分的内容，其一是光纤本身的固有衰减，再者就是光纤的连接损耗和微弯带来的附加损耗。光纤的传输损耗是光纤通信系统中一个非常重要的问题，低损耗是实现远距离光纤通信的前提。形成光纤损耗的原因很复杂，归结起来主要包括吸收损耗和散射损耗两大类。

吸收损耗是光波通过光纤材料时，有一部分光能变成热能，从而造成光功率的损失。其损失的原因有多种，如本征吸收、杂质吸收，但它们都与光纤材料有关。散射损耗则是由光纤的材料、形状、折射指数分布等的缺陷或不均匀而引起光纤中的传导光发生散射，从而引起的损耗。其大小也与光波波长有关。除此之外，引起光纤损耗的还有光纤弯曲产生的损耗以及纤芯和包层中的损耗等。综合考虑，发现有许多材料，如纯硅石等在 1.3μm 附近损耗最小，色散也接近零。还发现在 1.55μm 左右，损耗可降低到 0.2dB/km。如果合理设计光纤，还可以使色散在 1.55μm 处达到最小，这为长距离、大容量通信提供了比较好的条件。

（2）色散对中继距离的影响

单模光纤的研制和应用之所以越来越深入，越来越广泛，是由于单模光纤不存在模间色散，因而其总色散很小，即带宽很宽，能够传输的信息容量极大，加之石英光纤在 1.31μm 和 1.55μm 波长窗口附近损耗很小，使其成为长途大容量信息传输的理想介质。因此如何选择单模光纤的设计参数，特别是色散参数，一直是一个人们所感兴趣的具有实际意义的研究课题。

信号在光纤中是由不同频率成分和不同模式成分携带的，这些不同的频率成分和模式成分有不同的传播速度，这样接收端在接收时，波形在时间上发生了展宽，这就是色散。光纤色散包括材料色散、波导色散和模式色散。前两种色散是由于信号不是单一频率而引起的；后一种色散是由于信号不是单一模式而引起的。

光纤自身存在色散，即材料色散、波导色散和模式色散。对于单模光纤，因为仅存在一个传输模，故单模光纤只包括材料色散和波导色散。除此之外，还存在着与光纤色散有关的种种因素，会使系统性能参数出现恶化，如误码率、衰减常数变坏，其中比较重要的有 3 类，如码间干扰、模分配噪声和啁啾声，在此重点讨论由这 3 种因素造成的对系统中继距离的限制。

① 码间干扰对中继距离的影响

由于激光器所发出的光波是由许多根谱线构成的，而每根谱线所产生的相同波形在光纤中传输时，其传输速率不同，所经历的色散不同而前后错开，使合成的波形不同于单根谱线的波形，导致所传输的光脉冲的宽度展宽，出现"拖尾"，因而造成相邻两光脉冲之间的相互干扰，这种现象就是码间干扰。分析显示，传输距离与码速、光纤的色散系数以及光源的谱宽成反比，即系统的传输速率越高，光纤的色散系数越大，光源谱宽越宽，为了保证一定的传输质量，系统信号所能传输的中继距离也就越短。

② 模分配噪声对中继距离的影响

如果数字系统的码速率尚不是超高速，并且在单模光纤的色散可忽略的情况下，不会发生模分配噪声。但随着技术的不断发展，更进一步地充分发挥单模光纤大容量的特点，提高传输速率被提到议事日程，随之人们要面对的问题便是模分配噪声了。因为单模光纤具有色散，所以激光器的各谱线（各频率分量）经过长光纤传输之后，产生不同的时延，在接收端造成了脉冲展宽。又因为各谱线的功率呈随机分布，因此当它们经过上述光纤传输后，在接收端取样点得到的取样信号就会有强度起伏，引入了附加噪声，这种噪声就是模分配噪声。此外，模分配噪声是在发送端的光源和传输介质光纤中形成的噪声，而不是在接收端产生的噪声，故在接收端是无法消除或减弱的。这样当随机变化的模分配噪声叠加在传输信号上时，信号会发生畸变，严重时，使判决出现困难，造成误码，从而限制了传输距离。

③ 啁啾声对中继距离的影响

模分配噪声的产生是由于激光器的多纵模特性，因而人们提出使用新型的单纵模激光器，以克服模分配噪声的影响，但随之又出现了新的问题。对于处于直接强度调制状态下的单纵模激光器，其载流子密度的变化是随注入电流的变化而变化。这就使有源区的折射率指数发生变化，从而导致激光器谐振腔的光通路长度发生相应变化，结果致使振荡波长随时间偏移，这就是所谓的频率啁啾现象。因为这种时间偏移是随机的，因而受上述影响的光脉冲经过光纤后，在光纤色散的作用下，可以使光脉冲波形发生展宽，因此接收取样点所接收的信号中就会存在随机成分，这就是一种啁啾噪声，严重时会造成判决困难，给单模数字光通信系统带来损伤，从而限制传输距离。

2．SDH 网络误码性能

在 SDH 网络中，由于数据传输是以块的形式进行的，其长度不等，可以是几十比特，也可能长达数千比特，然而无论其长短，只要出现误码，即使仅出现 1bit 的错误，该数据块也必须进行重发，因而在高比特率通道的误码性能参数是用误块来进行说明的，这在 ITU-T 制定的 G.826 规范中得以充分体现，主要以误块秒比（ESR）、严重误块秒比（SESR）及背景误块比（BBER）为参数来表示。

（1）误块（EB）

由于 SDH 帧结构是采用块状结构，因而当同一块内的任意比特发生差错时，则认为该块出现差错，通常称该块为差错块或误块。这样按照块的定义，就可以对单个监视块的 SDH 通道开销中的 **Bip-x** 进行校验，其过程如下。

首先以 x 比特为一组将监视块中的比特构成监视码组，然后进行奇偶校验。如果所获得的奇偶校验码组中的任意一位不符合校验要求，则认为整个块为差错块。至此可根据 ITU-T 规定的 3 个高比特通道误码性能参数进行度量。

（2）误码性能参数

① 误块秒比（ESR）

当某 1s 具有 1 个或多个误块时，则称该秒为误块秒，那么在规定观察时间间隔内出现的误块秒数与总的可用时间（在测试时间内扣除不可用时的时间）之比，称为误块秒比，可用下式进行计算：

$$ESR = \frac{误块秒（s）}{测试时间（s）-测试时间内的不可用时间（s）}$$

② 严重误块秒比（SESR）

某 1s 内有不少于 30% 的误块，则认为该秒为严重误块秒，那么在规定观察时间间隔内出现的严重误块秒数占总的可用时间之比称为严重误块秒比，如下式：

$$SESR = \frac{严重误块秒（s）}{测试时间（s）-测试时间内的不可用时间（s）}$$

SESR 指标可以反映系统的抗干扰能力，通常与环境条件和系统自身的抗干扰能力有关，而与速率关系不大，故此不同速率的 SESR 指标相同。

③ 背景误块比（BBER）

如果连续 10s 误码率劣于 10^{-3} 则认为是故障，那么这段时间为不可用时间，应从总统计时间中扣除，因此扣除不可用时间和严重误块秒期间出现的误块后所剩下的误块称为背景误块。背景误块数与扣除不可用时间和严重误块秒期间的所有误块数后的总块数之比称为背景误块比，可用下式表示：

$$BBER = \frac{总误块数-不可用时内误块数-严重误码秒内误块数}{测试时间总块数-不可用时内总块数-严重误码秒内总块数}$$

由于计算 BBER 时，已扣除了大突发性误码的情况，因此该参数大体反映了系统的背景误码水平。由上面的分析可知，3 个指标中，SESR 指标最严格，BBER 最松，因而只要通道满足 ESR 及指标的要求，BBER 指标必然也可以得到满足。

3.3　多业务传送平台

随着各种数据业务的比例持续增大，TDM、ATM 和以太网等多业务混合传送需求的增多，广大用户接入网和驻地网都陆续升级为宽带，城域网原本的承载语音业务的定位无论在带宽容量还是接口数量上都不再能达到传输汇聚的要求。为满足需要，思科公司最先提出了多业务传送平台（MSTP，Multi-Service Transport Platform）的概念，IETF 接着制定了多协议标签交换标准协议。MSTP 将传统的 SDH 复用器、光波分复用系统终端、数字交叉连接器、网络二层交换机以及 IP 边缘路由器等各种独立的设备合成为一个网络设备，进行统一控制和管理，所以它也被称为基于 SDH 技术的多业务传送平台。

MSTP 充分利用了 SDH 技术的优点——给传送的信息提供保护恢复的能力以及较小的时延性能，同时对网络业务支撑层加以改造，利用 2.5 层交换技术实现了对二层技术（如 ATM、帧中继）和三层技术（如 IP 路由）的数据智能支持。这样处理的优势是 MSTP 技术既能满足某些实时交换服务的高 QoS 的要求，也能实现以太网尽力而为的交互方式；同时，在同一个网络上，它既能提供点到点的传送服务，也可以提供多点传送服务。如此看来，MSTP 最适合工作于网络的边缘，如城域网和接入网，用于处理混合型业务，特别是以 TDM 业务为主的混合业务。从电信运营商的角度来说，MSTP 不仅适合新电信运营商缺乏网络基础设备的情况，同样也适合于已建设了大量 SDH 网络的运营公司，以 SDH 为基础的多业务平台可以更有效地支持分组数据业务，有助于实现从电路交换网向分组网的过渡。

在现网中，MSTP 主要用来传输以太网业务，如图 3-17 所示。

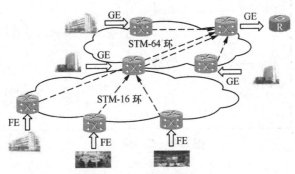

图 3-17　MSTP 网络示意图

　　MEF 和 IETF 标准化组织各自定义了 L2 层以太网业务模型。MEF 标准组织将二层以太网业务定义为基于点到点的 E-Line 业务和多点到多点的 E-LAN 业务，如图 3-18 和图 3-19 所示。

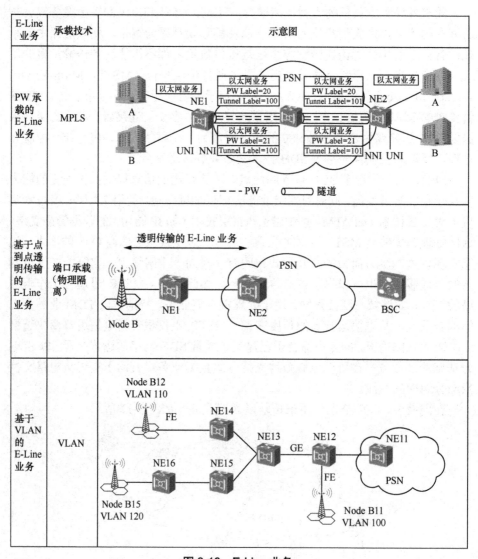

图 3-18　E-Line 业务

E-Line 业务	承载技术	示意图
QinQ-link 承载的 E-line 业务	VLAN	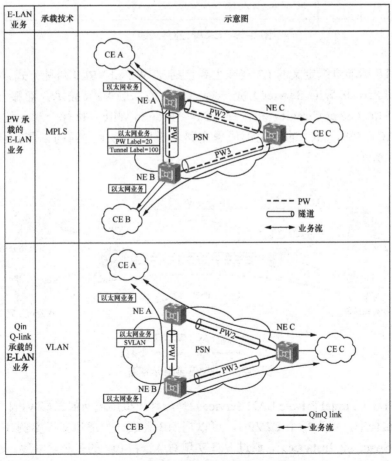

图 3-18 E-Line 业务（续）

E-LAN 业务	承载技术	示意图
PW 承载的 E-LAN 业务	MPLS	
QinQ-link 承载的 E-LAN 业务	VLAN	

图 3-19 E-LAN 业务

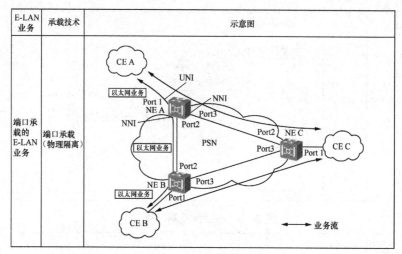

图 3-19　E-LAN 业务（续）

　　IETF 标准组织定义的 L2VPN 主要包括 VPWS 和 VPLS 两种方式，VPWS（Virtual Private Wire Service）是一种点到点的二层 VPN 技术，对接入电路（AC，Attachment Circuit）和伪线（PW，Pseudo Wire）执行一对一的映射，通过<AC，PW，AC>的绑定形成虚电路，透明传输用户间的二层业务，如图 3-20 所示。

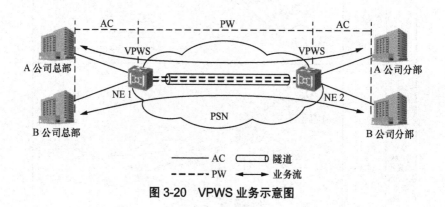

图 3-20　VPWS 业务示意图

　　VPLS（Virtual Private LAN Service）是一种模拟局域网的二层 VPN 技术。VPLS 结构中，对于每个 L2VPN，可以把 NE 看成一个虚拟交换实例（VSI，Virtual Switching Instance），通过 VSI 实现对 AC 和 PW 的多对多映射，连接多个以太网 LAN，使它们像在一个 LAN 中那样工作。VPLS 是城域网中的重要技术，通过它可以互联各种现有以太网技术构建的企业网，为客户 A 提供跨域广域网的 LAN 业务，如图 3-21 所示。

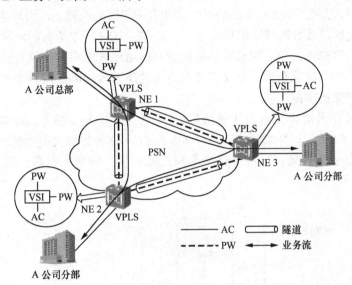

图 3-21　VPLS 业务示意图

各个标准组织定义的业务模型虽然名称不同，但本质上是相似的，如表 3-3所示。

表 3-3　以太网业务模型

MEF 模型	IETF 模型	传送隧道（网络侧）	业务复用（接入侧）
E-Line	—	物理隔离/VLAN	物理隔离
	VPWS	MPLS	
	—	物理隔离/VLAN	VLAN
	VPWS	MPLS	
E-LAN	—	物理隔离	物理隔离
	—	物理隔离/VLAN	VLAN
	VPLS	MPLS	

3.4　自动交换光网络

当企业用户以及个人用户对网络数据的流量及质量都有了越来越高的要求

时，网络逐渐趋于智能化和宽带化的自动交换光网络（ASON，Automatically Switched Optical Network）的概念便于 2000 年年初被 ITU-T 提出。ASON 也称智能光网络，是在 SDH 原有的传送平面和管理平面的基础上，引入控制平面，使传输、交换以及数据网络相互结合在一起。在 SDH 网络原有的多种大容量交换机和路由器的支持下，完成合理化配置与网络连接管理，实现对网络资源的实时动态控制与按需分配。它主要受信令与选路两者控制，在两者的合理控制下实现自动交换功能。

ASON 体系结构基本由 3 种接口、3 种连接类型和 3 种平面组成，其中 3 种接口是 CCI 接口、NMI-A 接口及 NMI-T 接口；3 种连接类型为软永久连接、交换连接及永久连接；3 种平面则是指控制平面、管理平面和传送平面，如图 3-22 所示。

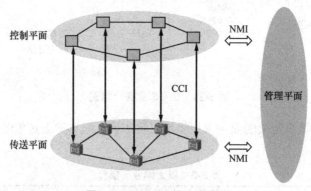

图 3-22　ASON 的 3 个平面

ASON 中 3 个平面分别完成不同的功能。控制平面主要负责控制层面的呼叫连接，通过信令交换完成传送平面的动态控制，如建立或者释放连接、监测和维护、连接失败时提供保护恢复等。传送平面就是传统 SDH、WDM 网络，负责业务的传送，它完成光信号传输、配置保护倒换和交叉连接等功能，并确保所传光信号的可靠性，但传送平面的交换动作是在管理平面和控制平面的作用下进行的。管理平面将传送平面、控制平面以及系统作为一个整体进行管理，能够进行端到端的配置，是控制平面的一个补充；包括性能管理、故障管理、配置管理和安全管理功能，实现管理平面与控制平面和传送平面之间功能的协调。

相比传统 SDH 网元，ASON 网元配备了智能软件，独立于单板软件和网管软件，智能软件和主机软件驻留在主控板上运行，单板软件和网管软件分别驻留在各单板和网管计算机上运行，完成相应的功能。智能软件主要应用于控制平面，使用链路管理协议（LMP）、路由协议（OSPF-TE）和信令协议（RSVP-TE）。RSVP-TE 协议完成以下功能：根据用户需求进行业务的建立或拆除工作，并根据业务状态的变化，提供业务的同步和恢复功能。OSPF-TE 协议完成下面的功能：收集、洪泛 TE 链路信息，收集、洪泛控制平面的控制链路信息，计算控制路由。LMP 协议运行于两个相邻节点间，完成以下功能：实现链路资源的自动发现和管理功能，创建和维护控制通道，校验 TE 链路。

永久连接是经过预先计算，然后通过网管分别向各个网元下发命令而建立的连接。通常所说的传统业务就是指永久连接。交换连接是由终端用户（如路由器）向 ASON 控制平面发起呼叫，在控制平面内通过信令建立起的业务连接。软永久连接是介于永久连接和交换连接之间的业务连接。用户到传送网络部分由网管配置，而传送网络内部的连接由网管向网元控制平面发起请求，由智能网元的控制平面通过信令完成配置。通常所说的智能路径或者智能业务就是指软永久连接。

ASON 技术主要有以下几点优势。

（1）ASON 技术的引用能够实时有效地监管控制网络流量的使用情况，从而避免不必要的资源浪费。该技术能够根据客户的实际要求和具体的网络情况合理地调整网络内部的逻辑拓扑结构，选择最佳路由，使网络资源得到合理化应用，极大地避免了业务拥堵，实现网络资源的按需分配以及网络资源共享。

（2）传统 SDH、WDM 网络业务配置时，需要逐环、逐点配置业务，而且多是人工配置，费时费力。随着网络规模的日渐扩大，网络结构日渐复杂，这种业务配置方式已经不能满足快速增长的用户需求。ASON 成功地解决了这个问题，可以实现端到端的业务配置。配置业务只需选择源节点和目的节点，指定业务类型等参数，网络将自动完成业务的配置。

（3）ASON 技术还能保护网络资源，大大提高网络的安全性能。传统 SDH、WDM 网络的拓扑结构以链形和环形为主，而 ASON 的拓扑结构主要是 MESH 结构，在实现传统业务保护的同时，还可以实现业务的动态恢复。当网络出现故障时，ASON 体系中的控制平面及管理平面能够充分发挥自身功能，相互配合，协调工作，使网络内部的各个子系统都能迅速得到故障位置的信息，整个网络便会更加快速地找寻备用路由或启用恢复路由，保障通信持续。

ASON 的自愈方式分为两种类型：保护与恢复。保护主要指保护倒换，保护倒换是在故障发生之前，预留专用于保护的网络资源，从而当故障发生时，业务流从故障路径切换到保护路径传送。ASON 支持的保护类型包括子网连接保护（SNCP）和复用段保护（MSP）。恢复主要指重路由，是一种业务恢复方式，当底层传输通道出现故障，路由中断时，路由首节点查询业务恢复的最佳 LSP 路由，然后逐跳向下游节点发送信令，请求保留资源并建立交叉连接，末节点逐跳向上游节点回送信令，最终建立新的路由。

（4）ASON 技术较强的功能性是通信网络中的一个亮点，它能够既快又好地给用户提供多种宽带服务及应用。

ASON 可以根据客户的需求层次的不同，提供不同服务等级的业务。服务等级协定（SLA，Service Level Agreement），从业务保护的角度将业务分成多种级别，如表 3-4 所示，其中钻石级和银级业务最常见。

表 3-4　ASON 的 SLA 级别

	钻石级	金级	银级	铜级	铁级
保护恢复策略	保护与恢复	保护与恢复	恢复	无保护、无恢复	可被抢占
实现技术	SNCP	MSP	重路由	—	MSP
技术体现	只要有网络可用带宽，就提供永恒保护（永久 1+1）	大概率事件为保护，小概率事件为恢复	实时计算，不用预先设置保护通道	—	被抢占后业务中断，抢占恢复后业务恢复
性能指标	业务保护时间<50ms	业务保护时间<50ms，恢复时间<2s	业务恢复时间<2s	—	—
带宽利用率	低	中	高	极高	极高
资费	极高	高	中	低	极低
适用业务类型	银行、证券、重要政府部门专线	PSTN、GSM语音业务	一般客户 IP 数据专线，小区上网业务	临时业务需求	临时业务需求

钻石级业务是指一条从源节点到目的节点的具有 1+1 保护属性的业务，也叫 1+1 业务。在源节点和目的节点之间同时建立起两条路由，这两条路由尽量分离，一条称为主路由，另一条称为备路由。源节点和目的节点同时向主路由和备路由发送相同的业务。宿节点在主路由正常的情况下，从主路由接收业务，当主路由失效后，从备路由接收业务。钻石级业务常用的重路由策略有两种：永久 1+1（主备路由中任意一条中断即触发重路由）、路由 1+1（主备路由都中断才触发重路由）。

银级业务指从源节点到目的节点的具有重路由保护属性的业务连接，也叫重路由业务。如果银级业务的路由失效，会不断发起重路由进行业务恢复，直至重路由成功。由于银级业务实时计算恢复路径，不需要预留资源，故带宽利用率高，但如果网络资源不足，可能造成业务中断。

利用 ASON 技术开发出的波长出租、波长批发等多种业务功能可以将光纤物理宽带快速转换为最终用户宽带，为网络运营商快速开通各类增值业务提供便利。一般来说，ASON 初始建设会有一定的投资费用，但是后期扩容成本相对较低，具有一定的运营优势。

第 4 章

波分复用系统

电子元器件的瓶颈制约了时分复用系统速率的进一步提高，也促进了光层面上 WDM 技术的发展。波分复用（WDM，Wavelength Division Multiplexing）技术是指在一根光纤中同时传输多个波长的光载波信号——在给定的信息传输容量下，可以显著减少所需要光纤的总量。WDM 技术是光传输技术的又一次飞跃，它利用单模光纤低损耗区拥有巨大带宽的特点，多路复用单个光纤载波的紧密光谱间距，把光纤能被应用的波长范围划分成若干个波段，每个波段作一个独立的通道，传输一种预定波长的光信号。不同波长的光信号便可混合在一起同时进行传输，这些不同波长的光信号所承载的各种信号既可以工作在相同速率和相同数据格式，也可以工作在不同速率和不同数据格式。可以看出，如果光波像其他电磁波信号一样采用频率而不是波长来描述和控制，波分复用的实质其实就是光的频分复用。

20世纪80年代中期，WDM的雏形出现，那时还只是"双波长复用"，即1310nm和1550nm激光器通过无源滤波器在同一根光纤上传送两个信号。随着网络业务量和带宽需求的迅速增长，WDM系统也有了很大进步，它被细分为密集波分复用（DWDM，Dense Wavelength Division Multiplexing）和粗波分复用（CWDM，Coarse Wavelength Division Multiplexing）。其中如名字一样，DWDM的波道数从10波道、20波道发展到40波道、80波道，乃至160波道，并且还在不断地增长，其每个波道的波长间隔已经小于0.8nm，系统的传输能力随之成倍增加，同一光纤中光波的密度也变得很高。20世纪90年代中期商用以来，DWDM系统发展迅速，已成为实现大容量长途传输的首要方法。优点显而易见，但问题也随之出现，几乎所有的DWDM系统中都需要色散补偿技术来克服多波长系统中的非线性失真——四波混频现象；另外，DWDM采用的是温度调谐的冷却激光，成本很高。因为温度的分布在一个很宽的波长区段内都不均匀，导致温度调谐实现起来难度较大。CWDM刚好与DWDM形成互补，它的每个波道之间间隔更宽，业界通行的标准波道间隔为20nm。所以CWDM对激光器的技术指标要求相对较低，其系统的最大波长偏移可达-6.5℃～+6.5℃，激光器的发射波长精度可放宽到±3nm。同时，在一般的工作温度范围内（-5℃～70℃），温度变化导致的波长漂移不会干扰系统的正常运作，故其激光器也就无须温度控制机制。相较于DWDM，CWDM激光器的结构得以大大简化，成品率也相应提高。这样一种成本较低、结构简单、维护方便、供电容易、占地不大的产品，很适合共址安装或安装在大楼内，迅速占领了城域接入网等边缘网络市场。

4.1 WDM 原理

随着信息时代的到来，通信业务逐年迅速增长，为了适应通信网的传输容量不断增长和满足网络交互性、灵活性的要求，产生了各种复用技术。除了大家熟知的时分复用技术外，还有光时分复用、光波分复用、光频分复用等技术。这些技术的出现，使得通信网的传输效率得到了很大的提高。

光波分复用技术是在一根光纤中同时传输多个波长的光载波信号，如图4-1所示；而每个光载波可以通过FDM或TDM方式，各自承载多路模拟或多路数字信号。其基本原理是在发送端将不同波长的光信号组合起来（复用），并耦合到光缆线路上的同一根光纤中进行传输，在接收端又将这些组合在一起的不同波长的信号分开（解复用），并做进一步处理，恢复出原信号后送入不同的终端。因此将此项技术称为光波长分割复用,简称光波分复用技术。

WDM 系统主要分为双纤单向传输和单纤双向传输两种方式,下面分别阐述。

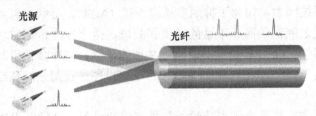

图 4-1 光波分复用技术

1.双纤单向传输

单向 WDM 是指所有光通路同时在一根光纤上沿同一方向传送(见图 4-2),在发送端将载有各种信息的、具有不同波长的已调光信号 λ_1,$\lambda_2 \cdots \lambda_n$ 通过光复用器组合在一起,并在一根光纤中单向传输,由于各信号是通过不同光波长携带的,在一根光纤中单向传输,所以彼此不会混淆。在接收端通过光解复用器将不同光波长的信号分开,完成多路光信号传输的任务。反方向则通过另一根光纤传输,原理相同。

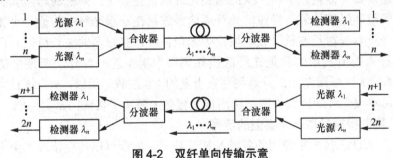

图 4-2 双纤单向传输示意

2.单纤双向传输

双向 WDM 是指光通路在一根光纤上同时向两个不同的方向传输,如图 4-3 所示,所用波长互相分开,以实现双向全双工的通信联络。

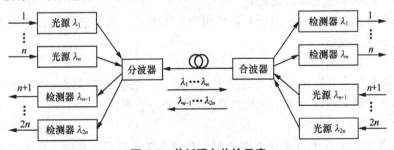

图 4-3 单纤双向传输示意

单向 WDM 系统在开发和应用方面都比较广泛。双向 WDM 系统的开发和应用相对来说要求更高，这是因为双向 WDM 系统在设计和应用时必须要考虑几个关键的系统因素，如为了抑制多通道干扰（MPI），必须注意到光反射的影响，双向通道之间的隔离、串话的类型和数值、两个方向传输的功率电平值和相互间的依赖性、OSC 传输和自动功率关断等问题，同时要使用双向光纤放大器。但与单向 WDM 相比，双向 WDM 系统可以减少使用光纤和线路放大器的数量。

以上两种方式都是点到点传输，如果在中间设置光分插复用器（OADM）或光交叉连接器（OXC），就可使各波长光信号进行合流与分流，实现光信息的上/下通路与路由分配,这样就可以根据光纤通信线路和光网的业务量分布情况，合理地安排插入或分出信号。如果根据一定的拓扑结构设置光网元，就可构成先进的 WDM 光传送网。

下面阐述 WDM 技术的主要特点。

1. 充分利用光线的巨大带宽资源

WDM 技术充分利用了光纤的巨大带宽资源，使一根光纤的传输容量比单波长传输增加几倍至几十倍，从而增加光纤的传输容量，降低成本，具有很大的应用价值和经济价值。目前，光纤通信系统只在一根光纤中传输一个波长信道，而光纤本身在长波长区域有很宽的低损耗区，有很多的波长可以利用。例如，现在人们所利用的只是光纤低损耗频谱中极少的一部分，即使全部利用 EDFA 的放大区域带宽，也只是利用它带宽的 1/6 左右。所以，WDM 技术可以充分利用单模光纤的巨大带宽，从而很大程度上解决了传输的带宽问题。

2. 同时传输多种不同类型的信号

由于 WDM 技术中使用的各波长相互独立，因而可以传输特性完全不同的信号，完成各种电信业务信号的综合和分离，包括数字信号和模拟信号，以及 PDH 信号和 SDH 信号，实现多媒体信号（如音频、视频、数据、文字、图像等）混合传输。

（1）实现单根光纤双向传输

由于许多通信（如打电话）都采用全双工方式，因此采用 WDM 技术可节省大量的线路投资。

（2）多种应用形式

根据需要，WDM 技术可有很多应用形式，如长途干线网、广播式分配网络、多路多址局域网络等，因此对网络应用十分重要。

（3）节约线路投资

采用 WDM 技术可使 n 个波长复用起来在单模光纤中传输，在大容量长途传输时可以节约大量光纤。另外，对已建成的光纤通信系统扩容方便，只要原系统的功率富余度较大，就可进一步增容而不必对原系统做大的改动。

（4）降低器件的超高速要求

随着传输速率的不断提高，许多光电器件的响应速度已明显不足。使用 WDM 技术可降低对一些器件在性能上的极高要求，同时又可实现大容量传输。

（5）IP 的传送通道

波分复用通道对数据格式是透明的，即与信号速率及电调制方式无关。在网络扩充和发展中，是理想的扩容手段，也是引入宽带新业务（如 IP 等）的方便手段。通过增加一个附加波长即可引入任意想要的新业务或新容量，如目前或将要实现的 IP over WDM 技术。

（6）高度的组网灵活性、经济性和可靠性

利用 WDM 技术选路，实现网络交换和恢复，从而实现未来透明、灵活、经济且具有高度生存性的光网络。

4.2 WDM 系统构成

WDM 系统的构成如图 4-4 所示。发送端的光发射机（OUT）将接收到的客户信号转换后，发出波长不同而精度和稳定度满足一定要求的光信号，经过光波长复用器（MUX）复用在一起送入光功率放大器（OBA）（主要用来弥补合波器引起的功率损失和提高光信号的发送功率），再将放大后的多路光信号送入光纤传输，中间可以根据情况设置光线路放大器（OLA），到达接收端经光前置放大器（OPA）（主要用于提高接收灵敏度，以便延长传输距离）放大以后，送入光波长分波器 Demux 分解出原来的各路光信号，最后经过接收端——OTU 把光信号转换成相应的信号发送给客户。

1. OTU 基本功能是波长转换，完成非标准波长信号光到符合 G.694.1（2）的标准波长信号光的波长转换功能。随着技术的发展，如今在 OTU 上实现的功能远不止波长转换这么简单，码型技术/数字包封等均在 OTU 上完成。

在发送端的 OTU 是光发射机，也是 WDM 系统的核心，根据 ITU-T 的建议和标准，除了对 WDM 系统中发射激光器的中心波长有特殊的要求外，还需要根据 WDM 系统的不同应用来选择具有一定色度色散容限的发射机。

在接收端的 OTU 是接收机，不但要满足一般接收机对光信号灵敏度、过载功率等参数的要求，还要承受有一定光噪声的信号，要有足够的电宽性能。

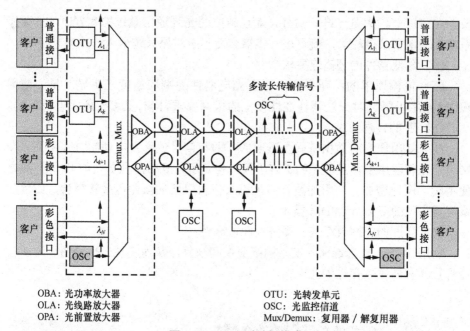

OBA：光功率放大器　　　　　　OTU：光转发单元
OLA：光线路放大器　　　　　　OSC：光监控信道
OPA：光前置放大器　　　　　　Mux/Demux：复用器 / 解复用器

图 4-4　WDM 系统的构成

2. OSC 通常采用 1510nm 和 1625nm，负责整个网络的监控数据传送。后来出现了 ESC 技术，利用 OTU 光信号直接携带监控信息，在 ESC 方式下不需要 OSC，但要求 OTU 支持 ESC 功能。

光监控信道的主要功能是监控系统内各信道的传输情况，在发送端，插入本节点产生的波长为 λ_s 的光监控信号，与主信道的光信号合波输出；在接收端，将接收到的光信号分波，分别输出 λ_s 波长的光监控信号和业务信道光信号。帧同步字节、公务字节和网管所用的开销字节等都是通过光监控信道传递的。

网络管理系统通过光监控信道物理层传送开销字节到其他节点或接收来自其他字节点的开销字节对 WDM 系统进行管理，实现配置管理、故障管理、性能管理、安全管理等功能，并与上层管理系统相连。

3. 光放大器主要有两种类型：半导体光放大器（SOA）和光纤放大器（OFA）。SOA 利用半导体材料固有的受激辐射放大机制，实现光放大，其原理和结构与半导体激光器相似。光纤放大器与半导体放大器不同，光纤放大器的活性介质（或称增益介质）是一段特殊的光纤或传输光纤，并且和泵浦激光器相连；当信号光通过这一段光纤时，信号光被放大。实用性的光纤放大器有掺铒光纤放大器（EDFA）和拉曼光纤放大器（Raman Fiber Amplifier）。

WDM 系统必须采用增益平坦技术，使 EDFA 对不同波长的光信号具有相同的放大增益，同时还需要考虑到不同数量的光信道同时工作的各种情况，能保证光信道的增益竞争不影响传输性能。

EDFA 如图 4-5 所示，信号光和泵浦激光器发出的泵浦光，经过 WDM 耦合器后进入掺铒光纤（EDF），其中两只泵浦激光器构成两级泵浦，EDF 在泵浦光的激励下可以产生放大作用，从而也就实现了放大光信号的功能。

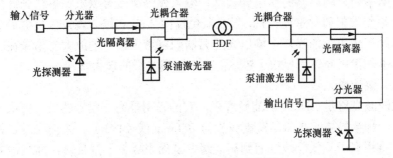

图 4-5 EDFA 内部典型光路图

（1）掺铒光纤

掺铒光纤是光纤放大器的核心，是一种内部掺有一定浓度 Er^{3+} 的光纤，为了阐明其放大原理，需要从铒离子的能级图讲起。铒离子的外层电子具有三能级结构（图 4-6 中 E1、E2 和 E3），其中 E1 是基态能级，E2 是亚稳态能级，E3 是激发态高能级。

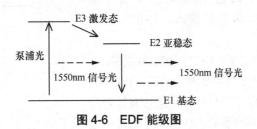

图 4-6 EDF 能级图

当用高能量的泵浦激光来激励掺铒光纤时，可以使铒离子的束缚电子从基态能级 E1 大量激发到高能级 E3 上。然而，高能级是不稳定的，因而铒离子很快会经历无辐射跃迁（不释放光子）落入亚稳态能级 E2。而 E2 能级是一个亚稳态的能带，在该能级上，粒子的存活寿命较长（大约 10ms）。受到泵浦光激励的粒子，以非辐射跃迁的形式不断地向该能级汇集，从而实现粒子数反转分布——亚稳态能级 E2 上的离子数比基态 E1 上的多。当具有 1550nm 波长的光信号通过这段掺铒光纤时，亚稳态的粒子受信号光子的激发以受激辐射的形式跃迁到基态，并产生出与入射信号光子完全相同的光子，从而大大增加了信号光中的光子数量，即实现了信号光在掺铒光纤传输过程中不断放大的功能。

（2）光耦合器

光耦合器顾名思义就是具有耦合的功能，其作用是将信号光和泵浦光耦合，并一起送入掺铒光纤，也称光合波器，通常使用光纤熔锥型耦合器。

（3）光隔离器

光路中两只隔离器的作用分别是：输入光隔离器可以阻挡掺铒光纤中反向ASE对系统发射器件造成干扰，以及避免反向ASE在输入端发生反射后又进入掺铒光纤产生更大的噪声；输出光隔离器则可避免输出的放大光信号在输出端反射后进入掺铒光纤消耗粒子数从而影响掺铒光纤的放大特性。

（4）泵浦激光器

泵浦激光器是EDFA的能量源泉，它的作用是为光信号的放大提供能量。通常是一种半导体激光器，输出波长为980nm或1480nm，泵浦光经过掺铒光纤时，将铒离子从低能级泵浦到高能级，从而形成粒子数反转，而当信号光经过时，能量就会转移到光信号中，从而实现光放大的作用。

（5）分光器

EDFA中所用的分光器为一分二器件，其作用是将主通道上的光信号分出一小部分光信号送入光探测器以实现对主通道中光功率的监测功能。

（6）光探测器

光探测器是一种光强度检测器，它的作用是将接收的光功率通过光/电转换变成光电流，从而对EDFA模块的输入、输出光功率进行监测。

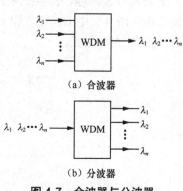

4. 合波器与分波器。在DWDM系统中，DWDM器件分为合波器和分波器两种，如图4-7所示。合波器的主要作用是将多个信号波长合在一根光纤中传输；分波器的主要作用是分离一根光纤中传输的多个波长信号。

图4-7　合波器与分波器

4.3　WDM 功能结构

本节主要介绍基于SDH-WDM点到点系统的具体功能结构、参考配置及波长分配等内容。

1. 组成结构

承载SDH信号的WDM系统使用了光放大器。根据ITU-T的相关建议，带光放大器的 SDH-WDM 光缆系统在 SDH 再生段以下又引入了光通道层、光复用段层、光传输段层、物理层，如图 4-8 所示。

图 4-8　WDM 系统的分层结构

光通道层可为各种业务信息提供光通道上端到端的透明传送，主要功能包括：为网络路由提供灵活的光通道层连接重排；具有确保光通道等适配信息完整性的光通道开销处理能力；具有确保网络运营与管理功能得以实现的光通道层监测能力。

光复用段层可为多波长光信号提供联网功能，包括：为确保多波长光复用段适配信息完整性的光复用段开销处理功能；为确保多波长光复用段适配信息完整性的光复用段监测功能。

光传输段层可为光信号提供各种类型的光纤上传输的功能，包括对光传输段层中的光放大器、光纤色散等的监视与管理功能。

下面介绍两类 WDM 系统——集成式 WDM 系统和开放式 WDM 系统。

（1）集成式 WDM 系统

集成式 WDM 系统是指 SDH 终端必须具有满足 G.692 的光接口，包括标准的光波长和满足长距离传输的光源。这两项指标都是当前 SDH 系统（G.957）不要求的，需要把标准的光波长和长色散受限距离的光源集成在 SDH 系统中。整个系统构造比较简单。对于集成式 WDM 系统中的 STM-n TM、ADM 和 REG 设备都应具有符合 WDM 系统要求的光接口，以满足传输系统的需要，如图 4-9 所示。

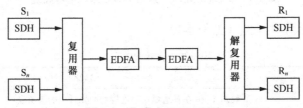

图 4-9　集成式 WDM 系统

（2）开放式 WDM 系统

对于开放式 WDM 系统，在发送端设有光波长转发器，它的作用是在不改变光信号数据格式的情况下，把光波长按照一定的要求重新转换，以满足 WDM 系统的设计要求。

这里所谓的开放式，是指在同一个 WDM 系统中，可以接入不同厂商的 SDH 系统，将 SDH 非规范的波长转换为标准波长。OTU 对输入端的信号波长没有特殊要求，可以兼容任意厂家的 SDH 设备，系统示意如图 4-10 所示。

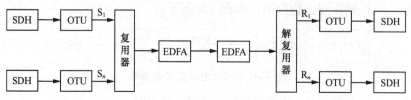

图 4-10 开放式 WDM 系统

2. 分类方法和参考配置

根据 WDM 线路系统是否设有 EDFA，可将 WDM 线路系统分成有线路光放大器 WDM 系统和无线路光放大器 WDM 系统，下面从规范化和标准化的角度来看一下不同情况下 WDM 系统的参考配置。

（1）有线路光放大器的 WDM 系统参考配置

图 4-11 是一般的 WDM 系统配置图，Tx1，Tx2···Txn 为光发射机；Rx1，Rx2···Rxn 为光接收机；OA 为光放大器。

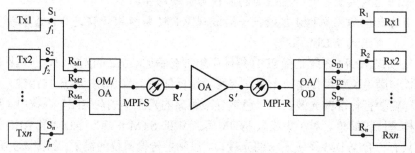

图 4-11 有线路光放大器的 WDM 系统参考配置

（2）参考点基本描述（见表 4-1）

表 4-1 各参考点定义

参考点	定义
S_1···S_n	通道 1···n 在发送机输出连接器处光纤上的参考点
R_{M1}···R_{Mn}	通道 1···n 在 OM/OA 的光输入连接器处光纤上的参考点
MPI-S	OM/OA 的光输出连接器后面光纤上的参考点
S'	线路光放大器的光输出连接器后面光纤上的参考点
R'	线路光放大器的光输入连接器前面光纤上的参考点
MPI-R	在 OM/OA 的光输入连接器前面光纤上的参考点
S_{D1}···S_{Dn}	通道 1···n 在 OA/OD 的光输出连接器处光纤上的参考点
R_1···R_n	通道 1···n 接收机光输入连接器处光纤上的参考点

（3）有线路光放大器 WDM 系统的分类与应用代码（见表 4-2）

在有线路光放大器 WDM 系统的应用中，线路光放大器之间的距离目标的标称值为 80km 和 120km，需要再生之前的总目标距离标称值为 360km、400km、600km 和 640km，注意这里的距离目标仅用来进行分类而非技术指标。

应用代码一般采用以下方式构成：$nWx{-}y{\cdot}z$，其中：

- n 是最大波长数目；
- W 代表传输区段（$W=L$、V 或 U 分别代表长距离、很长距离和超长距离）；
- x 表示所允许的最大区段数（$x>1$）；
- y 是该波长信号的最大比特率（$y=4$ 或 16 分别代表 STM-4 或 STM-16）；
- z 代表光纤类型（$z=2$，3，5 分别代表 G.652、G.653 或 G.655 光纤）。

表 4-2　有线路放大器 WDM 系统的应用代码

应用	长距离区段（每个区段的目标距离为 80km）		很长距离区段（每个区段的目标距离为 120km）	
区段数	5	8	3	5
4 波长	$4L5{-}y{\cdot}z$	$4L8{-}y{\cdot}z$	$4V3{-}y{\cdot}z$	$4V5{-}y{\cdot}z$
8 波长	$8L5{-}y{\cdot}z$	$4L8{-}y{\cdot}z$	$8V3{-}y{\cdot}z$	$8V5{-}y{\cdot}z$
16 波长	$16L5{-}y{\cdot}z$	$16L8{-}y{\cdot}z$	$16V3{-}y{\cdot}z$	$16V5{-}y{\cdot}z$

（4）无线路光放大器 WDM 系统的参考配置

图 4-12 是一般的 WDM 系统配置图。

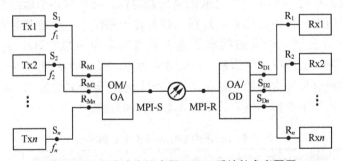

图 4-12　无线路光放大器 WDM 系统的参考配置

（5）无线路光放大器 WDM 系统的分类与应用代码

无线路光放大器的 WDM 系统应用包括将 8 个或者 16 个光通路复用在一起，每个通路的速率可以是 STM-16、STM-4，也可以是不同速率的通路同时混合在一起。无线路光放大器 WDM 系统的分类与应用代码见表 4-3。

表 4-3　无线路光放大器 WDM 系统的分类与应用代码

应用	长距离 （目标距离 80km）	很长距离 （目标距离 120km）	超长距离 （目标距离 160km）
4 波长	$4L{-}y \cdot z$	$4V{-}y \cdot z$	$4U{-}y \cdot z$
8 波长	$8L{-}y \cdot z$	$8V{-}y \cdot z$	$8U{-}y \cdot z$
16 波长	$16L{-}y \cdot z$	$16V{-}y \cdot z$	$16U{-}y \cdot z$

3. 光波长区的分配

目前在 SiO_2 光纤上，光信号的传输都在光纤的两个低损耗区段，即 1310nm 和 1550nm。但由于目前常用的 EDFA 的工作波长范围为 1530～1565nm。因此，光波分复用系统的工作波长主要为 1530～1565nm。在这有限的波长区内，如何有效地进行通路分配，关系到提高带宽资源的利用率及减少相邻通路间的非线性影响等。

（1）绝对频率参考和最小通路间隔

在 WDM 系统中，一般是选择 193.1THz 作为频率间隔的参考频率，其原因是它比基于任何其他特殊物质的绝对频率参考（AFR）更好，193.1THz 值处于几条 AFR 附近。一个适宜的光参考频率可以为光信号提供较高的频率精度和频率稳定度。

通路间隔是指相邻通路间的标称频率差，可以是均匀间隔也可以是非均匀间隔，非均匀间隔可以用来抑制 G.653 光纤中的四波混频效应。

（2）标称中心频率

为了保证不同 WDM 系统之间的横向兼容性，必须对各个通路的中心频率进行规范。所谓标称中心频率，是指光波分复用系统中每个通路对应的中心波长。目前国际上规定的通路频率是基于参考频率 193.1THz，最小间隔为 100GHz 或 50GHz 的频率间隔系列。表 4-4 为 80 路的 WDM 标称中心频率表，其中，国标波道号为奇数的也称奇数波，国标波道号为偶数的也称偶数波；40 路的 WDM 标称中心频率用的就是表 4-4 中的偶数波。

表 4-4　80 路的 WDM 标称中心频率表

国标波道号	标称中心频率 （THz）	标称中心波长 （nm）	国标波道号	标称中心频率 （THz）	标称中心波长 （nm）
1	196.05	1529.16	41	194.05	1544.92
2	196	1529.55	42	194	1545.32
3	195.95	1529.94	43	193.95	1545.72
4	195.9	1530.33	44	193.9	1546.12

国标波道号	标称中心频率（THz）	标称中心波长（nm）	国标波道号	标称中心频率（THz）	标称中心波长（nm）
5	195.85	1530.72	45	193.85	1546.52
6	195.8	1531.12	46	193.8	1546.92
7	195.75	1531.51	47	193.75	1547.32
8	195.7	1531.9	48	193.7	1547.72
9	195.65	1532.29	49	193.65	1548.11
10	195.6	1532.68	50	193.6	1548.51
11	195.55	1533.07	51	193.55	1548.91
12	195.5	1533.47	52	193.5	1549.32
13	195.45	1533.86	53	193.45	1549.72
14	195.4	1534.25	54	193.4	1550.12
15	195.35	1534.64	55	193.35	1550.52
16	195.3	1535.04	56	193.3	1550.92
17	195.25	1535.43	57	193.25	1551.32
18	195.2	1535.82	58	193.2	1551.72
19	195.15	1536.22	59	193.15	1552.12
20	195.1	1536.61	60	193.1	1552.52
21	195.05	1537	61	193.05	1552.93
22	195	1537.4	62	193	1553.33
23	194.95	1537.79	63	192.95	1553.73
24	194.9	1538.19	64	192.9	1554.13
25	194.85	1538.58	65	192.85	1554.54
26	194.8	1538.98	66	192.8	1554.94
27	194.75	1539.37	67	192.75	1555.34
28	194.7	1539.77	68	192.7	1555.75
29	194.65	1540.16	69	192.65	1556.15
30	194.6	1540.56	70	192.6	1556.55
31	194.55	1540.95	71	192.55	1556.96
32	194.5	1541.35	72	192.5	1557.36
33	194.45	1541.75	73	192.45	1557.77
34	194.4	1542.14	74	192.4	1558.17
35	194.35	1542.54	75	192.35	1558.58

国标波道号	标称中心频率（THz）	标称中心波长（nm）	国标波道号	标称中心频率（THz）	标称中心波长（nm）
36	194.3	1542.94	76	192.3	1558.98
37	194.25	1543.33	77	192.25	1559.39
38	194.2	1543.73	78	192.2	1559.79
39	194.15	1544.13	79	192.15	1560.2
40	194.1	1544.53	80	192.1	1560.61

从表 4-4 可以看出，用频率表示比用波长表示要方便得多。用频率表示时，只需要把已知的复用光通道标称中心工作频率加上规定通道间隔 0.05THz（50GHz），就可以得到新的复用光通道标称中心工作频率。但若用波长表示，则需要把已知的复用光通道工作波长加上 0.4nm，要麻烦一些，因为 0.05THz 并非精确地对应于 0.4nm。

（3）中心频率偏差

中心频率偏差定义为标称中心频率与实际中心频率之差。对于 16 通路 WDM 系统，通道间隔为 100GHz（约 0.8nm），最大中心频率偏移为±20GHz（约为 0.16nm）；对于 8 通路 WDM 系统，通道间隔为 200GHz（约为 1.6nm），也规定对应的最大中心频率偏差为±20GHz。

各种 WDM 系统中心频率偏差指标如表 4-5 所示。

表 4-5 中心频率偏差指标

WDM 系统类型	波长间隔（GHz）	中心频率偏差（GHz）
$N×2.5G$	100	±20
$N×10G$	100	±12.5
$N×10G$	50	±5
$N×40G$	100	±5
$N×40G$	50	±2.5

4.4 WDM 主要性能

前面已经介绍了 WDM 系统的基本结构、功能结构、工作原理，下面针对 WDM 涉及的主要关键器件和网络给出相应的性能参数介绍。

1. 光波分复用器和解复用器

（1）插入损耗

插入损耗是指由于增加光波分复用器和解复用器而产生的附加损耗，其定义是该无源器件的输入（P_1）和输出（P_2）之间的光功率之比α（dB）为：

$$\alpha = -10\lg\frac{P_1}{P_2}$$

（2）串扰

串扰是指其他信道的信号耦合进入某一信道，并使该信道传输质量下降的程度，有时也用隔离度来表示这一程度。

WDM 器件可以将来自一个输入端口的 n 个波长信号分离后送入 n 个输入端口，每个端口对于一个特定的标称波长，远端串扰 C（dB）定义为

$$C_j(\lambda_i) = 10\lg\frac{P_j(\lambda_i)}{P_i(\lambda_i)}, i \neq j$$

2. 光放大器

（1）放大器噪声系数（NF）

NF 定义为输入端信噪比与输出端信噪比之比：

$$NF = \frac{S_{\text{in}}/N_{\text{in}}}{S_{\text{out}}/N_{\text{out}}}$$

其中，S_{in} 为输入信号光功率；N_{in} 为输入光噪声功率；S_{out} 为输出信号光功率；N_{out} 为输出光噪声功率。

该参数对于系统性能、特别是整个光链路光信噪比（OSNR）有重要影响，该参数的大小与泵浦源的选择有密切关系。EDFA 利用光纤中掺杂的铒元素引起的增益机制实现放大，它有 980nm 和 1480nm 两种泵浦光源。1480nm 泵浦增益系数高，可获得较大的输出功率。采用 980nm 虽然功率小，但它引入的噪声小，效率更高，可以获得更好的噪声系数。也可以采用 1480nm 和 980nm 双泵浦源，980nm 工作在放大器的前端，用以优化噪声指数性能；1480nm 工作在放大器的后端，以便获得最大的功率。

对于级联应用的放大器，可以将级联的放大器和光纤等效为单个光放大器进行计算。经过推导可知级联系统的 NF：

$$NF = 10\lg(F_1 + \frac{F_2 - L_1}{G_1 L_1} + \cdots + \frac{F_n - L_{n-1}}{G_1 L_1 \cdots G_{n-1} L_{n-1}} + \frac{1 - L_n}{G_1 L_1 \cdots G_n L_n})$$

其中，F_i 为第 i 个放大器的噪声系数，G_i 为第 i 个放大器的增益，L_i 为第 i 段光纤的衰减。

在此补充两个知识点，光功率单位 dBm 和 mW 之间怎么换算？在实际光功

率的测量中,光功率的单位可以选 dBm 和 mW,两者之间的换算关系如下:dBm 的定义为 $10\times \lg (P/1\mathrm{mW})$,其中的 P 单位为"mW"。根据定义,1mW 换算为 0dBm,另外几个常见功率 dBm 和 mW 两个单位之间的关系如:0.5mW=−3dBm,0.1mW=−10dBm 等。

光功率单位 dBm 和 dB 之间的关系?dBm 是光功率的单位,定义为 dBm= $10\lg(P/1\mathrm{mW})$。dB 为光功率的比值,换算关系为 dB=10lgmW1/mW2= 10lgmW1−10lgmW2=dBm1−dBm2,如果用 dBm 来表示光功率的话,dB 数为两者差。

(2)增益变化

增益变化是指光放大器增益在光放大器工作波段内的变化,最大和最小增益变化的数值与通路数无关。

动态增益斜率(DGT)的定义为

$$DGT = \frac{G'(\lambda) - G(\lambda)}{G'(\lambda_0) - G(\lambda_0)}$$

其中,G 是标称增益,G' 是不同输入光功率下的增益。

(3)光信噪比(OSNR)

光信噪比的定义是在光有效带宽为 0.1nm 内光信号功率和噪声功率的比值。光信号的功率一般取峰峰值,而噪声的功率一般取两相临通路的中间点的功率电平。光信噪比是一个十分重要的参数,对估算和测量系统有重大意义。

OSNR 定义如下:

$$OSNR = 10\lg \frac{P_i}{N_i} + 10\lg \frac{B_\mathrm{m}}{B_\mathrm{r}}$$

其中,P_i 是第 i 个通路内的信号功率;B_r 是参考光带宽,通常取 0.1nm;B_m 是噪声等效带宽;N_i 是等效噪声带宽 B_m 范围内窜入的噪声功率。

3.光通道参数

为了保证系统性能,特别是兼容性,目前已定义了一些主光通道参数,包括衰减、色散、反射系数等。

(1)衰减与目标距离

目标距离的衰减范围是在 1530~1565nm 掺铒光纤放大器的工作频段内,假设光纤的损耗是以 0.275dB/km 为基础而得出的。对于 40km 的传输距离,损耗约为 11dB。实际上这个假设对于已经运行的链路是比较紧张的,对于敷设在地下的老光纤线路要达到这个要求比较困难。

在实际工程中,经常采用 8×22dB、5×30dB、3×33dB 来表示光接口,其中,第一个数字代表区段数,第二个数字代表这个区段所允许的损耗。因此 8×22dB 代表 640km 的无电再生中继距离,5×30dB 代表 500km 的无电再生中继距离,

3×33dB 代表 360km 的无电再生中继距离，在具体规划 WDM 系统时，可以根据实际情况灵活设计。

（2）色散

对于超高速波分复用系统，大多数是色散敏感系统，因此可采用各种色散管理技术，以便能够超出传统色散受限距离。表 4-6 规定了 2.5Gbit/s 有/无线放大器系统主光通道上所能允许的色散值。

表 4-6　2.5Gbit/s 有/无线放大器系统在 G.652 光缆上的色散容限值和目标传送距离

应用代码	L	V	U	$nV3\text{-}y\cdot2$	$nL5\text{-}y\cdot2$	$nV5\text{-}y\cdot2$	$nL8\text{-}y\cdot2$
最大色散容限值（ps/nm）	1600	2400	3200	7200	8000	12 000	12 800
目标传送距离（km）	80	120	160	360	360	600	640

（3）偏振膜色散（PMD）

PMD 是由光纤随机性双折射引起的，即不同偏振状态下光纤折射率不同，从而导致相移不同，在时域上表现为不同偏振状态下的群时域不同，最终使脉冲波形展宽，增加了码间干扰。光缆的偏振膜色散应小于 $0.5\text{ps}/\sqrt{\text{km}}$。

4．WDM 系统网络性能

目前，大容量 WDM 系统都是基于 SDH 系统的多波长系统，因而其网络性能应该全部满足相关标准规定的指标，主要考虑误码、抖动等指标。WDM 系统所承载的 SDH 传输性能、抖动仍满足 SDH 的相应误码性能、抖动规范。

4.5　WDM 网络保护

点到点 WDM 线路主要有两种保护方式：一种是基于单个波长、在 SDH 层实施的 1+1 或 1∶n 保护；另一种是基于光复用段上的保护，在光路上同时对合路信号进行保护，这种保护也称光复用段保护（OMSP）。另外，还有基于环网的保护等。

1．SDH 单波长 1+1 保护

如图 4-13 所示，这种保护系统机制与 SDH 系统的 1+1 MSP 类似。所有的系统设备，如 SDH 终端、复用器/解复用器、线路光放大器、光缆线路等都需要有备份，SDH 信号在发送端被永久桥接在工作系统和保护系统，在接收端监视从这两个 WDM 系统收到的 SDH 信号状态，并选择更合适的信号。这种方式可靠性比较高，但是成本也比较高。

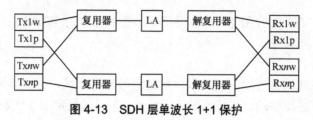

图 4-13　SDH 层单波长 1+1 保护

在一个 WDM 系统内，每一个 SDH 通道的倒换与其他通道的倒换没有关系，即 WDM 工作系统中的 Tx1 出现故障倒换到 WDM 保护系统时，Tx2 可以继续工作在 WDM 系统上。

2. SDH 层单波长 1：n 保护

WDM 系统可以实现基于单波长，在 SDH 层实施的 1：n 保护，在图 4-14 中，Tx11、Txn1 共用一个保护段，与 Txp1 构成 1：n 的保护关系。SDH 复用段保护监视和判断接收到的信号状态，并执行来自保护段合适的 SDH 信号的桥接和选择。

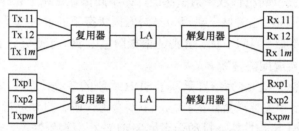

图 4-14　SDH 层单波长 1：n 保护

在一个 WDM 系统内，每一个 SDH 通道的倒换与其他通道的倒换都没有关系，即 WDM 工作系统中的 Tx11 出现故障倒换到 WDM 保护系统时，Tx12 可以继续工作在 WDM 系统上。

3. WDM 系统内单波长 1：n 保护

考虑到一条 WDM 线路可以承载多条 SDH 通路，因而也可以使用同一 WDM 系统内的空闲波长作为保护通路。

图 4-15 给出了 n+1 路的波分复用系统，其中 n 个波长信道作为工作波长，一个波长信道作为保护波长。但是考虑到实际系统中，光纤、光缆的可靠性比设备要差，只对系统保护，实际意义不大。

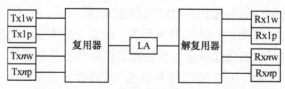

图 4-15　WDM 系统内单波长 1：n 保护

4．光复用段（OMSP）保护

这种技术只在光路上进行 1+1 保护，而不对终端线路进行保护。在发送端和接收端分别使用 1×2 光分路器和光开关或采用其他；在发送端，对合路的光信号进行分离；在接收端，对光信号进行选路。光开关的特点是插入损耗小，对波长放大区透明，并且速度快，可以实现高集成和小型化。

图 4-16 为采用光分路器和光开关的光复用段保护。在这种保护系统中，只有光缆和 WDM 的线路系统是备份的，而 WDM 系统终端站的 SDH 终端盒复用器则是没有备份的。

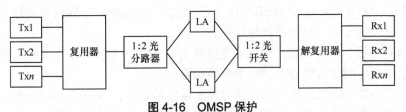

图 4-16　OMSP 保护

5．环网的应用

采用 WDM 系统同样可以组成环网，一种是利用现有点到点 WDM 系统连成环，基于单个波长，在 SDH 层实施的 $1:n$ 保护。采用光分插复用器 OADM 进行组环是 WDM 技术在环网中应用的另外一种形式，如图 4-17 所示。利用 OADM 组成的环网可以分成两种形式：一是基于单个波长保护的波长信道保护，即单个波长的 1+1 保护，类似于 SDH

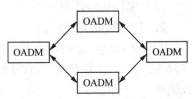

图 4-17　利用 OADM 组成的环

系统中的通道保护；二是线路保护环，对合路波长的信号进行保护，在光纤切断时，可以在断纤附近的两个节点完成环回功能，从而使所有业务得到保护。

4.6　WDM 分类故障处理

4.6.1　误码故障的分析

1．误码产生的原因

（1）光功率异常

接收光功率低于接收机的灵敏度或接收光功率高于接收机的最小过载点。

（2）色散容限不够或色散超过容忍范围

光纤的色散用色散系数来衡量，色散系数单位 ps/（nm·km）。G.652 光纤上的色散系数为 17ps/（nm·km），G.655 光纤上的色散系数一般为 4.5ps/（nm·km）。部分设备厂家的 10G 线路盘或光转发盘的色散一般为 800ps.nm 或 1600ps.nm，2.5Gbit/s 速率的发光模块色散容限大，一般为 7200ps.nm 或 12 800ps.nm，且不需补偿。

（3）信噪比过低

比如烽火 LMS2E/OTU2S 机盘对信噪比的要求：2.5G：≥22dB；2.5G（FEC）：≥20dB；10G（FEC）：≥20dB；10G（SFEC）：≥18dB，当现网中运行的设备低于所要求的信噪比时就会产生误码。

（4）光纤非线性效应：受激布里渊散射、受激拉曼散射、交叉相位调制、自相位调制、四波混频等非线性效应的影响。

解决办法：降低入光功率、合分波器件指标合格、不使用 G.653 光缆等方法，但需注意降低入光就会降低入纤信号功率，对系统末端信噪比将有一定的影响。

（5）光器件性能劣化

（6）客户信号本身产生

2. 与误码有关的性能

B1 误码数量（SDH 帧结构）、B2 误码数量（SDH 帧结构）、误码率、OTUk-BIP8（SM-BIP8）、误码数量（OTN 帧结构）、PM-BIP 误码数量（OTN 帧结构）、误码秒、严重误码秒。

带有 FEC 功能的单板 OTU 单板，具有以下纠错性能，用来反映在波分线路上纠正的误码数量和未纠正的误码数量。

FEC 纠正的 0 误码个数、FEC 纠正的 1 误码个数、FEC 纠正的误码数、FEC 纠错后的误码数、FEC 纠错前误码率、FEC 纠错后误码率、FEC 不可纠正的帧。

3. 与误码有关的常见告警

15 分钟 B1 误码计数越限告警（SDH 帧结构）、24 小时 B1 误码计数越限告警（SDH 帧结构）、15 分钟 B2 误码计数越限告警（SDH 帧结构）、24 小时 B2 误码计数越限告警（SDH 帧结构）、15 分钟 OTUk-BIP8 误码越限告警（OTN 帧结构）、24 小时 OTUk-BIP8 误码越限告警（OTN 帧结构）、15 分钟 FEC 纠错前误码性能越限告警（带 FEC 功能）、24 小时 FEC 纠错前误码性能越限告警（带 FEC 功能）、15 分钟 FEC 纠错后误码性能越限告警（带 FEC 功能）、24 小时 FEC 纠错后误码性能越限告警、15 分钟误码秒越限告警、15 分钟严重误码秒越限告警、24 小时误码秒越限告警、24 小时严重误码秒越限告警、信号不可用告警、信号劣化 SD 告警。

4．故障定位方法

在排除故障时，灵活地运用故障定位方法可以迅速定位故障点。

（1）判断误码涉及通道

① 多数通道（或所有通道）出现误码

所有通道出现误码，说明故障发生在线路上（MPI-S 和 MPI-R 点之间）。这时需要重点检查主光通道是否有功率下降，进而导致 OSNR 下降或者业务单板的输入功率过低，其中主要核查的对象为 OA、OMU、ODU 等与主光通道有关的各机盘，查看这些机盘的当前性能和历史性能是否存在较大的差异。

可能的原因有：

• OA 单板故障，增益下降。这种情况通常是由于 OA 长期工作在过保护状态，导致单板损坏，增益不足；

• 线路衰耗增加。应清洁光纤，减少接头损耗，调换光缆或者对原光缆进行整治；

• 与主光通道有关的单板使用的尾纤或法兰故障，导致衰减增加。

② 个别通道出现误码的大致原因有：

• 单板自身故障，OSNR 比较低，导致单板接收到误码；

• 单站内连接的尾纤有问题或不洁净；

• 输入功率过低导致接收机无法正常接收。

（2）单板客户侧输入信号异常

① 利用 B1 字节定位误码

OTU-SDH 单板上 B1 字节的监控功能，对误码的故障定位分析很有帮助。OTU-SDH 单板对 OTU-SDH 单板上 B1 字节进行非介入性监测，监测的功能如图 4-18 所示。

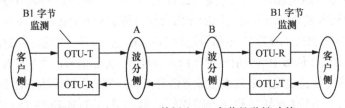

图 4-18 OTU-SDH 单板上 B1 字节的监控功能

在 A 站的发送端 OTU-T 监测到 B1 字节中有误码和产生时间，但不对误码进行处理，而是直接传输到 B 站。B 站接收端的 OTU-R 也监测到 B1 字节中的误码数量和产生时间，在同一误码产生时间，B 站点与 A 站点的误码数量的差值就是 A 站与 B 站间产生的误码数量，即波分设备在传输中产生的误码。这样就可以了解误码是在 SDH 侧还是波分侧产生的，同时了解客户侧的误码数量和波分侧的误码数量。

② 利用 OTUk-BIP8 字节定位误码

OTU-OTN 单板的工作机制如图 4-19 所示，图中给出的是 10Gbit/s 速率的单板的工作机制。

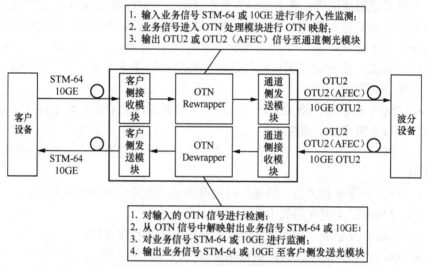

图 4-19　10Gbit/s 速率的单板的工作机制

客户侧接收模块：客户侧业务信号通过 OAC 侧的接收模块进行 O/E 转换后，业务电信号进行非介入性的性能监测（例如，B1 误码），之后信号进入 OTN 处理单元进行 STM-64 到 OTU2 的映射或者 10GE 到 10GE OTU2 的映射，接着进行 FEC/AFEC 编码（在实际使用中通常都会启用 FEC/AFEC 功能）。经过编码的电信号送至通道侧的光发送模块进行 E/O 转换，最后送到波分线路上。

通道侧接收模块：波分通道侧的光信号通过通道侧的光接收模块进行 O/E 转换，转换后的 OTU2（AFEC）电信号进行 FEC/AFEC 解码，并进行 OTN 的开销检测；之后从 OTU2 信号中解映射出 STM-64 信号或 10GE 信号；再对 STM64 信号和 10GE 信号进行性能监测；之后输出业务信号至客户侧的发送模块进行 E/O 转换。

B1 字节是 STM-N 帧结构业务的误码监测字节，OTUk-BIP8 是 OTUk（k=1，2，3）帧结构业务的误码监测字节。OTU-OTN 单板具有 B1 误码和 OTUk-BIP8 误码的监测性能。我们可以根据 B1 和 OTUk-BIP8 来区分误码是产生在 OAC 侧还是 OCH 侧。通常 OCH 侧性能劣化会伴随着 OTUk-BIP8 误码产生。在通道无故障的前提条件下，本端 OAC 侧 B1 误码会透传至对端接收端单板，在对端接收端单板的 OCH 性能项中也会检测到 B1 误码。

③ 替换法

如果系统单个方向出现误码，最常用的方法就是替换法。观察替换前后误码和性能是否有变化，可以方便进行故障定位。替换内容包括以下几点。

替换光纤：在线路侧，双向光缆对调法，把 A 向和 B 向光缆互换。在通道侧，把 OTU 单板的 IN 口尾纤替换。

替换 OTU 单板：接收端单板不区分波长，相互间可以替换。可以用没有业务的通道的单板或者使用备件替换怀疑有故障的单板。发送端的单板（或收发一体）都是有固定波长的，单板和波长一一对应，现场如果没有备件，可以利用背靠背 OTM 站点的另外一个方向的 OTU 单板进行替换。如果有可调波长的单板，则可以根据需要调谐到需要的波长上。

替换光板：采用备件或者另外方向的光板替换，注意光放板的型号是否一致。

5．故障案例

案例 1　根据 B1 误码诊断故障点

故障描述

某工程的网络示意如图 4-20 所示，波分使用的均为 OTU-SDH 业务单板（OCH 侧都是标准的 STM-N 的帧结构），波分单板对 B1 误码都是进行非介入性的监测（业务单板不处理接收信号中的 B1 信息），SDH2 设备上报"B1 误码"。

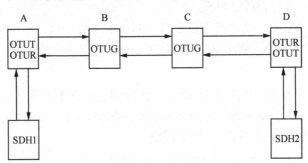

图 4-20　网络示意

故障排查思路

首先明确业务流程，发现 SDH2 上有 B1 误码，沿着业务的路径：SDH1-A-B-C-SDH2 查找各点的 B1 误码上报情况，找到第一个产生 B1 误码的节点。该节点和其相邻的上游节点很可能就是主要的故障点，解决该故障点的问题后再观察是否还有其他故障点。

如果通过查询发现：

（1）A 点的 OTU 的 OAC 侧上报有 B1 误码，那么故障点在 SDH1 至 A 点之间。下游单板监测到的误码都是从上游透传的。找到故障点后可以采用下面的方法解决：

① 查看 A 点 OTU 单板的 OAC 侧输入功率是否合适，清洁尾纤；

② 更换 A 点 OTUT 单板；

③ 更换 OTUT 单板的输入口尾纤；

④ SDH1 设备自环，检查 SDH1 光板是否故障。

（2）如果 B1 误码是从 B 点开始上报的，则故障点是在 A 至 B 之间，下游监测的 B1 误码都是直接从 B 点透传的。找到故障点后可以采用下面的方法解决：

查看 B 点 OTU 单板的 OCH 侧输入功率是否合适，并和历史数据比较是否有明显降低。如果有明显降低，找到功率降低的原因，确定是群路功率降低还是单通道功率降低，通过网管配合功率计找出功率损耗的原因。

群路功率降低重点核查：A 点 OMU 至 OBA 之间的每个环节；B 点 OPA 至 ODU 之间每个环节。尾纤、单板法兰、ODF、OA 实际增益都是重点核查的对象。

单通道功率降低：如果 A 点的 OMU 输出功率和历史性能相比有明显的变化，则 A 点的 OTUT 至 OMU 之间的尾纤和法兰是重点排查对象。

如果 A 点的 OMU 输出功率和 OBA 的输出功率和历史性能相比都没有变化，则重点放在 B 点的 OPA 和 ODU 之间的尾纤和法兰盘上。

① 更换 B 点的 OTUG 单板。

② 更换 B 点 OTUG 单板 IN 口的尾纤。

③ 更换 A 点的 OTUT 单板。

（3）其他站点之间的故障可以参考 1 和 2 的处理过程。

案例 2 利用 B1 和 OTU*k*–BIP8 迅速查找故障点

故障描述

某工程的业务流向如图 4-21 所示。波分侧的所有单板都支持 OTN 的帧结构（单板的 OAC 侧输入的信号为 STM-N 帧结构，OCH 侧业务的帧结构都为 OTU*k*），SDH2 设备上发现有"B1 误码"。

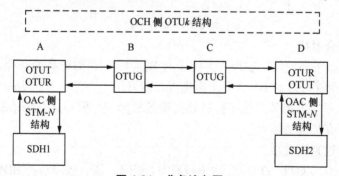

图 4-21 业务流向图

故障排查思路

单板的误码监测机制说明：

B1 和 B2 是 SDH 层的开销字节，波分单板可以提供 B1 和 B2 误码监测。波分设备对 SDH 的所有净荷和开销做透传处理，因此 B1 和 B2 在波分的单板上都是透传的。

SM-BIP8 就是 OTUk-BIP8（k=1，2，3）。当速率为 10Gbit/s 时，OTUk-BIP8 就是 OTU2-BIP8。当速率为 2.5Gbit/s 时，OTUk-BIP8 是 OTU1-BIP8。SM-BIP 和 PM-BIP 是 OTN 业务的开销，目前波分的单板上 SM-BIP8 和 PM-BIP8 都是透传的。但根据标准，SM-BIP8 应该再生，PM-BIP8 应该透传。

OTU-OTN 的所有单板都可以提供 SDH 层的 B1、B2 非介入性监测和 OTN 层的 SM-BIP8、PM-BIP8 监测。在中继单板上对 B1、B2、SM-BIP8 和 PM-BIP8 透传，并进行非介入性监测。

通过监测机制可以很明确地判断业务是发生在 OCH 侧还是 OAC 侧。

（1）查看所有单板，如果发现 A、B、C、D 单板上都只有 B1 误码，没有 OTUk-BIP8 误码，则故障点是在 SDH1 与 A 之间（OAC 侧故障）。

（2）沿着业务流向，找到第一个有 OTU2-BIP8 误码的站点。假如发现在 C 点的 OTU 单板上发现有 OTUk-BIP8 误码、PM-BIP8 误码（同时就可能伴随有 B1 误码），则说明故障发生在 B 与 C 之间。D 点的 OTUk-BIP8 误码 、SM-BIP8 误码 、B1 误码及 SDH2 上监测的 B1 误码都是从 C 点透传到下游的。OTN 的帧结构是面向波分侧的，因此只要发现 OTUk-BIP8 误码 、SM-BIP8 误码，则说明故障发生在 OCH 侧。

（3）对于复杂的情况也是先从第一个故障点开始处理，顺着业务流向逐个解决故障点。

案例3　尾纤连接不良导致误码纠错事件

某工程是 40×10G 系统，如图 4-22 所示。系统中使用的业务单板都是 10Gbit/s 速率的单板（NRZ、AFEC、OTN），业务单板都开启 AFEC 功能，系统满配置。所有 OLA 站点都采用两级放大的方式：OPA1717＋LAC＋DCM＋OBA2020。

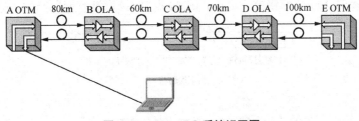

图 4-22　40×10G 系统组网图

故障描述

系统在开局初期运行正常，运行一段时间后，A 站点的多数业务单板上都有 OTU2-BIP8 误码，FEC 纠错前误码率各通道都很高，分别达到 10×10^{-3}、10×10^{-4}、10×10^{-5}，有些通道伴随着 15 分钟 FEC 纠错前误码越限告警。E 点业务单板 FEC 纠错前的误码率都比较低，为 10×10^{-10} 左右。

故障分析及排除

开局初期系统运行正常，可以排除系统配置上的问题（如 DCM、OA 的类型）。从故障描述上来看，可能的原因是：

① OA 单板异常，导致输出功率下降，进而导致 OSNR 下降；

② 线路衰减增加（光纤连接不良或者连接法兰不好），导致 A 站 OSNR 下降。

处理步骤

沿 E→D→C→B→A 的顺序依次查询 OA 单板的输入和输出光功率，和开局初期的数据对比，找出明显变化的地方。由于系统是满配置（OBA 的输出功率一般都会接近单板饱和输出功率），所以可以重点查询 OBA 的输出功率，并和单板饱和输出功率对比，单板输出功率明显低于饱和输出功率的便是要找的故障点。现场查询发现 D 点的 OBA 输出功率只有 15dB，比饱和输出降低了 5dB。下面进行进一步的查询。

（1）查询 OA（OPA、OBA）的输出和输入之差是否等于增益（注意网管上是否有增益调整），如果等于，说明 OA 单板无故障。

（2）查询 D 点 OPA 的输入功率和 OPA 的历史性能对比，发现入光功率下降 5dB，由此断定是线路衰减增加所致。清洁 E 与 D 间的线路光纤，用功率计测量 E 点 OBA 的输出没有发现功率有大的变化。用功率计测量 D 点 OPA 输入功率，发现和网管上报的差异不大，怀疑 ODF 架上法兰故障。在 ODF 架法兰盘处进行测试发现通过 ODF 架后衰减明显增加，更换法兰盘后故障解决。

其他说明

如图 4-23 所示，如果传输线路上产生误码超过了业务单板的 AFEC 纠错能力，则会产生无法纠错的误码或者不可纠正的帧。如果传输线路上产生的误码在业务单板的 AFEC 纠错能力之内，则 AFEC 纠错后没有误码产生，业务正常。

图 4-23　FEC 纠错示意图

在维护中需要关注 FEC 纠错前的误码率指标，一般单板使用 AFEC 功能时，需要关注以下两点。

（1）FEC 纠错前误码率

FEC 纠错前的误码率低于 10×10^{-5} 时，可以保证纠错后不产生误码，因此可以根据当前的 FEC 纠错前的误码率来估计系统尚存在的余量，系统的性能变化可以通过这个性能值来体现。

（2）15 分钟纠错误码越限

这是一个警示的告警，网管对 15 分钟内能够纠错的误码数量设置一个警示门限，用于提示维护人员：输入的业务质量劣化很可能会出现无法纠正的误码。由于这个门限给的值比较低，所以维护人员会发现网管上报"15 分钟 FEC 纠错误码越限告警"，但实际的业务并没有受到影响，输出的业务没有任何误码（FEC 纠错后误码率为 0）。这个告警的功能就是提示用户：已经有潜在的风险，请尽快处理。业务割接时会出现这个告警，只要确认多次查询的 FEC 纠正的误码数量不再增加，则说明业务运行正常；不必关注"15 分钟 FEC 误码越限告警"，在 15 分钟的性能归档后这个告警会自动消失。

案例 4　色散补偿不匹配导致误码

故障描述

某工程为 $40 \times 10 \text{Gbit/s}$ 波分系统，A、B 两站为 OTM，距离为 80km。资料中记录 A 与 B 之间双向采用 G.655 光纤。工程验收测试时发现 A 站收 B 站的所有 10Gbit/s 速率的业务单板都上报大量的 FEC 纠错后误码，有 15 分钟 FEC 纠错前误码越限告警；而 B 站收 A 站的业务单板上报的 FEC 纠错前误码率很小（10×10^{-10}），FEC 纠错后没有误码。

故障分析及排除

10Gbit/s 单板具有 FEC 功能，能纠正信号在波分线路上传输产生的误码，如果实际误码量超过了 FEC 的纠错能力，除上报 15 分钟纠错前误码越限外，同时性能项中上报大量的 FEC 不可纠错的误码数，说明系统运行异常。

单向出现误码并且多数的业务单板都有大量"FEC 纠错后的误码"上报，说明故障发生在群路上，非单板故障。

处理步骤

（1）检查 A 站收 B 站各光放大板和 OTU 板的输出和输入光功率，均正常。

（2）将 A 和 B 站间的双向线路光纤对调，发现 A 站收 B 站的所有单板纠错后误码都消失（查询性能纠错后误码），但 B 站收 A 站所有 OTU 都上报大量纠错和误码，说明误码和光纤相关。

（3）检查光缆资料，发现 A 站收 B 站方向的光纤是由 3 段光纤连接而成，中间段光纤长度为二十多千米，光纤型号为 G.652；将此段光纤更换为 G.655 光纤，误码消失，纠错量很小，故障排除。

其他说明

1550nm 窗口的信号在 G.655 光纤上色散系数为 4.5ps/（nm·km），10Gbit/s 速率（NRZ）单板色散容限为 800ps/（nm·km），因此传输距离在 110～130km 内无需进行色散补偿。但对于 G.652 光纤，色散系数为 17ps/（nm·km），一般传输距离大于 30km 就需要色散补偿。本案例正是对信号的色散补偿不足而导致纠错和误码。

此类故障通常多出现在以下情况：

① 系统开局阶段实际使用的光缆类型和设计中使用的光缆类型不一致；

② 系统维护阶段，倒换线路光纤可能出现光缆倒换前后类型不一致；

③ 单板更换时没有注意色散容限，10Gbit/s 速率（NRZ）单板色散容限为 800ps/（nm·km），10Gbit/s 速率（ERZ）单板色散容限为 400ps/（nm·km）。

系统设计时都是根据使用的光纤类型和测量的色散系数来进行色散补偿考虑的，一旦网络结构有变更或者光纤类型有变更，都必须重新预算色散的补偿的余量。在实际工程开局和日常维护中，应该熟悉整个系统采用光纤的类型和色散补偿模块的分布。

对于超长传输的系统，开局时进行总残余色散的测试是必要的。另外，还需要进行 PMD 的测试。

案例 5　光纤的非线性导致误码

系统概述

某工程配置如图 4-24 所示（图中只画了单向配置），系统设计为 16×10G 系统，目前只有其中的 5 波。

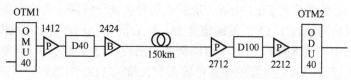

图 4-24　工程配置图

故障描述

在 OTM2 做环回，在 OTM1 进行 24 小时误码测试，测试到 10 小时仪表上报误码。

故障分析及排除

在网管上查询性能发现 OTM2 站收 OTM1 站方向没有出现误码，但 OTM1 站收 OTM2 站方向有部分通道出现误码，并且出现误码的通道和数量不稳定。

查询网管性能事件中各站放大器的光功率与工程调试值相符；重新清洁各节点尾纤，问题并没有解决。初步判断故障是在群路上，可能的原因为线路光纤问题、光纤非线性或 OA 光放大器。

处理步骤

（1）由于误码是单向出现的，通知 OTM1 和 OTM2 站点人员调换 A 向和 B 向的线路光纤，误码仍然存在，这样就排除了光纤问题。排查的目标转向线路的非线性方面和光放大器。

（2）在保证信噪比前提下，提高 OTM2 发送点入纤光功率，从网管上观察误码量的变化，发现光功率越大，误码量也越大，减小入纤光功率，发现光功率越小，误码也越小。通过以上现象可以判断误码是光纤的非线性引起的。

（3）信噪比满足系统要求的情况下，降低 OTM2 发端入纤光功率 3dB 来降低光纤非线性影响，之后再次测试，误码消失；连续观察 5 天，系统工作正常。

其他说明

光纤非线性引起误码的事件出现概率很小，且具有随机性，主要跟线路光纤性能有关。由于光纤非线性引起误码时，接收端的信噪比可能很好，因此故障的隐蔽性比较强。

判断误码是否由光纤的非线性引起，可以通过提高和降低入纤光功率的方法。如果出现以下现象，表示误码极有可能是光纤非线性引起的：

① 提高入纤光功率，误码随光功率的增加而增大；

② 降低入纤光功率，误码随光功率的降低而减小。

对单通道 2.5bit/s 的系统来讲，这个特征比较明显；但是对于单通道 10Gbit/s 的超长传输系统来讲，影响系统的因素比较多，色散、非线性效应和反射是作用在一起，综合的效果导致特征模糊化。

对于非线性带来的问题，常见的改善方法就是增加 DRA 放大器来降低发送端的入纤功率、采用新码型技术等。

案例 6　光纤反射导致的误码

系统概述

某工程的 32×2.5G 系统，其组网如图 4-25 所示。

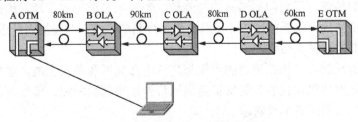

图 4-25　32×2.5G 系统组网

故障描述

A 收 E 方向第 CH3、CH13 波均偶尔上报误码，误码出现时间不确定。

故障分析及排查

（1）通过网管查询 A 收 E 的 OTU3、OTU13 单板性能发现，这两块单板几乎每 15 分钟都有 B1 误码的产生；每 15 分钟内的误码并不是持续增长的，而是时有时无的；而且 3 波、13 波的误码上报时间也不是同步的。

（2）通过网管查询 OTU 单板的输入功率，功率合适，处于输入功率范围中间点，排除功率问题。

（3）用光谱分析仪测试 OSNR，CH3 和 CH13 分别为：21.0dB、23.5dB（系统要求 18dB），该测试均正常，也排除了 OSNR 问题。

经过上面的排查，故障的原因可能是：

① 单板问题；

② 线路尾纤反射或架内尾纤回损问题。

处理步骤

（1）更换 A 点的接收 OTUR，故障没有消失；更换 B 点发送端的 OTUT，故障也没有消失，排除单板问题。

（2）更换 A 点 ODU 到 OTUR 间的尾纤故障依旧；更换 B 点发送端 OTUT 与 OMU 之间的尾纤，故障没有消失，排除架内尾纤问题。

经过上面的排查后，怀疑线路尾纤反射过大、接头回损过大或者 OA 有问题（一般 OA 出问题的概率比较小）等。在保证系统 OSNR 符合要求及 OTUR 输入功率符合要求的情况下，按 B、C、D、E 的顺序改变 OLA 的输出功率，观察误码的变化趋势来缩小故障排查的范围。发现在改变 D 点的输出功率后，误码的变化随着功率的增加而增加，随着功率的减小而减小。认为故障可能就在 D～C 之间，通过光纤替换法更换 C～D 之间的尾纤后故障消失。

其他说明

反射的影响在 10Gbit/s 系统中比 2.5Gbit/s 系统明显。10Gbit/s 系统的速率比较高，反射光和入射光之间相互作用会对入射光产生"啁秋"，这样会影响业务信号的传输。反射问题通常比较隐蔽，影响的通道无规律性，给已经上业务的系统带来故障诊断的困难。在通道速率很高的系统，对每根光纤进行衰减、反射、色散的测试是必要的。

光纤的反射、单板连接器的回损都是依附在光纤和单板上的，在处理故障时（没有足够的测试仪表）经常都是通过替换法来判断故障，最终可能都可以归结为尾纤问题或者单板问题。

4.6.2 光功率异常故障

在 WDM 设备维护和故障处理中，应熟练掌握光放大盘、光合波分波盘、光分插复用盘以及 OTU 等机盘的输入、输出光功率典型值，光放大盘的增益和光合、分波盘、光分插复用盘的插损等指标，以便在维护和故障处理过程中对各个光功率点、插损是否异常进行快速、准确判断，迅速定位系统的光功率异常点。

采用不同的光发送模块，相应的输出光功率也略有不同，采用不同的光接收模块，相应的灵敏度和过载光功率不同，在维护及故障处理中要注意区分光发送模块和光接收模块的类型。常见华为波分设备收发一体 OTU 机盘的 Rx 和 Tx 口分别是收发客户侧，IN 和 OUT 口分别是收发波分侧；常见中兴波分设备收发一体 OTU 机盘的 IN1 和 OTU2 口分别是收发客户侧，IN2 和 OUT1 口分别是收发波分侧。

光功率异常的处理步骤（以华为设备为例）：

1．排除OTU盘输入、输出功率是否故障：要熟知OTU盘的输入、输出功率的正常范围

a．检查 OTU 盘 "Rx" 口输入功率是否异常：若正常，转至下一步骤；若异常，则需排除客户侧设备输出功率故障、客户侧设备与 OTU 盘 "Rx" 口之间的光纤连接故障。

b．检查 OTU 盘 "OUT" 口输出功率是否异常：若正常，则转至下一步骤；若异常，则更换 OTU 盘。

2．排除 OBA 盘输入、输出功率故障

a．核对 OBA 盘 "IN" 口输入功率与网管查询的 OMU 盘 "OUT 口" 输出功率是否一致：若一致转至下一步骤；若不一致，则排除 OBA 盘与 OMU 盘之间的光纤连接故障。

b．检查 OBA 盘的输出功率是否异常：通过网管读取 OBA 盘的输出功率值，将该值与网管配置的 "期望输出值" 对比，若一致，则转至下一步骤；若不一致，则更换 OBA 盘。

3．排除对端 OPA 盘输入、输出功率故障

a．核对 OPA 盘 "IN" 口输入功率与记录的功率是否一致：若一致转至下一步骤；若不一致，则排除 OPA 盘与线路之间的光纤、光纤连接故障。

b．检查 OPA 盘的输出功率是否异常：通过网管读取 OPA 盘的输出功率值，将该值与网管配置的 "期望输出值" 对比，若一致，则转至下一步骤；若不一致，则更换 OPA 盘。

c. 在 OPA 盘 MON 口检测各波光信噪比是否过低：正常则转至下一步骤；若所有波道信噪比过低，则增大发端 OBA 盘的输出功率；若某波或某几个波信噪比过低，则减小上游站点 OMU 盘对应的输入功率衰减值。

4. 排除 OTU 盘"IN"口输入、"Tx"口输出功率是否故障：OTU 盘的输入、输出功率的正常

a. 检查 OTU 盘"IN"口输入功率是否异常：若正常，转至下一步骤；若异常，则排除 OTU 盘"IN"口与 ODU 盘之间的光纤及连接故障，或者调整"IN"口前固定衰减器的衰减值。

b. 检查 OTU 盘"Tx"口输出功率是否异常：若正常，则转至下一步骤；若异常，则更换 OTU 盘。

c. 检查客户侧设备的接收功率是否异常：若正常，则联系当地客户侧设备维护人员做进一步判断；若异常，则排除 OTU 盘与客户侧设备之间的光纤及连接故障，或者调整客户侧设备前固定衰减器的衰减值。

1. 故障现象

某工程为 80G 波分工程，采用华为设备，如图 4-26 所示，其中，A 站到 B 站均为 OTM 站，中间没有 OLA 中继，全长 150km，衰耗为 37dB，A 站和 B 站间有 5 波业务，全部配置为 LWC 单板。

A 站和 B 站间 24 小时误码测试通过，网管上发现 B 站收 A 站方向的 LWC 板的性能数据出现很大的纠错数，但 A 站收 B 站纠错数为零。

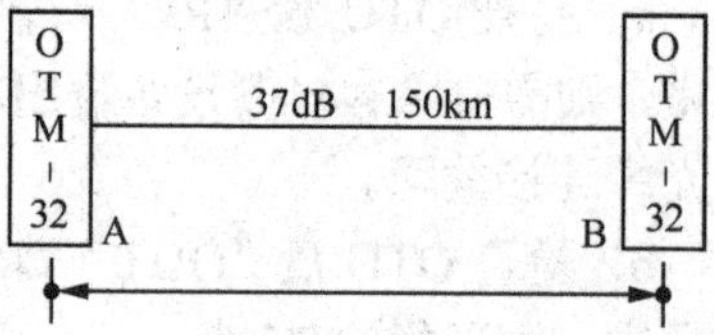

图 4-26 80G 波分工程组网

2. 故障分析及排除

LWC 单板是收发一体的 OTU 单板，其 TI 和 TO 口相当于 TWC 的 IN 口和 OUT 口，RI 和 RO 口相当于 RWC 的 IN 口和 OUT 口，与 TWC 和 RWC 不同的是 LWC 采用了 FEC 功能，TO 口和 RI 口是到 DWDM 侧的光口，速率为 2.67Gbit/s；TI 和 RO 口是到 SDH 侧的光口，速率为 2.5Gbit/s。

LWC 单板网管上的性能数据比 TWC/RWC 多了一项"FECCOR1BIT"和"FECCORBYTE"，"FECCOR1BIT"为纠错位，"FECCORBYTE"为纠错字节，如果接收端出现误码，可以通过 FEC 功能将误码纠正过来，降低对光信噪比的要求，一般信噪比为 12dB 都能正常解码。目前，LWC 一般配置在距离比较长、线路衰耗比较大的段，出现纠错数说明线路上出现误码。没有 FEC 功能的 LWC 就相当于 TWC 和 RWC 板的集成，所以按照正常组网，满足光功率和信噪比，LWC 应该没有误码，也没有纠错数。

（1）用光谱分析仪测量收端的信噪比都在 25～26dB 范围内，LWC 收端激光器采用 PIN 管，光功率为-9dBm，在动态范围之内。

（2）测量 A 站和 B 站收端各通道波长，发现波长都在正常范围内。

分析：波长不稳定会干扰相邻通道，引起本通道和相邻通道产生误码，排除波长不稳定引起误码的原因。

（3）从网管上观察 WBA 和 WPA 上报的输入输出光功率，发现双向的功放板的输入输出参数一样，增大和减小光功率，纠错有变化，但没有消失，而且光功率越小，纠错数越大。

分析：误码不是光纤的非线性引起。

（4）更换 WBA/WPA 单板和 LWC 单板，纠错数有变化，但没有消失。

分析：与功放板和 LWC 单板没有关系。

（5）在 A 站和 B 站将 SCA 单板上的 RI 和 TO 口交换，交换线路上的光纤，发现误码消失；再将 SCA 面板上尾纤换回去，误码不再出现，说明是尾纤在 SCA 上没有接好导致。

3．结论和建议

两根尾纤通过法兰盘对接时，很容易产生尾纤头对接出现缝隙，虽然光功率很正常，但会造成很大的反射，这样虽然信噪比和光功率都很正常，但还是会出现误码。

在连接尾纤的时候，一定要保证尾纤头干净，插拉手条上的光口时一定要插紧，如果没有插紧，经常会由于这种小问题引起系统光功率过低导致中断或产生很大的误码。

4.6.3　业务中断故障原因

1．单波道业务中断处理步骤

（1）排除 OTU 盘配置错误故障：检查 OTU 盘配置中的"FEC 编码类型"，确保本、对端编码类型一致。

（2）排除客户侧设备故障以及客户侧设备与 OTU 盘之间的光纤连接故障。

a．检测本、对端客户侧设备发送光功率是否正常，若正常，转至下一步；若不正常，则排除客户侧设备故障。

b．检查 OTU 盘"IN"口的输入功率是否等于客户侧设备发送端功率＋固定衰减器衰减值，若一致，则转至下一步；若不一致，则排除客户侧设备与 OTU 盘之间的光纤及连接故障。

c．检查客户侧设备的输入功率是否等于客户侧设备发送端功率＋固定衰减器衰减值，若一致，则转至下一步；若不一致，则排除客户侧设备与 OTU 盘之间的光纤及连接故障。

（3）排除 OTU 盘与分波盘之间的光纤连接故障：检查分波盘单波输出功率与 OTU 盘单波输入功率是否一致，若一致，转至下一步骤；若不一致，则排除 OTU 盘与分波盘之间的光纤及连接故障。

（4）排除 OTU 盘故障：若以上步骤仍不能解决问题，则更换 OTU 盘。

2. 处理网元业务全部中断故障方法

（1）排除外部故障

a. 检查网元的电源是否存在掉电、电压波动范围过大、电源线损坏等故障：若存在，先排除电源故障。

b. 通过检查 OSC/OPA 盘是否有 LOS 告警、检查网元的线路光纤是否中断或严重劣化：若中断，则排除故障。

（2）排除线路功率、放大盘异常故障

a. 检查本网元放大盘至 ODF、ODU 之间的光纤是否老化、光纤连接是否正常。

b. 在保证线路光纤、盘间光纤连接正常的情况下，查询本网元放大盘输入功率、输出功率：若输入功率正常，但输出光功率过低，则更换放大盘；若放大盘输入变低导致其输出变低，则转至下一步。

c. 逆着信号流的方向，检测上游站点放大盘输入功率、输出功率：若输入功率正常，但输出光功率过低，则更换放大盘；若放大盘输入变低导致其输出变低，继续逆着信号流的方向，直至找出故障点。

4.6.4　波分瞬断的分析与定位

目前，在波分设备的日常维护中，最难处理的是网络中的瞬断问题，出现瞬断现象的间隔时间不定，具有随机性，有时 1～2 个月出现 1 次，有时 1 周能出现几次。瞬断产生时，网管上只能检测 1～2s 的 RLOS 告警。为避免影响网管的速度，一般网元的 15min 和 24h 性能数据都不设置自动上报，只设置监视，但这样，单板检测到瞬断告警时的性能变化的时间很难确定；瞬断产生时，网管有时会检测不到，而且故障无法短时间进行重现定位。

产生瞬断不外乎两个原因，一种是设备工作不稳定产生；另一种是线路上的衰减出现突然的变化引起。瞬断问题分析和定位的思路是先排除线路的原因，然后再来考虑设备的问题。怎样定位故障是设备问题还是线路问题将是我们分析的重点。

分析一下定位瞬断问题的原理：波分设备的监控信道信号不经过光放大器，

监控信道与主信道是相互独立的,监控信道和主信道是在监控信道接入板(华为 320G 是 SCA 单板,华为 1600G 是 FIU 单板)上复用到一根光纤中。参见图 4-27,其中实线为主信道,虚线为监控信道。

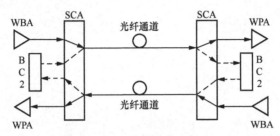

图 4-27　监控通道示意图

在发送端,主信道信号经过功放板(WBA)放大后,与监控信号处理板(SC2)输出的监控信号在监控信道接入板(SCA)上进行合波,再发送到线路上;在接收端,合波信号在 SCA 上分波后,主信道信号接到 WPA 上进行前置放大,监控信号接到 SC2 上进行监控信号处理。SC2 的接收灵敏度指标为-48dBm,一般可以达到-51dBm,但 WPA 的灵敏度>-32dBm,接收光功率低于-32dBm 则可能出现主信道中断。

如果线路上衰减值过大的话,由于监控信道和主信道的接收端灵敏度的差异,会出现以下 4 种情况:

① 瞬断双向同时产生,而且监控信道和主信道都出现瞬断;

② 瞬断双向同时产生,监控信道运行正常;

③ 瞬断单向产生,监控信道和主信道同时出现瞬断。

④ 瞬断单向产生,监控信道运行正常。

主信道和监控信道同时出现瞬断。说明瞬断的主要原因是线路上瞬间衰减增大,如果光缆的质量不好或部分段落采用架空光缆,出现风雨天气的时候则极有可能同时出现双向瞬断。如果是设备的原因,由于监控信道和主信道光源相互独立,主信道和监控信道不可能会同时出现瞬断,更不会同时双向出现。

对于第 1 种情况,最大的可能是光缆衰减突然变化,引起双向线路上衰减都突然增大,同时影响到业务和监控通道,但线路不是永久性损坏导致,线路上的光功率在灵敏度功率范围内部波动,当衰减恢复正常后,线路又恢复了。如果光缆的衰减不是非常的稳定,有的时候比较大,有的时候比较小,由于监控信道和主信道接收灵敏度的差异,会出现衰减过大影响业务通道,不影响监控通道,即第 2 种情况。在单向的光纤出现衰减突变时会产生第 3 种情况,如机房人员施工或维护时不小心动过线路尾纤等。第 4 种情况说明只是主信道出现瞬断,如果是设备的原因则会出现该现象。

第 5 章

分组传送网技术

MSTP 作为 SDH 设备的演进，主要改善了用户接入侧部分的网络状况，但从网络的整体内核结构来说，依然是一个电路主导的网络。在 TDM 业务比例逐渐减小以及"全 IP 环境"逐渐成熟的今天，传输设备不仅需要具备"多业务的接口适应性"，而且也要具备"多业务的内核适应性"，即传送网在保证传统业务正常运行的前提下，满足 IP 化对传送网本身提出的分组化的要求，这需要分组技术和传输技术的相互融合。

正是在这种业务转型和技术融合的背景之下，分组传送网技术产生了，它是指这样一种光传送网络架构以及具体技术：一个新的层面工作于 IP 业务和底层光传输媒质之间，针对分组业务流量的突发性和统计复用传送的要求而设计，同时又能够兼顾支持其他类型业务。分组传送网技术是传送网、IP/MPLS 和以太网 3 种技术相结合的产物，充分结合了以下这 3 种技术的优势。

（1）分组传送网技术继承了 SDH 传送网的传统优势，它具备了丰富的保护倒换和恢复方式，遇到网络故障时能够实施基于 50ms 电信级的业务保护倒换，从而实现传输级别的业务保护和恢复，保证网络能够检测错误，监控信道；它还拥有完善的 OAM 体系、良好的同步性能和强大的网管系统，从而调控连接信道的建立和撤除，实现业务 QoS 的区分和保证，灵活提供 SLA。

（2）分组传送网技术顺应了网络的智能化、IP 化、扁平化和宽带化的发展趋势，完成了与 IP/MPLS 多种方式的互联互通，能够无缝承载核心 IP 业务；它的核心为分组业务，同时又增加了独立的控制面，支持多种基于分组交换业务的双向点对点连接通道，提供了更加适合于 IP 业务特性的"柔性"传输管道，从而适合各种粗细颗粒业务，以提高传送效率的方式拓展了有效带宽。

（3）分组传送网技术保持了适应数据业务的特性：采用了分组交换、统计复用、面向连接的标签交换、分组 QoS 机制、灵活动态的控制面等技术。

总的来说，分组传送网技术融合了分组网络和传统传送网各自的优势，是一种面向下一代通信网络的传送网技术，为业务转型和网络融合这一特殊时期提供了一种高可用性和可靠性、扁平化、低成本的网络构架。

近几年，电信运营商运用的分组传送网技术包括两种：IP 化的无线接入网（IPRAN，IP Radio Access Network）、分组传送网（PTN，Packet Transport Network）。其中，中国联通和中国电信采用 IPRAN 技术，中国移动使用 PTN 技术构建本地传输网络。

5.1 移动回传网结构

介绍 IPRAN 之前，需要先清楚什么是 RAN，所谓的无线接入网（RAN，Radio Access Network）也称为移动回传网，网络框架如图 5-1 所示。

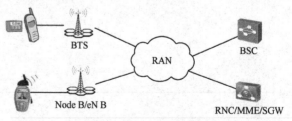

图 5-1 RAN 网络架构

简单来说，RAN 在 2G 时代是基站（BTS，Base Transceiver Station）到基站控制器（BSC，Base Station Controller）之间的网络；在 3G 时代指 Node B（节点 B，基站）到无线网络控制器（RNC，Radio Network Controller）之间的网络。在 LTE 阶段是指演进型 Node B（eNode B，Evolved Node B）至核心网（EPC，Evolved Packet Core）之间以及基站与基站之间的网络。以 GSM 网络演进为例，图 5-2、图 5-3、图 5-4 分别显示了不同演进阶段的移动网络架构。

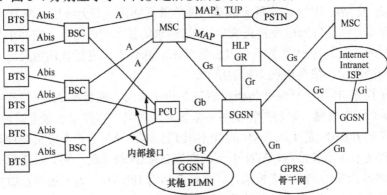

图 5-2 GSM/GPRS 网络架构

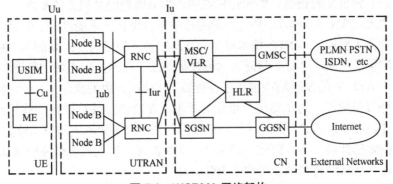

图 5-3 WCDMA 网络架构

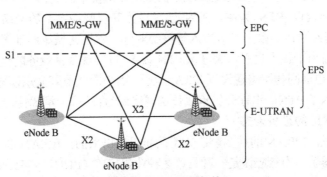

图 5-4 LTE 网络架构

5.2 IPRAN 技术架构

1. IPRAN 概念

在国外，IPRAN（IP Radio Access Network）更普遍的说法是 IP Mobile Backhaul，意指用 IP 技术实现无线接入网的数据回传，即无线接入网 IP 化，简单的说就是，满足目前以及将来 RAN 传送需求的技术解决方案。它并不是一项全新的技术，而是在已有 IP、MPLS 等技术的基础上，进行优化组合形成的，而且不同的应用场景会出现不同的组合。

最早提出 IP 用于移动回传概念的是 Nokia 公司，那是在 2000 年左右，当时 3G 标准还未成熟，移动数据业务还未普及，所以一直停留在概念阶段。

广义的 IPRAN 是实现 RAN 的 IP 化传送技术的总称，并不特指某种具体的网络承载技术或设备形态，PTN 也可以称为 IPRAN 技术的一种。后来思科提出以 IP/MPLS 为核心的 RAN 技术，并直接命名为 IPRAN。鉴于思科在数据通信行业的强势地位，以至于目前普遍将 IP/MPLS-IPRAN 承载方式称为 IPRAN，其实这是一种狭义的说法。如无特别说明，本书所指的是狭义的概念。

事实上，PTN 和 IPRAN 都是移动回传适应分组化要求的产物。在 3G 初期，电信运营商主要通过 MSTP 技术来实现移动回传。但随着 3G 发展的加快，数据流量实现了飞涨，电信运营商必须通过移动回传网的扩容来增加带宽。同时，移动网络 ALL IP 的发展趋势也越来越明显。在这两方面的推动下，回传网分组化的趋势日益突出。为了适应分组化的要求，在借鉴传统传送网一些思路的基础上，对 MPLS 技术进行改造（如增加数据处理能力）后形成的技术称为 PTN；而原有的数据处理设备，例如，路由器、交换机等，也从过去单纯地承载 IP 流量逐渐进入移动回传领域，形成了 IPRAN。

在 IP 化的大趋势下，国内电信运营商采用分组技术的选择不尽相同。中国移动回传网络建设以 PTN 为主，PTN 已经成为其现网最主要的网络架构，用于 2G/3G/4G 基站回传、政企专线接入等核心业务；除了在城域网部署外，中国移动在省际和省内干线上也引入大容量 PTN 设备，以实现多种业务的全程全网端到端承载。中国电信回传网络建设以 IPRAN 为主；而中国联通则大规模建设 IPRAN，同时部分引入了 PTN，也称分组承载传送网络或 UTN 综合承载传送设备。

2. IPRAN 的设备形态

显而易见，IPRAN 的技术解决方案是思科提出来的，IPRAN 的设备形态肯定就是路由器了，当然应该是一种具备多种业务接口（PDH、SDH、Ethernet 等）的突出 IP/MPLS/VPN 能力的新型路由器。

路由器好比是 IP 世界的交通警察，它工作在信息通路的十字路口，手里拿着各种路由协议（RIP、OSPF、IS-IS、BGP 等）建立的交通示意图（路由转发表），指挥着 IP 数据包从不同的接口奔向自己的下一个中转站或目的地；它也可以按照交通规则（访问列表、防火墙技术）对"违法"IP 包禁止通行（就是直接丢弃）。

这个威风的"网络警察"并不神秘，其实它就是一台执行路由表建立和数据转发的专用计算机。比如，PC 机装上两个网卡和路由软件就可以成为一台路由器，只不过专业的路由器软硬件都经过了相应优化设计，在转发效率和可靠性方面，普通 PC 是无法比的。

5.3　IPRAN 网络架构

本地层面的业务承载需求如下。

（1）移动回传：包括 GSM（2G）、WCDMA（3G）、LTE 移动回传业务。

（2）固网宽带：公众和集团客户上网业务。

（3）核心网：包括固网软交换、移动核心网、IMS 等网络的网元设备之间的互联电路。

（4）IPTV。

（5）WLAN 回传：无线局域网业务回传。

（6）集团客户业务：包括 TDM 专线、ATM 专线、以太网专线、视频会议承载、MPLS VPN 等。

（7）高质量家庭用户接入：包括以软交换为主的固定语音等。

（8）其他业务：环境监控、营业厅接入等。

根据上述业务的特点和要求，IPRAN 和 IP 城域网网络架构如图 5-5 所示。

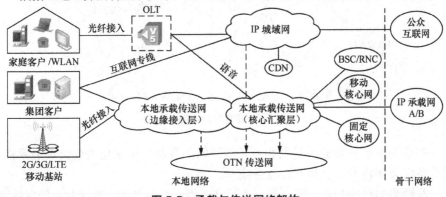

图 5-5　承载与传送网络架构

网络架构包括 IP 城域网与 IPRAN（也称本地综合承载传送网）两张网。其中，IP 城域网主要承载普通互联网业务及含 IPTV 业务，IPRAN 主要承载 IPTV 业务以外的其他电信级业务（包括移动回传、移动软交换、固定软交换、IMS、集团客户专线及其他网内业务）。

（1）IPRAN 和 IP 城域网均采用 IP/MPLS（含 MPLS-TP）技术，其中 IPRAN 应支持 MPLS-TP 协议，城域网不需支持 MPLS-TP。

（2）中继链路组织：在没有 WDM/OTN 资源的情况下，可采用光纤直驱方式组网；在有 WDM/OTN 资源的情况下，优选采用 WDM/OTN 的波道或 ODUk 时隙组网，利用本地 WDM/OTN 网络为 IP 城域网和 IPRAN 网络中继链路提供保护，提高网络的可靠性和链路利用率。IP 与光网络协同组网提高网络可靠性和链路负载率的方案待研究。

（3）IPRAN 采用的 IP/MPLS 设备，应在 QoS、计费、认证等功能和能力方面进行简化，增强传送特性。

（4）IPRAN 应具有足够的扩展性，以满足在正常规模下，业务的质量、安全和网络的可靠性、可管理性。

IPRAN 采用分层结构，分为核心汇聚层和边缘接入层。网络参考结构如图 5-6 所示。

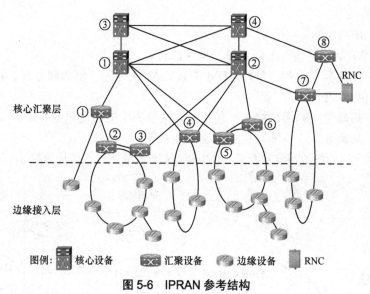

图 5-6　IPRAN 参考结构

核心层主要负责业务转发和与其他网络的互联，汇聚层主要负责边缘接入层业务汇集和转发，以及就近业务接入。

在网络建设的初期，核心节点之间宜采用网状网结构，提高业务转发效率。

汇聚层可根据光缆网、WDM/OTN 网络结构采用双星形或口字形结构与两个核心节点相连，如果采用环形结构，每个汇聚环上的节点数量应不超过 6 个（4 个汇聚节点+2 个核心节点）。网络组织应尽量减少业务在核心汇聚层经过的跳数，提高业务转发效率、设备利用率，简化路由管理。

边缘接入层网络应采用环形结构，光缆网不具备环形条件而采用链形结构时，应避免 3 个节点以上的长链结构，可采用与汇聚层单节点或双节点互联组网方式。

核心节点的数量一般控制在 2～4 个，可选择光缆网络资源丰富、满足业务网组网需求的机房作为核心节点（如 RNC 所在机房等）。

汇聚节点：用于汇聚接入层业务的节点，包括基站边缘层业务汇聚节点、PSTN 端局、核心网设备所在节点等。

边缘接入层节点：基站、室内微蜂窝、模块局等业务接入点。基站边缘层业务汇聚节点应选择空间大、具有长期产权或使用权、维护条件好、光缆资源丰富、满足组网需要的机房。

业务网设备（如移动核心网、固定核心网、IMS 等）通过汇聚节点以双上连方式接入 IPRAN，如果业务网设备与核心节点同机房，可直接接入核心节点设备，或接入核心节点设备下挂的接入设备。

5.4　IPRAN 关键技术

近年来，随着各类业务尤其是无线网业务 IP 化的发展，作为基础网络的传送网也随之向 IP 方向发展，从以 TDM 交叉为内核，通过增加数据处理功能，提供二层以太网业务的 MSTP，到以分组交换为内核，采用多协议标签交换—传送架构（MPLS-TP，Transport Profile for Multi-Protocol Label Switching）技术提供二层以太网业务的 PTN，以及目前发展较快的 IPRAN 技术。如图 5-7 所示，IPRAN 的核心技术是 IP/MPLS 技术。

1. IP/MPLS 技术

IP/MPLS 技术是 IPRAN 的核心技术。多协议标签交换（MPLS，MultiProtocol Label Switching）在 IP 路由和控制协议的基础上，提供面向连接（基于标记）的交换。这些标记可以被用来代表逐跳式或者显式路由，并指明 QoS、虚拟专网以及影响一种特定类型的流量（或一个特殊用户的流量）在网络上的传输方式的其他各类信息。

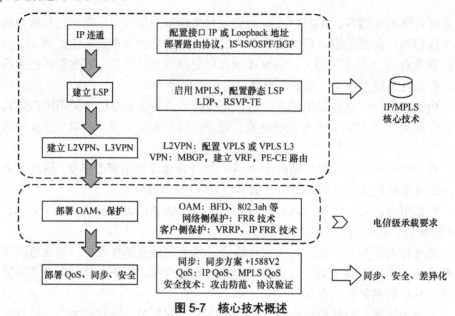

图 5-7　核心技术概述

20 世纪 90 年代中期，路由器技术的发展很慢，远远滞后于网络的发展速度与规模，主要表现在当时路由查找算法使用最长匹配原则，必须使用软件查找，每一跳分析 IP 头，转发效率低，无法提供 QoS 保证等。图 5-8 为传统 IP 转发过程。

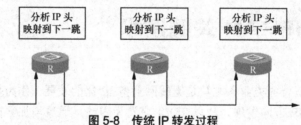

图 5-8　传统 IP 转发过程

Internet 在近些年中的爆炸性增长为 Internet 服务提供商提供了巨大的商业机会，同时也对其骨干网络提出了更高的要求。用户希望 IP 网络不仅能够提供 E-mail、上网等服务，还能够提供宽带实时性业务。异步传输模式（ATM，Asynchronous Transfer Mode）曾经是被普遍看好的、能够提供多种业务的交换技术，但是 ATM 技术复杂，部署困难，而且实际的网络中已经普遍采用 IP 技术，不可能部署纯 ATM 网络取代 IP 网络。因此，用户希望在现有 IP 网络的基础上，结合 ATM 的优点，为其提供多种类型的服务。

ATM 技术虽然没有成功，但它摒弃了烦琐的路由查找，改为简单快速的 VPI/VCI 标签交换，将具有全局意义的路由表改为只有本地意义的标签表，这些都可以大大提高一台路由器的转发能力。图 5-9 为 ATM 的交换过程。

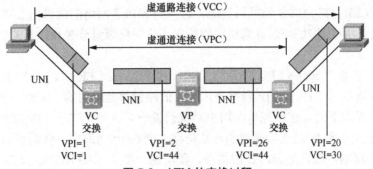

图 5-9 ATM 的交换过程

MPLS 就是在这种背景下产生的一种技术，它吸收了 ATM 的 VPI/VCI 交换思想，无缝地集成了 IP 路由技术的灵活性和二层交换的简捷性。IGP、BGP 等路由协议负责收集路由信息，MPLS 利用路由信息建立虚连接——基于标签的转发路径，在面向无连接的 IP 网络中增加了面向连接的属性，从而为 IP 网络提供一定的 QoS 保证，满足不同类型的服务对 QoS 的要求。

MPLS 有两个特点① 支持多协议：虽然目前主要使用在 IP 网络上，但 MPLS 实际上支持任意的网络层协议（IPv6、IPX、IP 等）及数据链路层协议（如 ATM、F/R、PPP 等）；② 使用标签交换：给报文打上标签，以标签交换取代 IP 转发。

在 MPLS 的世界中有几个关键词：标签交换边缘路由器（LER，Label Switching Edge Router）、标签交换路由器（LSR，Label Switching Router）、标签（Label）、标签交换路径（LSP，Label Switching Path）、转发等价类（FEC，Forwarding Equivalence Class）。LER 就像高速入口收费站和出口收费站，LSR 就像中间刷卡换卡的收费站，标签就像在入口收费站处发的交通卡，LSP 就像事先查好的行车路线，而 FEC 像针对每个收费站而言需要发同样交通卡的一大群驾驶人。

图 5-10 是 MPLS 拓扑图，各个关键词的具体定义和作用如下。

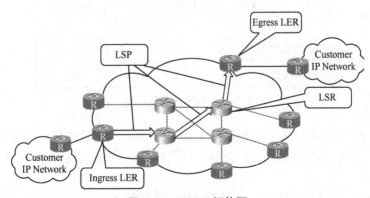

图 5-10 MPLS 拓扑图

（1）LER：在 MPLS 的网络边缘，进入到 MPLS 网络的流量由 LER 分为不同的 FEC，并为这些 FEC 请求相应的标签。它提供流量分类和标签的映射、移除功能。

LER 包括"Ingress LER"（入口 LER）和"Egress LER"（出口 LER）两种，这里要着重说明一点，在 IP 网络中，所有的路径都是单向的，这点与传统传送网的概念极大不同。在传统传送网中，我们说一条 A 点到 B 点的电路时，通常是指实现 A 点和 B 点双向传送的一条电路，而在 IP 网络中，我们说一条 A 点到 B 点的路由，或者是 MPLS 网络中，我们说一条 A 点到 B 点的 LSP，通常是指 A 点到 B 点的单向路径，如果 A 点和 B 点需要双向通信，通常需要分别创建 A 点到 B 点的 LSP 和 B 点到 A 点的 LSP 共两条 LSP。这个特点在 IP 网络中非常重要，即对于所有的双向通信需求，都必须分两个方向分别考虑如何满足需求，虽然大多数情况下我们都希望来去同路，但是很多情况下 IP 网络都没办法满足这个要求。

（2）LSR：LSR 是 MPLS 网络的核心交换机或者路由器，它提供标签交换和标签分发功能。

（3）Label：Label 是一个比较短的、定长的、通常只具有局部意义的标识，通常位于数据链路层的封装头和三层数据包之间。

MPLS 标签如图 5-11 所示，一个 MPLS 标签位于数据链路层（2 层）头部和 IP（3 层）头部之间，因此也常说 MPLS 是 2.5 层的。它共有 4Byte，其中 20bit 为标签值（0～15 保留为特殊用途），3bit 为 EXP 字段，通常用于服务等级（CoS，Class of Service），8bit 用于生存时间（TTL，Time To Live）类似于 IP 包中的 TTL，另外有 1bit（中间标为"S"的比特位）用于标识是否为标签栈的栈底，理论上 MPLS 支持无限多重的标签嵌套使用。

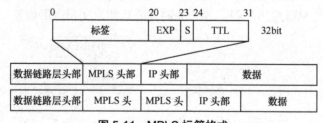

图 5-11 MPLS 标签格式

在 IPRAN 方案中通常使用两层标签，其中靠近数据链路层头部的称为外层标签，靠近 IP 头部的称为内层标签，外层标签是隧道标签，内层标签是 VPN 标签。

VPN 属于远程访问技术，3 种典型组网方式如下。

（1）普通方式

普通 VPN 业务，是客户对 VPN 最基本的需求。基本的 VPN 服务要求相同的 VPN 客户之间能相互通信，而不同的 VPN 客户间不能通信。典型的组网如图 5-12 所示，VPN-1 间互相通信，VPN-2 间互相通信，而 VPN-1 与 VPN-2 间不能通信。

（2）HUB-SPOKE 方式

对于有很多子公司的大客户来说，普通的 VPN 业务可能无法满足其需求。通常总公司可能需要监控子公司间的通信，同时要能够与各子公司直接通信。这就要求子公司间通信时必须经过总公司中转。一种典型的组网如图 5-13 所示，总公司可以直接与子公司 1、子公司 2 通信，而子公司 1 和子公司 2 间通信时必须经过总公司中转，如此总公司可以监控各子公司间的通信。其中 PE-3 为 HUB 路由器，PE-1 及 PE-2 为 SPOKE 路由器。在华为 EFS 单板上配置以太 EVPLAN 业务时，挂接的 VB 有一个配置选项，就是为 VB 中的端口设置 SPOKE 或 HUB 属性。HUB 与 HUB 之间、HUB 与 SPOKE 之间能互通，SPOKE 与 SPOKE 之间不能互通。这样就可以灵活运用，如果总部与分部都互通，则相应端口都可以设置为 HUB 属性；如果分部之间不互通，则总部设置为 HUB 属性，分部设置为 SPOKE 属性。

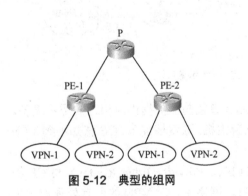

图 5-12　典型的组网

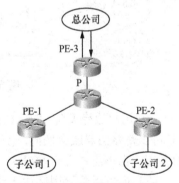

图 5-13　HUB-SPOKE 方式

（3）Internet 接入

VPN 客户间通信使用的是私网地址，可以自由规划内部网络，但同样可能需要能连上 Internet。一种典型的组网如图 5-14 所示，通过在 VPN-1 的某个网关上提供 NAT 完成私网地址到公网地址的转换，从而实现 Internet 业务的访问。

VPN 按照实现层次可以划分为二层 VPN（L2 VPN）和三层 VPN（L3 VPN）。

MPLS 二层 VPN 是在目前流行的 IP 网络上基于 MPLS 方式来实现的二层

VPN 服务。简单来说，MPLS 二层 VPN 就是在 MPLS 网络上透明传输用户二层
数据。从用户的角度来看，MPLS 网络是一个二
层交换网络，可以在不同节点间建立二层连接，
提供不同用户端介质的二层 VPN 互联，包括
ATM、FR、VLAN、Ethernet、PPP 等。

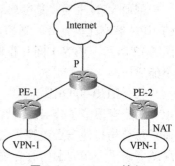

图 5-14　Internet 接入

　　MPLS 三层 VPN 是一种基于 PE 的 L3 VPN
技术，它通过 BGP 在运营商骨干网上发布 VPN
路由，使用 MPLS 方式转发 VPN 报文，其组网
方式灵活、可扩展性好，并能够方便地支持 MPLS
QoS 和 MPLS-TE。在 MPLS VPN 中定义了 3 种
设备角色，这 3 种角色在 IPRAN 解决方案中出现的频率极高，下面结合图 5-15
举例讲解。

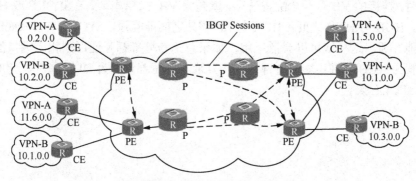

图 5-15　MPLS VPN 示意

　　（1）用户边缘设备（CE，Custom Edge）直接与服务提供商相连的用户设备。
CE 可以是路由器或交换机，也可以是一台主机。通常情况下，CE 感知不到 VPN
的存在，也不需要支持 MPLS。

　　（2）电信运营商网络边缘路由器（PER，Provider Edge Router）与 CE 相
连，主要负责 VPN 业务的接入。在 MPLS 网络中，对 VPN 的所有处理都发生
在 PE 上。

　　（3）电信运营商网络主干路由器（PR，Provider Router）指电信运营商网络上
的核心路由器，主要完成路由和快速转发功能。P 设备只需要具备基本的 MPLS 转
发能力，不维护 VPN 信息。

　　对比 MPLS 拓扑图，通常可以看到，PE 路由器是 LER，P 路由器是 LSR。

2. 网络保护技术

　　作为承载电信级业务的 IP 承载传送网，需具有像 SDH 那样的电信级保护

技术。IPRAN 支持多层面的网络保护技术。

- 网内保护技术：隧道保护，主要采用基于流量工程的快速重路由（TE FRR，Traffic Engineer Fast ReRoute）的 Detour 方式为隧道提供端到端的保护，即分别为每一条被保护 LSP 创建一条保护路径，也称为 1:1 标记交换路径（LSP，Label Switching Path）保护；业务保护，包括伪线冗余（PWR，Pseudo Wire Redundancy）方式和 VPN FRR 等方式，前者设置不同宿点的 PW（PW 的意思是伪线，也就是说它是一根线，但是它不是真的，是假的；如果我们在两台设备之间直接拉一根网线，那就是真的；而伪线仿真就是说用某个技术模拟了一根线，把两台设备连在一起，可以通信），对双归的宿点进行保护，后者利用 VPN 私网路由快速切换技术，通过预先在远端 PE 中设置主备用转发项，对双归 PE 进行保护；网关保护，主要采用虚拟路由器冗余协议（VRRP，Virtual Router Redundancy Protocol）方式，通过选举协议，动态地从一组 VRRP 中选举一个主路由器并关联到一个虚拟路由器，作为所连接网段的默认网关，实现网关保护。

- 网间保护技术：VRRP 保护，主要在 IP 层面提供双归保护；链路聚合组（LAG，Link Aggregation Group）保护，主要在以太网链路层面提供保护；跨设备的以太链路聚合组（MC-LAG，Multi-Chassis Link Aggregation Group）；自动保护切换（APS，Automatic Protection Switching）保护，主要在 SDH 接入链路层面提供保护。

3. 路由协议

路由器之间的路由信息交换是基于路由协议实现的。动态路由是指路由器能够自动地建立自己的路由表，并且能够根据实际情况的变化适时地进行调整。在 IPRAN 中主要涉及 3 个动态路由协议：OSPF、IS-IS、BGP 协议，具体内容见第 5.7 节。

4. QoS 技术

IPRAN 网络作为本地综合承载网络，可针对各种业务应用的不同需求，提供不同的服务质量保证，包括多种 QoS 技术。

（1）流分类和流标记功能：通过对业务流进行分类和优先级标记，实现不同业务的 QoS 区分，流分类规则可基于端口、ATM VPI/VCI、VLAN ID 或 VLAN 优先级、DSCP、IP 地址、MAC 地址、TCP 端口号或上述元素的组合。

（2）流量监管和整形功能：通过监管对业务流进行速率限制，实现对每个业务流的带宽控制，通过整形平滑突发流量，降低下游网元的业务丢包率。应支持以太网业务带宽属性和带宽参数，包括承诺信息速率（CIR）、承诺突发长度（CBS）、额外速率（EIR）、额外突发长度（EBS）、联合标记（Coupling Flag）、着色模式（Color Mode）。

（3）拥塞管理能力：通过尾丢弃或加权随机早期探测等算法，实现对拥塞时的报文丢弃，缓解网络拥塞。

（4）队列调度能力：对分类后的业务进行调度，缓解当报文速度大于接口能力时产生的拥塞。

（5）层次化 QoS 能力：对业务进行逐级分层调度，通过分层实现带宽控制、流量整形和队列调度等 QoS 功能，支持复杂的组网和分层模型下实现对每个用户、每个业务流带宽进行精细控制的目的。

5．OAM 技术

各个层面的完善的 OAM 技术，使得 IPRAN 成为本地基础 IP 承载传送网的优选技术。IPRAN 的 OAM 技术主要包括：Y.1731 和 IEEE 802.1ag 的以太网业务层 OAM 机制，提供以太网业务的故障管理和性能管理；MPLS 的 OAM 机制，提供 LSP 层面的故障管理，包括 LSP Ping 及 TraceRoute 功能、BFD 用于 MPLS LSP 的连通性检测、BFD for RSVP 和 BFD for LDP 功能等；MPLS-TP 的 OAM 机制，实现 LSP 和 PW 层面的故障管理和性能管理，并实现主动（Proactive）和按需（On-Demand）两类 OAM 功能；IEEE 802.3ah 的以太网接入链路 OAM 机制；TDM 业务 OAM，当承载 STM-1 业务时，应支持 SDH 的告警和性能监视功能；当承载 PDH 业务时，应支持 PDH E1 的告警和性能监视功能。

6．同步技术

由于承载 2G、3G、LTE 等移动回传业务，时钟/时间同步技术成为 IPRAN 网络的必要技术。时钟同步技术主要是同步以太网技术，提供频率同步信息。时间同步技术主要是支持 NTPV3 时间协议和 1588V2 协议，支持时间同步。

5.5　PTN/IPRAN 比较

任何一个技术，本身都不存在对和错、优和劣，不能从技术细节来比较。一种技术背后的理念和指导思想是关键的，同时需与应用环境、成本、成熟度、产业链等综合因素结合起来分析，才会有优和劣的差别。基站回传技术也不例外。

对比 PTN 与 IPRAN，我们首先需要明确两者的概念。从名称上看，PTN 和 IPRAN 均是基于分组交换的 IP 化承载传送技术。但从狭义的概念上，PTN 指采用 MPLS-TP 标准的分组传送网络，IPRAN 指基于 IP/MPLS 技术的多业务承载网络。

从通信理论基础来看，传送网络本质上的区别体现在 3 个层面：首先是时分复用（TDM）和分组复用（Packet）的本质区别，这是第一层的区别，典型的就是 SDH 网络和 IP 网络的差别；其次是面向连接和无连接的差别，典型的就是 IP 与 ATM 网络的差别，类似于公路和铁路的差别；最后就是动态寻址和静态寻址。PTN 和 IPRAN，无论是基于 IP 包的分组，还是 MPLS 标签的交换，都是分组网络，这说明在网络本质的第一层次上两者是相同的，但 PTN 是面向连接的，而 IPRAN 是无连接的，所以在第二层次上两者不同；最后，IPRAN 是以 IP 地址来寻址，可以支持 OSPF、IS-IS 等动态路由，同时支持静态路由配置，而 PTN 是静态配置寻址的，不具备动态寻址的能力。所以两者的本质差异就是连接与无连接的差异，动静结合寻址和静态寻址的差异。

有连接与无连接，可以从技术本身以及通信网络的发展历史和现状来判断。面向连接，网络的连接数与网络节点数的平方成正比。规模越大，连接数量越多，开通和维护连接的工作量也越大，这就是大家一直认为有连接网络的网络扩展性难题和维护管理难题。而无连接的网络，不存在点对点的连接，只有网络接入，没有连接的概念，所以没有 N 平方的扩展性瓶颈。发展是硬道理，所以无连接的网络表现出强大的生命力。举例来说，某国内大型保险公司，全国有 4000 多个分支节点，企业数据中心在上海和深圳，所有数据需要存储和备份到两个数据中心。原来采用 SDH 组网，每一个分支机构租用两条 SDH 传输到上海和深圳，每一条 SDH 都需要在本地接入点、本地区节点、省节点、跨省、对端省、对端地区、对端接入点逐一配置，全部 8000 条 SDH 线路，配置工作量可想而知，这还只是实现了 4000×2 的部署。如果要实现 4000×4000 几乎不可能。后来租用了某电信运营商的 IP/MPLS VPN，4000 个分支机构只要在本地接入，网络其他方面不必进行任何配置，就实现了 4000×4000 节点之间的互联互通。链路的开通和维护工作量减少了几百万分之一，这就是无连接的好处。

所以，无连接的网络扩展性好、维护管理简单。面向连接的网络，存在扩展性瓶颈，维护和开通工作量大。

动态路由与静态路由的问题其实是一个网络管理问题。动态路由就像市场经济，每一个实体根据自身的智能收集网络拓扑信息、故障信息、负载信息，然后根据共同的规则（Protocol）进行判断并做出反应；静态配置，就像计划经济，所有的配置和管理，依赖一个集中的管理中心，管理中心管理收集每一个设备的细节，根据对信息的分析和判断，再控制每一个设备做出反应。

动态路由依赖的是设备的智能，是对个体能力的信任和授权，是互联网无为而治的思想体现，这是互联网的优势之一。2005 年 4 月 11 日，中国最大的互联网 Chinanet 由于偶然的路由协议 Bug，导致全网上百台骨干路由器瘫痪，但很有趣的是，在 20 分钟内，在没有人为干预的情况下，全网自动恢复了正常，这就是无为而治的理念。发生这样的故障当然不是好事件，这是多年来第一次发生，但是能够自动恢复确实体现了互联网强大的自愈能力。所以说，"分组+动态路由+无连接"的网络，是一个可扩展的、无为而治的、简洁的网络，应该是网络发展的方向，所以 IPRAN 也是发展的方向。

IPRAN 和 PTN 都是分组网络，两者都存在极端情况下资源不足的问题，存在不同业务之间资源竞争的问题，解决的办法就是 QoS 技术。资源保证是所有业务质量保证的基础，巧妇难为无米之炊，没有绝对的资源，无论什么技术也不能保证网络的业务质量。所以说，IPRAN 和 PTN 在业务质量保证上是一致的。

从现有的技术要求上，PTN 和 IPRAN 还有两点差异：PTN 设备无控制层面，路径控制由网管人工操作；IPRAN 设备有控制层面，进行拓扑学习，采用动态路由协议控制转发路径。IPRAN 支持三层技术，PTN 仅支持两层技术。

从业务承载看，PTN 技术适合两层分组业务占主导阶段的业务传送，可以很好地满足整个 3G 生命周期的移动回传，也可用于 LTE 时期的移动回传，但全业务接入存在一定困难。IPRAN 技术适合 L3 业务占较大比重时的业务承载，可满足 3G、LTE 时期的移动回传，可实现全业务接入。

为适应业务发展的需求，中国移动将软件定义网络（SDN，Software Defined Network）引入 PTN，形成了软件定义的分组传送网（SPTN，Software Defined Packet Transport Network），并于 2014 年 8 月在广东进行了试点商用部署，具体如图 5-16 所示。

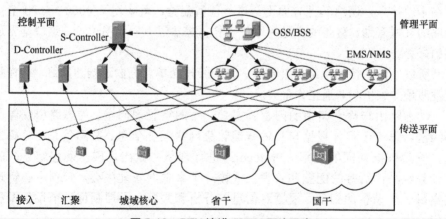

图 5-16　PTN 演进 SPTN 网络示意

软件定义网络（SDN）是近年来继云计算之后，学术界和产业界最关注的热点，被国际研究机构 Gartner 列为未来 5 年内 IT 领域十大关键技术之一。SDN 希望应用软件可以参与对网络的控制管理，满足上层业务需求，通过自动化业务部署简化网络运维。SDN 的特点之一就是控制平面与数据平面分离，其主张通过集中式的控制器中的软件平台去实现可编程化控制底层硬件。在 SDN 架构中，控制平面是逻辑集中的，通过某种协议将控制信息下发至底层的数据平面去执行。逻辑上集中的控制平面可以控制多个转发面设备，也就是控制整个物理网络，因而可以获得全局的网络状态视图，并根据该全局网络状态视图实现对网络的优化控制。所以，控制平台被称为 SDN 的大脑，指挥整个数据网络的运行。

SPTN 可引入控制平面，提供网络的智能控制和协同能力；还可以实现一键式跨厂家业务全自动批量发放，业务发放时间从数周缩短到分钟级别。PTN 网络动态重路由，解决多点失效；多种选路及路由策略的应用，满足未来 5G 承载低时延、高带宽、大连接等不同类型业务的需求；跨多厂家 NNI 接口无缝对接，实现跨域业务的端到端发放，同时解决了 UNI 跨域保护方案复杂的问题；综合资产管理与控制器数据实时一致，实现了控制器与现网运维系统的无缝融合，证明了现网可平滑引入 SPTN。

综合几方面的对比和现网应用情况来看，单纯的两层技术不能满足现网业务的需求，至少需在核心甚至汇聚层网络实现三层功能。在国内，随着中国移动主导的 PTN 加载三层功能方案（SPTN）的实现，PTN 和 IPRAN 将会取长补短，逐渐融合，形成统一的基于 MPLS 承载传送技术。

注：如无特殊说明，第 6 章开始提及的 PTN 和 IPRAN 无区别，均代表分组传送网技术。

5.6 IPRAN 业务承载

当下电信运营商网络承载的业务包括互联网宽带业务、大客户专线业务、移动 2G/3G/LTE 业务等，既有两层业务，又有三层业务。尤其是当移动网演进到 LTE 后，S1 和 X2 接口的引入对于 IPRAN 提出了三层交换的需求。图 5-17 是 IPRAN 业务承载方案。

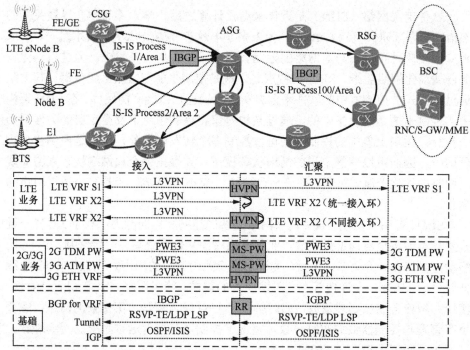

图 5-17　IPRAN 业务承载方案

■ 多业务不仅包括 hybrid 2G、3G 和 LTE 回传业务，也包括 FMC 回传业务，使客户获取最高的投资收益；
■ 快速端到端保护倒换满足电信级质量要求；
■ 全面时钟同步保证业务质量。

5.6.1　承载业务方案

1. 2G/3G 语音业务承载方案

2G/3G 基站和基站控制器 BSC/RNC 之间采用 TDM 线路通信，在接入设备上通过 PWE3 电路仿真技术进行业务承载。

（1）基站接入侧：边缘接入层设备通过 E1 口与 BTS 对接，简单方式下每 E1 2M 业务进行电路仿真映射到 PW，通过 PWE3 MPLS 隧道传送到 BSC 前置节点。

（2）网络侧：提供主备 MPLS 隧道保护，进行端对端业务监控和保护。SR 将电路仿真业务当作普通以太网报文处理，通过 MPLS L2VPN/VPLS 方式把业务传送到 BSC CE。

（3）基站控制器侧：核心层设备通过 CSTM-1 接口和 BSC 连接，进行 PWE3 解封装，恢复 E1 业务。

2. 3G 数据业务承载方案

3G PS 业务有 3 种解决方案，如图 5-18 所示。由于要实现基站归属调整功能，所以需要在网络中部署 L3VPN，以实现 IP 流量的灵活转发。

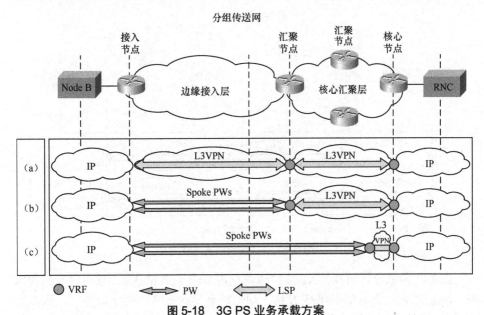

图 5-18 3G PS 业务承载方案

方案（a）中，采用层次化 L3VPN 的方式，直接为基站提供 IP L3VPN 接入，需要为每个与 3G 基站相连的分组设备端口分配互联 IP 地址。

方案（b）、（c）中，均采用 PW+L3VPN 的方式，基站 FE 业务以以太网专线（E-Line）的方式接入，并通过 L2/L3 桥接进入 L3VPN。两个方案的区别在于 L2/L3 桥接点的位置不同，方案（b）位于汇聚节点，方案（c）位于核心节点。两个方案中，都需要为 L2/L3 桥接点的虚端口分配网关地址。同时，需要为每个基站分配相应的 VLAN，用于以太网传送的业务隔离。推荐采用方案（b）作为 3G PS 域业务的承载方案。

3．LTE 业务承载方案

根据 LTE 对网络的需求，分组传送承载网承载 LTE 移动回传主要是对 S1、X2 口流量进行承载。其中 S1 口实现基站归属调整功能，一个 eNode B 基站可以和多个 MME/S-GW 进行交互，承载网络需要实现动态三层功能，因此需要在核心汇聚层部署 L3VPN，以实现 IP 流量的灵活转发。X2 接口实现基站到基站的直接交互。

LTE 承载方案如图 5-19 所示。

方案（a）中，采用层次化 L3VPN 的方式，直接为基站提供 IP L3VPN 接入。此时在相同接入环内的相邻基站 X2 接口流量直接在本接入环中转发。

方案（b）中，采用 PW+L3VPN 的方式，LTE 基站业务以以太网专线（E-Line）的方式接入，并在汇聚层通过 L2/L3 桥接进入 L3VPN。此时，相邻基站 X2 接口流量需要在汇聚环中转发。

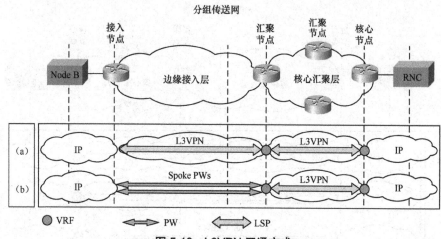

图 5-19　L3VPN 开通方式

由上文需求分析所述，X2 接口流量仅占 LTE 流量的 3%，且对时延的要求在 20ms 以内。无论哪种承载方案，均可以满足此带宽和时延的要求。因此对 X2 接口的承载，仅仅在承载效率上有差别，两种方案均可充分满足 X2 接口时延的要求。S1 接口和 X2 接口都能实现基站间切换功能，但 X2 接口对时延的容忍度明显优于 S1 接口。

方案（a）承载 LTE 业务承载效率最高，但需要为每个基站配置接口互联 IP 地址。方案（b）则可以在同一接入环内使用同一个网段的 IP，并在桥节点配置网关 IP 地址，配置量和地址消耗上低于方案（a）。

4. 集团客户业务承载

集团客户业务承载方案如图 5-20 所示。

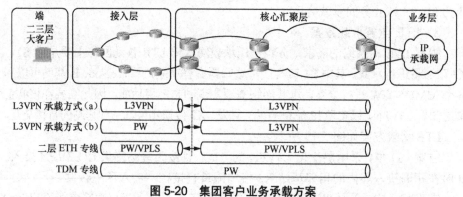

图 5-20　集团客户业务承载方案

对于集团客户的 TDM 专线业务，可以直接接入综合承载传送网设备当中，进行电路仿真映射到 PW,通过 PWE3 MPLS 隧道传送到对端节点,再进行 PWE3 解封装,恢复 TDM 业务。

对于 VLL 和 VPLS 业务, 在数量少的情况下, 可以参照 TDM 专线的方式用单段 PW/VPLS 方式承载,在数量较大的情况下,如果设备支持,也可以采用层次化的 VPLS 或多端伪线方式解决。

L3VPN 专线业务在接入点较少及接入层设备支持三层的情况下, 可以将 L3VPN 直接开至接入层设备上, 如图 5-20 中方式(a)所示。对于接入点多, 路由数量较大的客户, 建议采用核心汇聚层 L3VPN+边缘接入层伪线的方式实现, 推荐采用图 5-20 方式(b)承载 L3VPN 业务。

大客户 L3VPN 业务建议采用与 3G FE 业务相同的承载方式,根据用户业务量及组网要求,需考虑用户 PE 设备的网络层次,用户 VPN 路由条目较多时,建议选取汇聚层设备作为 PE 设备。

大客户 L2VPN 业务采用与 2G/3G TDM 业务相同的承载方式。

固网业务由分组网承载时,仅作为透传业务,采用端对端 L2VPN 承载方式。

5. 固网宽带业务承载

固网宽带业务承载方案如图 5-21 所示。固网宽带业务,原则上不在 IPRAN 上进行承载。但对于偏远及资源贫乏地区可以以二层专线的方式在 IPRAN 上承载,在最近的城域数据网 SR/BRAS 处将业务终结。但应注意做好 IPRAN 的安全防攻击工作,不得将 IPRAN 与城域数据网进行公网对接。

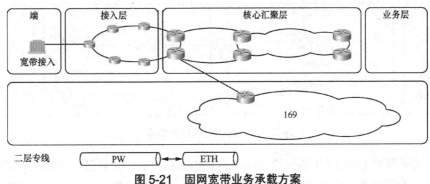

图 5-21　固网宽带业务承载方案

5.6.2　TDM 业务承载

1. 业务承载方案

目前, 基站侧 GSM、UMTS CS 均通过 E1 接口承载, GSM 为 TDM 封装, UMTS CS 为 ATM 封装, 均未 IP 化, 只能通过电路仿真技术 PWE3 承载。具体方案包括单段 PW（SS-PW）和多段 PW（MS-PW）。

单段 PW 方案，接入设备直接与 IPRAN 核心侧 PE 设备建立 PW，网络规模大时核心侧 PE 设备的压力也比较大。

为了缓解核心设备压力，引入了多段 PW 方案，即接入设备与汇聚设备建立 PW，汇聚设备再与核心侧 PE 设备建立 PW，由汇聚设备将两段 PW 粘连起来，从而实现端对端的电路仿真业务承载。由于汇聚设备下挂接入设备数量有限，汇聚设备上隧道数量的压力不大，同时核心设备下挂汇聚设备数量相比接入设备大大降低，因此核心侧 PE 设备上隧道数量上的压力得到缓解，可以视为将核心侧 PE 设备的压力分散到多台汇聚设备上。此外，在汇聚设备上实现了隧道的收敛，即多个接入层 PW 在汇聚设备上可以共享一条隧道，大大提升了网络的可扩展性。

2. 业务保护方案

在保护方案上，多段 PW 与单段 PW 基本类似，唯一的区别就是保护 PW 也需要分段建立。如图 5-22 所示，网络内部节点及链路故障通过隧道保护技术 LSP 1∶1 进行保护。核心设备故障通过业务保护技术 PW Redundancy 进行保护，从接入设备建立到汇聚设备再到主用核心设备的主用 PW，作为正常情况下的业务传送通道，从接入设备建立到汇聚设备再到备用核心设备的保护 PW，作为主用核心设备故障后的保护通道，在两台主用核心设备之间建立旁路 PW，用于网络内部故障时的流量迂回。两台核心设备与 RNC 之间运行 E-APS，进行"网关"主备保护。

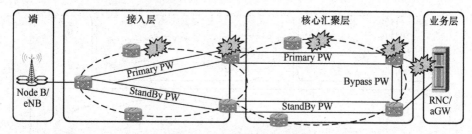

图 5-22　TDM 业务保护方案

隧道保护 LSP 1∶1 的快速故障检测通过 BFD for LSP 实现，采用分段的方式，各段隧道独立进行保护切换，互不影响。业务保护 PW Redundancy 的快速故障检测通过 BFD for PW 实现，采用单段的方式。

所有故障场景采用的保护模式、保护技术如表 5-1 所示，以核心设备节点故障为例，具体倒换过程如下。

核心节点故障后，E-APS 检测到该故障，主备发生倒换，核心设备与 RNC 之间链路成为工作链路，同时触发 PW 进行主备倒换，原保护 PW 升为主用 PW。下行流量从新的工作链路发往核心设备，再从新的主用 PW 发往接入设备，上行流量从接入设备通过新的主用 PW 发往核心设备，再从新的工作链路发往 RNC。

表 5-1 TDM 业务故障倒换路径

故障点	保护模式	保护技术
1	隧道保护	TE HotStandBy
2	业务保护&网关保护	PW Redundancy & E-APS
3	隧道保护	TE HotStandBy
4、5	业务保护&网关保护	PW Redundancy & E-APS

5.6.3　以太网业务承载

1. 层次化 L3VPN 承载方案

（1）业务承载方案

层次化 L3VPN 承载可以实现 L3VPN 部署至网络边缘，即接入设备便启动 L3VPN。一方面，可以轻松实现所有业务的安全隔离；另一方面，FRR 等高可靠性技术可进一步延伸到接入层，提升端对端业务的可靠性及用户体验。

传统端对端 L3VPN 方案，所有接入设备均需与核心路由反射器（RR）建立 BGP 会话，同时需要建立从接入设备到核心设备的端对端隧道，在网络规模较大时，造成 RR 的 BGP 会话压力较大及核心设备隧道数量较多，且接入设备与骨干路由器的 VPN 路由是连通的，接入层路由压力较大，网络可扩展性较差。

HVPN 在传统端对端 L3VPN 的基础上进行了适当优化，通过引入一层"轻量级 RR"来缓解核心侧设备压力，解决组建大网的问题。具体方案如下。

将汇聚设备设为"第二级 RR"，接入设备与汇聚设备建立 BGP 会话，由于汇聚设备下挂接入设备数量有限，因此汇聚设备上 BGP 会话压力不大；汇聚设备与核心 RR 建立 BGP 会话，相比接入设备，整网的汇聚设备数量大大降低，相应的 RR 的 BGP 会话压力也大大降低。汇聚设备收到接入设备发布的 VPNv4 路由后，将下一跳修改为自己之后再发布给 RR，之后再由 RR 反射给核心设备，因此核心设备有整网明细路由；汇聚设备收到的 VPNv4 路由均不向接入设备发布，仅向接入设备发布一条缺省路由，用于引导上行流量，由此，接入设备仅需维护极少的 VPN 路由，路由压力较大的问题得以彻底解决。由于 VPN 采用分层的方式，相应的用于承载 VPN 的隧道也需要采用分层的方式，接入设备与汇聚设备之间为一段隧道，汇聚设备与核心设备之间为另一段隧道，核心设备的隧道数量较多的问题也不复存在。

通过上述方案，HVPN 解决了传统端对端 L3VPN 的扩展性问题，保证了低端设备与高端设备共同组网的能力。

HVPN 方案可以通过传统的 RR 及路由策略组合实现，不涉及标准化问题。

所有路由控制均在汇聚设备（轻量级 RR）完成，接入设备、核心设备等设备无须特殊处理，不存在不同厂商之间的互通问题。

如图 5-23 所示，通过部署 HVPN 方案，将 UMTS PS、LTE、基站网管、动环监控（IP 化之后）等业务划分到不同的 VPN 中进行逻辑隔离，网络清晰、便于维护、扩展性强、支持超大规模组网。

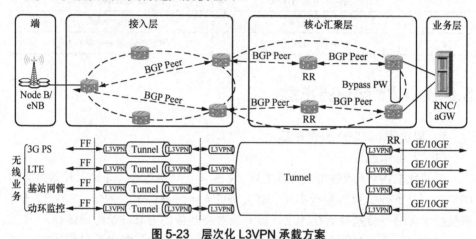

图 5-23　层次化 L3VPN 承载方案

（2）业务保护方案

L3VPN 到边缘的业务保护方案非常完备，可以分为隧道保护、业务保护及网关保护 3 种模式，如图 5-24 所示。

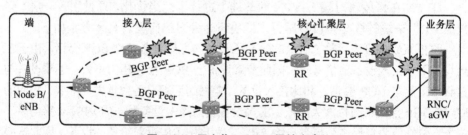

图 5-24　层次化 L3VPN 保护方案

隧道保护用于网络内部链路及节点故障，特征是保护倒换前后业务源宿节点不变，采用的保护技术为 LSP 1∶1；业务保护用于汇聚设备及 RAN CE 节点故障，特点是保护前后业务源宿节点（包括两段 L3VPN 的衔接点）发生变化，采用的保护技术为 VPN FRR；网关保护用于 RNC/aGW 的网关及 RNC/aGW 与网关之间的链路故障，采用的保护技术为 E-VRRP。

所有故障场景采用的保护模式、保护技术如表 5-2 所示，以汇聚设备节点故障为例，具体倒换过程如下。

上行方向：BFD 检测到该故障，触发 VPN FRR 倒换，上行流量从接入设备走备份路径到达汇聚设备，之后继续转发至核心设备，最后通过二层转发从核心设备迂回至 RNC/aGW。

下行方向：BFD 检测到该故障，触发 VPN FRR 倒换，下行流量从 RNC/aGW 发往核心设备，之后走备份路径到达汇聚设备，再然后继续转发至接入设备，最终到达基站。

表 5-2　L3VPN 到边缘故障倒换路径

故障点	保护模式	保护技术
1	隧道保护	TE HotStandBy
2	业务保护	VPN FRR
3	隧道保护	TE HotStandBy
4	业务保护&网关保护	VPN FRR & E-VRRP
5	网关保护	E-VRRP

2. PW+L3VPN 承载方案

（1）业务承载方案

PW+L3VPN 方案的设计理念为接入层通过 PW 伪线实现业务的接入，降低接入层的维护复杂度，以及维护人员的技能要求，到达汇聚设备后再进入 L3VPN 转发。

如图 5-25 所示，接入层建立二层管道 PW，汇聚路由器及以上建立 L3VPN，通过内部环回接口实现 PW 与 L3VPN 的桥接。通常一个接入环会双挂两台汇聚路由器，汇聚路由器作为基站的三层网关，此时需要为两台汇聚路由器三层内部环回接口设置相同的 MAC 和 IP，实现双网关保护。PW 与 L3VPN 的桥接分为 1:1 和 N:1 两种，1:1 网关收敛即一个 L3VE 终结一个 L2VE，不同基站的三层网关不同，N:1 网关收敛即一个 L3VE 终结多个 L2VE，同一接入环上基站共享同一个三层网关。

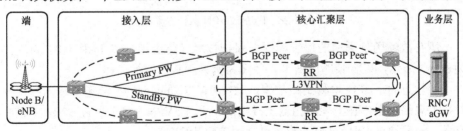

图 5-25　PW+L3VPN 承载方案

（2）业务保护方案

PW+L3VPN 同时采用二层 PW 及三层 VPN 技术，相应的保护方案也是两种技术保护方案的组合。

按照保护模式可以分为隧道保护、业务保护及网关保护 3 类。

隧道保护用于网络内部链路及节点故障，特征是保护倒换前后业务源宿节点不变，相应的保护技术为 TE HotStandBy、LDP 快速收敛、LSP 1：1、TE FRR。

业务保护用于汇聚路由器及 IPRAN SR 节点故障，特征是保护前后业务源宿节点（包括 PW 与 L3VPN 的桥接点）发生变化，相应的保护技术为 PW Redundancy 和 VPN FRR。

网关保护用于 BSC/EPC 的网关及 BSC/EPC 与网关之间的链路故障，相应的保护技术为 E-VRRP。

接入层设备配置主备 PW 分别终结到两台汇聚层设备的 L2VE 接口，再通过内部环回接口实现 PW 与 L3VPN 的桥接，逻辑上相当于接入层设备直连两台汇聚设备。主备 PW 保持单发双收状态，即从接入层设备到汇聚层设备的上行方向，流量仅从主用 PW 发送，从汇聚层设备到接入层设备的下行方向，主备 PW 可同时接受流量，实现接入设备与汇聚设备之间的松耦合。

为实现汇聚层设备节点故障下的快速保护倒换，接入层设备需支持 ARP 双发功能。ARP 双发即接入设备从基站侧收到 ARP 报文后，同时将 ARP 报文复制两份分别从主备 PW 发送出去，两台汇聚设备将同时收到该 ARP 报文，进而学习到基站的 ARP，从而保证汇聚设备节点故障时下行流量无须重新学习 ARP，达到快速保护倒换的目的。保护方案如图 5-26 所示。

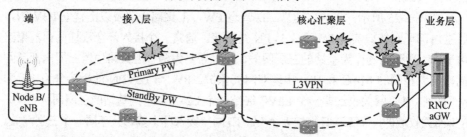

图 5-26　PW+L3VPN 保护方案

所有故障场景采用的保护模式、保护技术（隧道保护以 LSP 1：1 为例）如表 5-3 所示，以汇聚路由器节点故障为例说明具体倒换过程。

上行方向：BFD 检测到该故障，触发 PW Redundancy，流量从接入路由器发往汇聚路由器，在汇聚路由器上终结 PW 入 L3VPN，之后发往 IPRAN 核心设备，最后通过 IPRAN 核心设备转发至 RNC/aGW。

下行方向：下行流量从 RNC/aGW 发往核心设备，BFD 检测到故障，触发 VPN FRR 倒换，流量通过备份路径发往汇聚路由器，由于汇聚路由器通过 ARP 双发机制已经事先学到基站 ARP，无须重新学习 ARP，直接转发至接入路由器，最后发往基站。

表 5-3　PW+L3VPN 方案故障倒换路径

故障点	保护模式	保护技术
1	隧道保护	TE HotStandBy
2	业务保护&网关保护	PW Redundancy & VPN FRR
3	隧道保护	TE HotStandBy
4	业务保护&网关保护	VPN FRR & E-VRRP
5	网关保护	E-VRRP

5.7　IPRAN 路由技术

路由器之间的路由信息交换是基于路由协议实现的。通过路由协议，路由器可以了解网络情况，形成路由表，找出到达目的主机或网络的最佳路径。

按应用范围的不同，路由协议可分为两大类，如图 5-27 所示。一个自治系统（AS，Autonomous System）指一个互联网络，就是把整个 Internet 划分为许多较小的网络单位，这些小的网络有权自主地决定在本系统中应采用何种路由协议。AS 内的路由协议称为内部网关协议（IGP，Interior Gateway Protocol），AS 之间的路由协议称为外部网关协议（EGP，Exterior Gateway Protocol）。这里的"网关"是路由器的旧称。

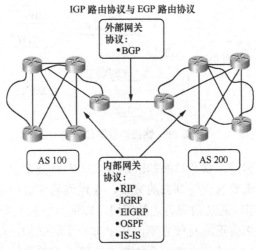

图 5-27　路由协议分类

AS 是由同一个技术管理机构管理、使用统一选路策略的一些路由器的集合。每个 AS 都有唯一的 AS 号，这个编号是由因特网授权的管理机构分配的。AS 号的范围是 1～65 535，其中 1～65 411 是注册的因特网编号（类似于 IP 地址中的公网地址），65 412～65 535 是专用网络编号（类似于 IP 地址中的私网地址）。

AS 的产生可以看作是对网络的一种分层，整个网络被分成多个 AS，AS 内部互相信任，通过部署 IGP 自动发现和计算路由，AS 之间协商部署 BGP，通过配置参数选择和控制路由传播。把一个 AS 比喻为一个公司的话，IGP 就是公司的内部流程，而 BGP 则是公司之间往来的流程。和 IGP 的定位不同，BGP 的层次更高，BGP 是用于不同 AS 之间进行路由传播的。BGP 并没有发现和计算路由的功能，而是着重于控制路由的传播和选择最好的路由，而且 BGP 是基于 IGP 之上的，进行 BGP 路由传播的两台路由器首先要 IGP 可达，并且建立起 TCP 连接，这点非常重要。

一般 IPRAN 网络在进行端到端部署时使用同一个 AS 号，在 IPRAN 网络中，涉及 BGP 协议的主要有两个地方：

① 使用扩展后的 BGP 协议即支持多协议的 BGP（MP-BGP，Multiprotocol Internal BGP）进行三层 VPN 的路由传播和标签分配；

② 与 RAN CE、承载网等其他数据通信网络进行对接时使用 EBGP（External BGP）。

路由协议按照路由算法可以分为两大类，使用距离矢量（DV）算法的路由协议（如 RIP-2、EIGRP、BGP）和使用链路状态（LS）算法的路由协议（如在 IPRAN 中普遍使用的 IS-IS、OSPF），如图 5-28 所示。

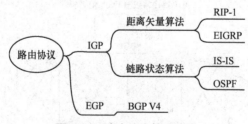

图 5-28　路由协议算法分类

距离矢量算法和链路状态算法的区别是什么？举例来说，如果按距离矢量的思维方式，一个人要从大明湖去趵突泉，通过询问左边的邻居，知道可以从大明湖站坐 41 路车；通过询问右边的邻居，知道可以从大明湖西南门站坐 66 路车……这样问下来会形成几种方案，从中选一个最优的，以这样的方式就知道济南市内的一些地方该怎么去。而如果按链路状态的思维方式，这个人会先去四处打听，搜集信息然后汇总成一张济南市区的公交路线图，然后依据这张地图自己决定如何去大明湖以及其他地方。

IGP 中的距离矢量路由协议（如 RIP-2）的路由器之间交换的是路由表（邻居只告诉你可以到达某个地方，但并不告诉你拓扑信息），一条重要的链路如果发生变化，意味着需要重新通告 N 条涉及的路由条目，因此不适应大型的网络，在 IPRAN 中也未部署。

链路状态路由协议的路由器之间交换的并不是路由表，而是链路状态，完成交换后，每台路由器上都有完全相同的拓扑（全网的拓扑），它们各自分别进行最短路径优先（SPF）算法，计算出路由条目。它的更新是增量更新，一条重要链路的变化，不必再发送所有被波及的路由条目，只需发送一条链路通告，告知其他路由器本链路发生故障即可，其他路由器会根据链路状态，改变自己的拓扑数据库，重新计算路由条目。

需要注意的是，不管采用什么样的路由协议进行路由计算，在完成路由计算后进行数据包转发时都是"逐跳转发"，即每个路由器会根据自己当时的路由表进行转发，只要把数据包发出去就算完成任务了。

在正常情况下，整条转发路径事先规划的度量值被计算出来，但在网络配置数据不正确或者网络出现故障的情况下，各个路由器可能会产生不同的判断。譬如路由器 A 认为到路由器 C 最近的路是发给路由器 B，而路由器 B 认为到路由器 C 最近的路是发给路由器 A。这样的话，路由器 A 将数据包发给路由器 B，路由器 B 又将数据包发回给路由器 A，两边互相"踢皮球"，既到达不了目标地点又占用了网络带宽，这种现象就是"路由环回"。对于路由环回的问题，不同类型的路由协议有不同的处理方法，最通用、最简单的一种处理方法就是 IP 数据包的生存时间（TTL，Time To Live）：给每个数据包赋予一个 TTL 值，每经过一个路由器就将这个值减 1，当 TTL 值为 0 的时候就将数据包丢弃。

5.7.1 IS-IS 协议

IS-IS 协议相对简单，可扩展性好，已经在电信运营商的网络中得到了大规模的应用。目前的 IP 承载网以及大多数的 IPRAN 解决方案中，路由协议大部分使用的是 IS-IS 协议。

1. 链路状态协议的入门童话

在介绍 IS-IS 协议之前，本小节先讲一个童话。这个童话适用于链路状态路由协议 IS-IS 和 OSPF。

想象整个网络（一个自治系统）是一个王国，这个王国可以分成几个区（Area），现在来看看区域内的某一个人（路由器），假设就是你自己，是怎样得到一张到各个地点的线路图（Routing Table）的。

首先，你得跟你周围的人（同一网段，如 129.102）建立基本联系，你大叫一声"我在这！"（发 Hello 报文），周围的人知道了你的存在，他们也会大叫回应，这样你就知道周围有哪些人，你与他们之间建立了邻居（Neighbor）关系，当然，他们之间也有邻居关系。

在你们这一群人中，最有威望（优先级）的人会被推荐为首领（Designated Router），它会与你建立单线联系，而不许你与其他邻居有过多交往，他会说："那样做的话，街上太挤了"。

你只好通过首领来知道更多消息了。首先，你们互通消息，他告诉你他知道的所有地图的地名，你也会告诉他你现在知道的地名，当然其上也许只有一个点——数据库描述报文（Database Description）。

你发现地名表中有你缺少的地名或需要更新的地名，你会问他要一份更详细的资料；他发现你的地名表中有他需要的东西，他也会向你索取新资料——连接状态请求报文（Link State Request）。你们毫不犹豫地将一份详细资料发送给对方——连接状态更新报文（Link State Update），收到地图后，互相致谢表示收到了连接状态响应报文（Link State Ack）。

现在，你已经尽你所能得到了一份王国地图连接状态数据库（Link State DataBase），你根据地图把到所有目的地最近的路线——最短路径（Shortest Path）标记出来，并画出一张完整的路线图——路由表（Routing Table），以后查这张路线图就知道到某个目的地的一条最近的路了。王国地图也要收好，万一路线图上的某条路不通了，还可以通过地图去找一条新的路。

其实跟你有联系的，只是周围一群人，外面的消息都是通过首领来知道的，因此你的地图跟首领的一致。现在假设你是首领，你要去画一份王国地图。

你命令所有手下向你通报消息，你可以知道这一群人的任何一点点小动静——事件（Event），你手下还会有同时属于两群人的家伙（同一区内两网段），他会告诉你另一群人的地图，当然也会把你们这一群人的地图泄露，（不过，无所谓啦），这样，整个区的地图你都知道了（对于不知道的那也没办法，你已经尽力了）。

通过不停地交换地图，现在，整个区的人都有同样的地图了，住在区边境上的人义不容辞地把这个区的地图（精确到每一群人）发送到别的区，把别的区信息发送进来。国王把这些边境的人命名为骨干（Backbone Area）。通过骨干人士的不懈努力，现在，整个国家的地图你都了解得一清二楚了。

有些人"里通外国"——自治系统边界路由器（AS Boundary Router），它们知道一些"出国"自治系统外部路由（AS External Route）的路，当然它们会把这些秘密公之于众——引入（Import），通过信息的传递，现在，你已经有一张完整的"世界地图"了。

链路状态协议是这样标记最短路径的：对于某个目的地，首先，考虑是否有同一区域内部到目的地的路线区域内（Intra Area），如果有，则在其中取一条离你最近的（花费最小）记录进路线图中。对于需要经过其他区域的路由，你会不予考虑，与自己人（同区域）打交道总比与外人（其他区域）打交道好；如果没有本区的路，你只好通过别的区域了（区域间），只要在地图上找最近的就可以了。

链路状态协议就是这样，给你一份链路状态信息，你自己画一张"王国地图"，并且在上面标记到各个地方的最短路径。

2．IS-IS 概述

中间系统到中间系统（IS-IS，Intermediate System-to-Intermediate System）是一种路由选择协议，中间系统（IS，Intermediate System）就是 IP 网络中的路由器。IS-IS 本来是为 OSI 7 层模型中的第 3 层无连接网络服务（CLNS，Connectionless Network Service）设计的，使用 CLNS 地址来标识路由器，并使用协议数据单元（PDU，Protocol Data Unit），网络层 PDU 相当于 IP 报文进行信息沟通。OSI 与 IP 术语对照关系见表 5-4。

表 5-4　OSI 与 IP 术语对照表

缩略语	OSI 中的概念	IP 中对应的概念
IS	中间系统	路由器
ES	端系统	Host 主机
DIS	指派中间系统	DR OSPF 中的选举路由器
Sys ID	系统 ID	OSPF 中的 Router ID
PDU	报文数据单元	IP 报文
LSP	链路状态协议数据单元	OSPF 中的 LSA 用来描述链路状态
NSAP	网络服务访问点（网络层地址）	IP 地址

随着 IP 网络的蓬勃发展，IS-IS 被扩展应用到 IP 网络中，扩展后的 IS-IS 协议被称为集成 IS-IS 协议。集成 IS-IS 协议可以支持纯无连接网络协议（CLNP，Connectionless Network Protocol）网络，或者纯 IP 网络，或者同时运行 CLNP 和 IP 的双重环境。由于现实环境中 IP 网络的广泛使用，通常在日常使用中说的"IS-IS"就是指扩展后的"集成 IS-IS"。

IS-IS 支持点到点网络和广播型网络，由于 IPRAN 解决方案中基本不涉及广播型网络，因此本文后续着重介绍点到点网络涉及的相关配置，对于广播型网络涉及的指定中间系统（DIS，Designated IS）即是上一节童话中一群人中的首领，选举和链路状态协议数据单元（LSP，Link State Protocol Data Unit）在广播型网络中的泛洪等不做详细讲解，在后文中如无特别说明，均指点到点网络。在本书中，会出现缩写同样为 LSP，含义却截然不同的两个词，这里的 LSP 是链路状态协议数据单元，在 ASON 和 MPLS 中的标签交换路径（LSP，Label Switch Path），注意根据上下文区分 LSP 的含义。

前面已经说到，IS-IS 是一种使用链路状态算法的路由协议，这类路由协议通常收集网络内的节点和链路状态信息，构建出一个链路状态数据库，然后运行最短路径优先（SPF，Shortest Path First）算法计算出到达已知目标的最优路径。首先看看 IS-IS 是怎样去标识一个节点的。

3. NET 地址

在讲解 IS-IS 协议对网络节点的标识之前，补充一下 Loopback 接口的知识。通常在完成网络规划之后，为了方便管理，会为每一台路由器创建一个 Loopback 接口，并在该接口上单独指定一个 IP 地址作为管理地址。Loopback 接口是一个类似于物理接口的逻辑接口，即软接口，它的特点是只要设备不宕机，该接口就始终处于 UP 状态，经常用于线路的环回测试中，或使用该地址对路由器远程登录（Telnet），因此该地址实际上起了类似设备名称一类的功能。Loopback 地址可以配置多个，一般在 IPRAN（尤其是华为产品）中使用 Loopback0。

动态路由协议 OSPF、BGP 在运行过程中需要为该协议指定一个 Router ID（Router ID 的概念在下一节 OSPF 中还会介绍），作为此路由器的唯一标识，并要求在整个自治系统内唯一。由于 Router ID 是一个 32bit 的无符号整数，这一点与 IP 地址十分相像。而且 IP 地址是不会出现重复现象的，所以通常将路由器的 Router ID 指定为与该设备上的某个接口的地址相同。由于 Loopback 接口的 IP 地址通常被视为路由器的标识，所以也就成了 Router ID 的最佳选择。因此，动态路由协议 OSPF、BGP 一般使用该接口地址作为 Router ID。

IS-IS 协议本身是为 CLNS 设计的，虽然已经扩展应用到 IP 网络中，但仍然需要使用 CLNS 地址对路由器进行标识。在 OSI 模型中，CLNS 地址叫作网络服务访问点（NSAP，Network Service Access Point）对应 TCP/IP 协议集中的 IP 地址，而用于标识网络节点的特殊 NSAP 叫网络实体标识（NET，Network Entity Title）地址。

与 IP 地址长度固定为 4Byte 不同，NET 地址的长度在 8～20Byte 之间可变，NET 地址可以分成 3 段，如图 5-29 所示。

- Area ID（区域地址）：这一段标识路由器所在的区域，长度在 1～13Byte 之间可变。由于 IS-IS 中区域是以路由器为边界，因此，1 个路由器的每个接口上的区域 ID 都是一样的。在 IS-IS 中，1 个路由器最多可以具有 3 个区域 ID，这对区域中的过渡是很有用的。

图 5-29   NET 地址

如果一组路由器有相同的区域 ID，那么它们属于同一区域。如果一台 IS-IS 路由器属于多个区域，可以配置多个具有不同区域 ID 和相同 System ID 的 NSAP。

• System ID：这一段在一个 AS 里唯一标识一个路由器，可以看作路由器的"身份证"，长度固定为 6Byte。

• SEL（或 NSEL，N 选择器）：这一段用于标识 IS-IS 应用的网络，长度固定为 1Byte。当该段设置为 0 时，可用于 IP 网络。

在 IS-IS 的世界中，所有的 NET 地址必须遵从如下限制：

• 一个中间系统（路由器）至少有一个 NET（所有 NET 必须有相同的 System ID，但由于一个中间系统可以同时有 3 个 Area ID，因此实际中最多可以有 3 个 NET），两个不同的中间系统不能具有相同的 NET；

• 一个路由器可以有一个或多个 Area ID，多 NET 设置只有当区域需要重新划分时才需要使用，例如，多个区域的合并或者将一个区域划分为多个不同的区域。这样可以保证在进行重新配置时仍然能够保证路由的正确性；

• NET 地址至少需要 8Byte：1Byte 的区域地址，6Byte 的系统标识和 1Byte 的 N 选择器，最多为 20Byte。

由于 IS-IS 系统使用这个特别的 NET 地址进行网络节点的标识，因此在使用 IS-IS 协议的网络中，一台路由器除了用 Router ID（通常使用逻辑接口 Loopback0）地址进行标识外，还多了一个 NET 地址，怎样让这两个地址对应起来也是一个令人头疼的问题。读者或许在其他数据通信教材中看到过用某一个接口的 MAC 地址作为 NET 地址中的 System ID 的做法（MAC 地址的长度和 System ID 刚好一样是 6Byte），但这样的话，NET 地址根本无法联系到 Loopback0 地址，因此在 IPRAN 解决方案中，通常使用 Loopback0 地址构造 System ID。以 IP 地址 10.11.101.1 为例，具体做法如下。

将 10.11.101.1 的每个十进制数都扩展为 3 位，不足 3 位的在前面补 0，成为 010.011.101.001；将扩展后的数字分为 3 段，每段由 4 位数字组成，成为

0100.1110.1001，即为 System ID。

通过这种方法，在 IPRAN 中可以看到一个路由器的 Loopback0 地址是 10.11.101.1，就可以知道其 System ID 为 0100.1110.1001；反过来，看到 System ID 为 0100.1110.1001，就可以知道其 Loopback0 地址为 10.11.101.1。

4．IS-IS 的分层

网络中的每个节点都分配了一个 NET 地址后，链路连接完成后，路由器和路由器之间就可以找邻居了。在这之前，先来了解一下 IS-IS 的分层结构。

前面说到，IS-IS 是一种 IGP，使用于一个 AS 内，但 AS 是一个逻辑定义，范围可大可小，打个比方，广西壮族自治区可以看作一个 AS，三江侗族自治县也可以看作一个 AS，管理一个像广西这么大的 AS 时，通常需要将它进一步划分为市、县进行管理，对于 IS-IS 网络也有这样的分区域、分层管理需求。

IS-IS 支持网络划分区域和层次，但 IS-IS 仅仅支持两种分层：

- Level-1：普通区域（Areas），也叫 Level-1（L1）；
- Level-2：骨干区域（Backbone），也叫 Level-2（L2）。

在 IS-IS 中，路由器必须属于某个特定的区域，普通区域内只保存有区域内 L1 的数据库信息。骨干区域内既有 L1 数据库又有 L2 数据库信息。同一区域内的路由器交换信息的节点组成一层（L1），区域内的所有 L1 路由器知道整个区域的拓扑结构，负责区域内的数据交换。区域之间通过 L12 路由器相连接，各个区域的 L12 路由器与骨干 L2 路由器共同组成骨干网，L12 负责区域间的数据交换（对于一个要送往另一个区域的数据包，无论它的目的区域到底在哪）。

如图 5-30 所示，可以看到在分区域、分层结构中，有 3 种不同的路由器角色，包括 L1 路由器、L2 路由器和 L12 路由器。

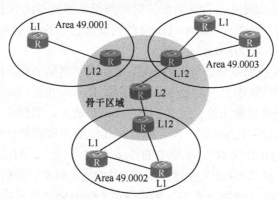

图 5-30　划分区域和层次的网络

（1）L1 路由器

L1 路由器只与本区域的路由器形成邻居；只参与本区域内的路由；只保留

本区域的数据库信息；通过与自己相连的 L1/L2 路由器的 ATT bit 寻找与自己最近的 L1/L2 路由器；通过发布指向离自己最近的 L1/L2 路由器的缺省路由，访问其他区域。

（2）L2 路由器

L2 路由器可以与其他区域的 L2 路由器形成邻居；参与骨干区的路由；保存整个骨干区的路由信息；L1/L2 路由器可以同时参与 L1 路由。

（3）L12 路由器

L12 路由器可以和本区域的任何级别的路由器形成邻居关系；可以和其他区域相邻的 L2 或 L1/L2 路由器形成邻居关系；可能有两个级别的链路状态数据库；L1 用来作为区域内路由；L2 用来作为区域间路由；完成它所在的区域和骨干区域之间的路由信息的交换，将 L1 数据库中的路由信息转换到 L2 数据库中，以在骨干中传播，既承担 L1 的职责也承担 L2 的职责；通常位于区域边界上。

以图 5-30 为例，整个网络是个乡，3 个区域是 3 个村，同一个村里的普通村民（L1 路由器）可以互相了解信息和串门，但是如果它们想了解别的村的情况或者送东西到其他村，就必须通过村长（L12 路由器）。各个村长（L12 路由器）和乡长（L2 路由器）经常一起开会，所以它们对整个乡的情况都比较了解，知道哪个村有哪些人，送东西应该交给哪个村长。还需要注意的一点是，L2 区域要求连续，如图 5-31 所示。

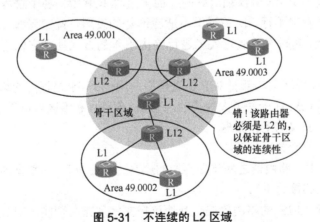

图 5-31　不连续的 L2 区域

除了上面讲解的这种方式外，还有没有其他方式对同一 AS 中的路由器进行划分，答案是肯定的，下面要介绍的就是 IPRAN 中普遍实施的多进程 IGP 的部署。

如图 5-32 所示，在 IPRAN 中，每个接入环路通常部署一个 IS-IS 进程，汇聚和核心环路部署一个 IS-IS 进程，在汇聚节点 ASG 设备上启用 IS-IS 多进程，各进程之间互相独立，这样就将整个网络划分为多个独立通信的组。这样的划分方式接入环路的 IGP 域设备数量少，对接入设备的压力较小。

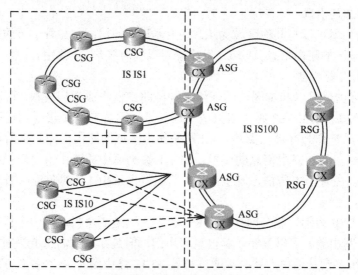

图 5-32　多进程 IGP 部署

这种方式和 L1、L2 的划分有一定的区别，在一个网络中，L1、L2 区域之间的信息沟通是 IS-IS 协议规定好的；而多进程 IGP 中，各个进程之间是互相独立的。这样肯定不行，闭关锁国不适应形势的发展，肯定有部分进程之间需要信息的交互，此时可以通过人工进行路由引入的方式使得它们之间实现信息沟通。

在 IPRAN 现网中，部署 IGP 多进程后，同一 IS-IS 进程内的路由器一般全部设置为 L2 区域，在一些更大规模的网络中，多进程和多区域可能会同时部署。

5. IS-IS 协议的工作原理

（1）建立邻接关系

在 IS-IS 中，路由器之间首先要做的就是"找朋友"，用数据通信的术语来讲就叫"建立邻接关系"。

两台运行 IS-IS 的路由器在交互协议报文实现路由功能之前必须首先建立邻接关系，建立邻接关系需要遵循以下基本原则。

● 只有同一层次的相邻路由器才有可能成为邻接体。L1 路由器只能和 L1 路由器或 L12 路由器建立 L1 邻接关系；L2 路由器只能和 L2 路由器或 L12 路由器建立 L2 邻接关系；L12 路由器和 L12 路由器可以建立 L1、L2 邻接关系。这里要特别注意，L1 邻接关系和 L2 邻接关系是完全独立的，两台 L12 路由器之间可以只形成 L1 邻接关系，也可以只形成 L2 邻接关系，还可以同时形成 L1 邻接关系和 L2 邻接关系。

- 形成 L1 邻接关系要求区域号（Area ID）一致；
- 一般而言，建立邻接关系的接口 IP 地址只能在同一网段，这点在 IS-IS 的原理上并不要求，但通常华为设备会进行检查。

相邻路由器互相发送 Hello 报文，验证相关参数后即可建立邻接关系。Hello 报文的参数中，有 3 个参数可能在 IPRAN 的配置中会经常看到。

- 抑制时间：指邻居路由器在宣告始发路由器失效前所等待接受下一个 Hello 报文的时间，通常设置为发送时间间隔的 3 倍，即每 10 秒发送一个 Hello 报文的话，抑制时间设置为 30 秒。
- 认证信息：出于安全考虑，为防止设备随意接入网络，在 IPRAN 中通常对 IS-IS 进行认证信息配置，同时通过认证信息的配置可以预防多进程、多区域网络部署和维护中的误操作。
- 填充：IS-IS 可以对 Hello 报文进行填充，使其达到 1492Byte 或链路最大传输单元（MTU, Maximum Transmission Unit）的大小，一般路由设备默认开启填充功能，但 IPRAN 中一般不对 Hello 报文进行填充。

（2）链路状态信息泛洪

泛洪（Flooding）这个词大家可能经常会听到，有的地方也称为洪泛，这个词描述的就是链路状态信息在整个网络的传播，节点将某个接口收到的数据流从除该接口之外的所有接口发送出去，这样任何链路状态信息的变化都会像洪水一样，从一个节点瞬间传播到整个网络中的所有节点。下面来看看这个过程是怎么完成的。

① 发生链路状态变化的节点产生一条新的链路状态协议数据单元（LSP, Link State PDU），并通过链路层组播地址发送给自己的邻居。LSP 描述一个节点的链接状态，通常包含 LSP ID、序列号、剩余生存时间、邻居、接口、IP 内部可达性（与该路由器直接连接的路由域内的 IP 地址和掩码）和 IP 外部可达性（该路由器可以到达的路由域外的 IP 地址和掩码）等信息。

② 邻居收到了新的 LSP，将该 LSP 与自己数据库中的 LSP 进行序列号等方面的比较，发现收到的 LSP 为更新的 LSP，将新的 LSP 安装到自己的 LSP 数据库中标记为泛洪，并通过部分时序协议数据单元（PSNP, Partial Sequence Numbers PDU）进行确认。

③ 邻居将新的 LSP 发送给自己所有的邻居，就这样一条新的 LSP 就从网络节点的邻居，扩散到邻居的邻居，然后进一步扩散，在网络中完成泛洪。由于 IPRAN 中进行多进程 IGP 部署，单进程内路由器数量不多，通常完成一次泛

洪的时间很短。

链路状态信息泛洪在 IS-IS 协议中起到非常重要的作用，因为 IS-IS 协议依靠泛洪来达到各个节点链路状态数据库的一致性，就好像所有的地点都拿到同样的一张地图。如果无法保证数据一致性，甲的地图指示 A 地点应该往乙那边走，而乙的地图指示 A 地点应该往甲那边走，就容易造成循环，最终导致数据包被丢弃。

（3）计算路径

一个网络节点完成链路状态数据库的构建和更新后，就可以根据 SPF 算法进行路径计算。SPF 算法基于迪科斯彻（Dijkstra）算法，以自身为根计算出一棵最小生成树。图 5-33 的例子就是路由器 A（RTA）计算出的最小生成树，从最小生成树上可以算出路由器 A 到其他所有节点的度量值。

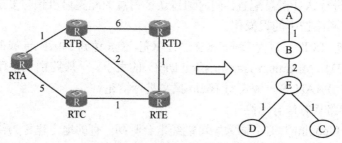

图 5-33　SPF 算法计算最小生成树

在这里要说一下链路度量值（Cost），如果把一条链路比喻成一条马路的话，度量值可以比喻成沿这条马路到达对端要花的时间，度量值越小越好。以图 5-29 为例，RTA 到 RTC 虽然有一条直达的马路，但是路况可能很差，需要花上 5 个小时才能到达，所以最后从 RTA 出发的数据包还是选择了 RTA-RTB-RTE-RTC 这条路，这条路虽然需要多次转接，但总共只需要花 4 个小时就能到达。

度量值是在每台路由器的接口上单独配置的，用于衡量接口处方向的开销，理论上，一条链路两端的接口可以配置不同的度量值，但是这样可能会造成两个节点之间来去的数据包沿不同路径发送，甚至造成数据包无法正常发送，因此在日常网络中很少这样进行配置，一般情况下一条链路两端的接口均要求配置一样的度量值。对于所有的数据通信网络而言，度量值的规划都十分重要，通过对度量值的规划，可以控制业务的流向。对于 IPRAN 这种多层次组网来说，更要注意对度量值的规划，以防出现异常流量。

图 5-34 是一个较为简单的 IPRAN 网络拓扑的度量值设计，通常接入环通过汇聚节点之间的链路成环，在互连的子接口上调大度量值为 1 000，防止

流量绕行汇聚节点互连链路。

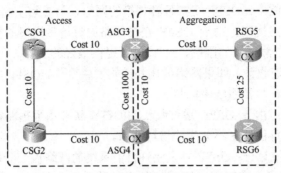

图 5-34　度量值规划示例

理论上 IS-IS 支持缺省、时延、差错等多种度量因素，实际上通常只使用缺省度量，一般接口默认的度量值为 10，可通过人工进行配置调整。一开始 IS-IS 支持的接口度量只支持 0～63（最大接口度量值是 6bit），整条路径度量只支持 0～1 023（最大路径度量值是 10bit），超过 1 023 则认为路径不可达，后来通过扩展度量类型/长度/值（TLV，Type Length Value）进行了扩展（最大接口度量值是 24bit，最大路径度量值是 32bit），因此大家看到图 4-8 中可以将接口的度量值配置为 1 000。

如果存在同一 IS-IS 进程内同时部署 L1 区域和 L2 区域的情况，路径的计算会更加复杂，优先选择区域内（L1）路径，即某一目的地址既可以通过 L1 区域，也可以通过 L2 区域到达的话，优先选择 L1 区域中最短的路径。

对于任何一个路由协议来说，协议从原理上能够预防或处理路由环回都是一项极其重要的任务。对于 IS-IS 这种链路状态协议而言，在区域内由于每一个节点具有相同的、整个区域的完整拓扑，因此计算出来的路径通常为区域内最优且不存在环回的情况，但对于多区域、多进程的情况，由于区域内外、进程之间的信息不对称，还需要更加谨慎地规划和配置。

5.7.2　OSPF 协议

因为开放的最短路径优先协议（OSPF，Open Shortest Path First），是由因特网工程任务组（IETF，Internet Engineering Task Force）开发的，它的使用不受任何厂商限制，所有人都可以使用，所以称为开放的，而 SPF 是 OSPF 的核心思想。

1．OSPF 概述

OSPF 是一个内部网关协议，用于在单一自治系统（AS）内决策路由。与

IS-IS 协议类似，OSPF 也是一个基于链路状态算法的 IGP，具有如下特点。

（1）适应范围广：OSPF 支持各种规模的网络，最多可支持几百台路由器。

（2）携带子网掩码：由于 OSPF 在描述路由时携带网段的掩码信息，所以 OSPF 协议不受自然掩码的限制，对 VLSM 提供很好的支持。

（3）支持快速收敛：如果网络的拓扑结构发生变化，OSPF 立即发送更新报文，使这一变化在自治系统中同步。

（4）无自环：由于 OSPF 通过收集到的链路状态用最短路径树算法计算路由，故从算法本身保证了不会生成自环路由。

（5）支持区域划分：OSPF 协议允许自治系统的网络被划分成区域（区域的概念在后面会介绍）来管理，区域间传送的路由信息被进一步抽象，从而减少了占用网络的带宽。

（6）支持路由分级：OSPF 使用 4 类不同的路由，按优先顺序来说分别是区域内路由、区域间路由、第一类外部路由、第二类外部路由。

（7）支持等值路由：OSPF 支持到同一目的地址的多条等值路由，即到达同一个目的地有多个下一跳，这些等值路由会被同时发现和使用。

（8）支持验证：它支持基于接口的报文验证以保证路由计算的安全性。

（9）组播发送：OSPF 在有组播发送能力的链路层上以组播地址发送协议报文，即达到了广播的作用，又最大限度地减少了对其他网络设备的干扰。

在以上 9 个特点中，除了第 5 条的区域划分以及第 6 条的路由分级与 IS-IS 有些不同外，其他的特点 IS-IS 也同样具备。

2．Router ID

每一个 OSPF 路由器都必须有一个唯一标识，就相当于人的身份证，这就是 Router ID，每一台 OSPF 路由器只能有一个 Router ID，且在网络中不能重名，Router ID 定义为一个 4Byte（32bit）的整数，通常使用 IP 地址的形式来表示，确定 Router ID 的方法有以下两点。

（1）手工指定 Router ID。现网应用中一般将其配置为该路由器的 Loopback0 地址的 IP 地址。由于 IP 地址是唯一的，所以这样就很容易保证 Router ID 的唯一性。譬如路由器 A 的 Loopback0 地址为 10.11.101.1，Router ID 一般也配置为 10.11.101.1。这是日常网络规划常用的方法。

（2）路由器上活动 Loopback 接口中 IP 地址最大的，也就是数字最大的，如 C 类地址优先于 B 类地址，一个非活动的接口的 IP 地址是不能被选为 Router ID 的。如果没有活动的 Loopback 接口，则选择活动物理接口 IP 地址最大的。这种方法在日常网络中较少使用。

如果一台路由器收到一条链路状态，无法到达该 Router ID 的位置，就无法

到达链路状态中的目标网络。Router ID 只在 OSPF 启动时计算，或者重置 OSPF
进程后计算。

3. OSPF 的分层

对于规模巨大的网络，OSPF 通常将网络划分成多个 OSPF 区域（Area），
并只要求路由器与同一区域的路由器交换链路状态，而在区域边界路由器上交
换区域内的汇总链路状态，这样可以减少传播的信息量，且使最短路径计算强
度减少。在区域划分时，必须要有一个骨干区域（Backbone Area），其他常规区
域（Normal Area）与骨干区域必须要有物理或者逻辑连接。所有的常规区域应
该直接和骨干区域相连，常规区域只能和骨干区域交换链路状态通告（LSA，
Link State Advertisement），常规区域与常规区域之间即使直连也无法互换 LSA。

区域的命名可以采用整数，如 1、2、3、4，也可以采用 IP 地址的形式，0.0.0.1、
0.0.0.2，区域 0（或者可以表示为 0.0.0.0）就是骨干区域。

如图 5-35 中 Area1、Area2、Area3、Area4
只能和 Area0 互换 LSA，然后再由 Area0 转发，
Area0 就像是一个中转站，两个常规区域需要
交换 LSA，只能先交给 Area0，再由 Area0 转
发，而常规区域之间无法互相转发。

当有物理连接时，区域必须有一个路由
器，它的一个接口在骨干区，而另一个接口在
非骨干区。当非骨干区不可能与物理连接到骨
干区时，必须定义一个逻辑或虚拟链路，虚拟
链路由两个端点和一个传输区来定义，其中一

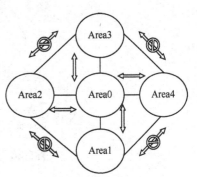

图 5-35　区域划分示意

个端点是路由器接口，是骨干区域的一部分；另一个端点也是一个路由器接口，
但在与骨干区没有物理连接的非骨干区域中。传输区是一个区域，介于骨干区
域与非骨干区域之间。

OSPF 的分层与 IS-IS 的分层既有相似之处，又有不同。

（1）在 IS-IS 中，一台路由器只能归属一个区域，如果要归属多个区域必须
在路由器上配置多个区域 ID。而在 OSPF 中，一台路由器的多个接口可以归属
多个不同的区域。

（2）在 OSPF 中，非骨干区域可以进一步细分为多种类型，包括非末梢区
域和末梢区域（Stub Area），末梢区域又分成完全末梢区域（Totally Stub Area）
和非纯末梢区域（NSSA，Not So Stub Area），其中完全末梢区域对应于 IS-IS 中
的 L1 区域。在 IPRAN 接入层应用 OSPF 的情况中，一般将接入环路定义为完
全末梢区域。

从图 5-36 可以看到，如果一台 OSPF 路由器属于单个区域，即该路由器所有接口都属于同一个区域，那么这台路由器称为内部路由器（IR，Internal Router）；如果一台 OSPF 路由器属于多个区域，即该路由器的接口不都属于一个区域，那么这台路由器称为区域边界路由器（ABR，Area Border Router），ABR可以将一个区域的 LSA 汇总后转发至另一个区域；如果一台 OSPF 路由器将外部路由协议重分布进 OSPF，那么这台路由器称为自治系统边界路由器（ASBR，Autonomous System Boundary Router），但是如果只是将 OSPF 重分布进其他路由协议，则不能称为 ASBR。

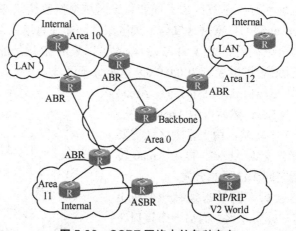

图 5-36　OSPF 网络中的各种角色

由于OSPF有着多种区域，所以OSPF的路由在路由表中也以多种形式存在，如下所示：

- 如果是同区域的路由，叫作 Intra-Area Route，在路由表中使用 O 来表示；
- 如果是不同区域的路由，叫作 Inter-Area Route 或 Summary Route，在路由表中使用 O IA 来表示；
- 如果并非 OSPF 的路由，或者是不同 OSPF 进程的路由，只是被重分布到 OSPF 的，叫作 External Route，在路由表中使用 O E2 或 O E1 来表示。

当存在多种路由可以到达同一目的地时，OSPF 将根据先后顺序来选择要使用的路由，所有路由的先后顺序为：

Intra-Area—Inter-Area—External E1—External E2，即 O—O IA—O E1—O E2。

4．OSPF 的工作原理

与 IS-IS 相类似，OSPF 的工作原理也可以分成 3 步，建立邻接关系、泛洪链路状态信息和计算路径。

（1）建立邻接关系

通过互相发送 Hello 报文，验证参数后建立邻接关系。主要的参数包括区域 ID、接口 IP 地址网段、Hello 时间间隔、路由器无效时间间隔（相当于 IS-IS 中的抑制时间）、认证信息等，OSPF 要求邻居之间 Hello 时间间隔、路由器无效时间间隔相同，而 IS-IS 并不强制要求。

（2）链路状态信息泛洪

OSPF 链路状态信息泛洪过程与 IS-IS 类似，通过 IP 报文组播对各种 LSA 进行泛洪，LSA 和 IS-IS 协议中的 LSP 类似但并不完全相同。OSPF 协议中的 LSA 就是 OSPF 接口上的描述信息，描述接口上的 IP 地址、子网掩码、网络类型、Cost 值等信息。

OSPF 路由器会将自己所有的链路状态毫不保留地全部发给邻居，邻居将收到的链路状态全部放入链路状态数据库（LSDB，Link State Database），邻居再发给自己的所有邻居，并且在传递过程中，不做更改。通过这样的过程，最终网络中所有的 OSPF 路由器都拥有网络中所有的链路状态，并且所有路由器的链路状态应该能描绘出相同的网络拓扑。

比如现在要计算一段北京地铁的线路图，如果不直接将该图给别人看（图好比是路由表），现在只是报给别人各个站的信息（该信息好比是链路状态），通过告诉别人各个站的上一站是什么，下一站是什么，别人也能通过该信息（链路状态）画出完整的线路图（路由表）。

- 五道口-站（下一站是知春路，上一站是上地）。
- 知春路-站（下一站是大钟寺，上一站是五道口）。
- 大钟寺-站（下一站是西直门，上一战是知春路）。
- 西直门-站（上一站是大钟寺）。

还原线路图（路由表）如下：

根据分析大钟寺-站、西直门-站两站信息（两条链路状态），计算得出线路为西直门→大钟寺→知春路；

再根据五道口-站、知春路-站两站信息（链路状态），计算这部分线路为知春路→五道口→上地；

通过以上各部分的线路，很轻松就画出该段地铁的线路图为：西直门→大钟寺→知春路→五道口→上地。

从以上计算过程可以知道，通过各站的信息，就能画出整条线路图，而 OSPF 也同样根据路由器各接口的信息（链路状态），计算出网络拓扑图。OSPF 之间交换链路状态，就像上面交换各站信息，OSPF 的智能算法比距离矢量协议对网络有更精确的认知。

在泛洪过程中，OSPF 和 IS-IS 非常类似，但还是可以注意到 OSPF 和 IS-IS 的区别，IS-IS 协议数据包如 LSP 数据包是直接封装在链路层数据包上的，而 OSPF 协议数据包如 LSA 数据包是封装在 IP 数据包中的，OSPF 的协议号是 89。

（3）计算路径

OSPF 同样基于 Dijkstra 算法进行最小生成树计算，第 4.2.5 节已经初步讲解，此处不再赘述。要关注的是，OSPF 中对于接口度量值（Cost）的定义，OSPF 的度量值为 16 位整数，接口度量取值为 1～1 024，路径度量取值范围为 1～65 535，该值越小越好。默认情况下，OSPF 使用以下公式对接口度量值自动进行计算：

$$度量值=10^8/接口速率（接口速率以 bit/s 为单位）$$

也就是说，百兆以太网接口的度量值为 1，由于度量值不能取小数，因此千兆以太网等更高速率的接口度量值也只能为 1。

如果路由器要经过两个接口才能到达目标网络，两个接口的开销值要累加起来，在累加时，只计算出接口，不计算进接口，累加之和为到达目标网络的度量值。到达目标网络如果有多条开销相同的路径，可以执行负载均衡，OSPF 最多允许 6 条链路同时执行负载均衡。

OSPF 可以按照上述方式自动计算接口上的开销值，也可以通过手工指定该接口的开销值，手工指定的优先于自动计算的值。由于网络流量规划的需要，在实际部署中一般使用手工指定。

OSPF 对于路由环回机制与 IS-IS 类似，重点也是对多区域、多进程的情况进行谨慎规划和配置，同时由于 OSPF 的区域分类比 IS-IS 更多，规划配置上更为复杂。

5.8 IPRAN 保护技术

IPRAN 网络中使用到的保护技术包括故障检测技术，双向转发检测（BFD，Bidirectional Forwarding Detection）、虚拟路由器冗余协议（VRRP，Virtual Router Redundancy Protocol）和快速重路由（FRR，Fast Reroute）等方式。

5.8.1 FRR 技术概念

传统的 IP 网络故障检测手段是路由器通过检测到接口状态变为 DOWN，然后通知上层路由系统对路由数据库进行更新，重新计算路由。这个过程通常需要等待几秒，对于某些时延、丢包等非常敏感的业务（像 VoIP），会直接降低业务的质量。随着互联网应用的快速发展，即时类业务越来越多，这就需要有新的快速保护倒换技术。这种新的手段就是 FRR，其保护方式是为主路由（或路径）建立备份路由（或路径），当主用发生故障时能够快速切换到备份上，当主用恢复正常后可以快速切换回来。FRR 的实现方式有多种，目前常见的有 TE FRR、LDP FRR、VPN FRR、IP FRR 等，它们侧重点不同，但殊途同归，最终都可以实现对网络故障的快速检测和及时保护。

5.8.2　BFD 技术原理

1．BFD 提出背景

FRR 是针对网络故障发生时采取的一种快速重路由技术，关注点在于发现故障后，如何快速使用保护路径进行数据包转发，尽可能使业务不受影响。这里出现一个新的问题，如果缩短故障检测所用的时间，那么将有利于整个业务的保护，BFD 就是在这个思路上提出的，它可以运行在许多类型的通道上，包括直接的物理链路、虚电路、隧道、MPLS LSP、多跳路由通道，以及非直接的通道。

2．BFD 协议概述

传统的故障检测方法主要包括以下 3 类。

（1）硬件检测：硬件检测的优点是，可以很快发现故障，但并不是所有介质都能提供硬件检测。

（2）慢 Hello 机制：慢 Hello 机制通常采用路由协议中的 Hello 报文机制。这种机制检测到故障所需时间为秒级。对于高速数据传输，例如，吉比特速率级，超过 1 秒的检测时间将导致大量数据丢失；对于时延敏感的业务，例如，语音业务，超过 1 秒的延迟也是不能接受的，并且，这种机制依赖于路由协议。

（3）其他检测机制：不同的协议有时会提供专用的检测机制，但在系统间互联互通时，这样的专用检测机制通常难以部署。

BFD 能够快速检测到与相邻设备间的通信故障，缩短了整个保护措施所需的时间。打个比喻，古时两个盟国之间定下契约，当一国被敌国侵略的时候，可以通过派使者向盟国求救，可使者需要几天才能通知到盟国，等盟国救援的时候可能已经迟了。电话发明以后，现代人可以通过电话互通信息，几秒就可以联系到对方，两国之间的约定就可以实现了。BFD 与其他传统检测方式的对比就像现代电话与古时通信的比较，它可以缩短故障检测的时间。BFD 和各种技术结合起来应用，可以实现快速检测上层应用的故障。

BFD 作为一种简单的"Hello"协议，在很多方面与那些著名的路由协议的邻居检测功能相似。两方系统在它们之间所建立会话的通道上周期性地发送 BFD 检测报文，如果其中一方在认定的时间内没有收到对端的检测报文，则认为通道发生了故障。BFD 发送的检测报文是 UDP 报文，检测时间可以达到 50ms 以内。

BFD 双向检测的机制可分为异步模式和查询模式两种。

BFD 的主要操作模式称为异步模式。在这种模式下，系统之间相互周期性地发送 BFD 控制报文，如果某个系统连续几个报文都没有接收到，就认为此 BFD 会话的状态是 DOWN。BFD 的第二种操作模式称为查询模式。当一个系统中存在大量 BFD 会话时，为防止周期性发送 BFD 控制报文的开销影响到系统的正常运行，可以采用查询模式。在查询模式下，一旦 BFD 会话建立，系统就不再周期性地发送 BFD 控制报文，而是通过其他与 BFD 无关的机制检测连通性（如路由协议的 Hello 机制、硬件检测机制等），从而减少 BFD 会话带来的开销。异步模式和查询模式的本质区别在于检测的位置不同，异步模式下本端按一定的发送周期发送 BFD 控制报文，需要由远端检测本端系统发送的 BFD 控制报文；而在查询模式下检测本端发送的 BFD 控制报文是在本端系统进行的。

3．BFD 通信过程

BFD 在检测前，需要在通道两端建立对等的 UDP 会话，会话建立后通过协商的速率向对端发送 BFD 控制报文来实现故障检测。其会话检测的路径可以是标记交换路径，也可以是其他类型的隧道或是可交换以太网。

（1）会话初始化过程

对于 BFD 会话建立过程中的初始化阶段，两端是主动角色还是被动角色是由应用来决定的，但是至少有一端为主动角色。

（2）会话建立过程

会话建立过程是一个 3 次握手的过程，经过此过程后两端的会话变为 UP 状态，在此过程中同时协商好相应的参数，以后的状态变化就是根据检测结果来进行，并做相应的处理。如图 5-37 所示，在 IPRAN 网络中，以两设备之间配置 BFD for IGP 为例，介绍 BFD 会话建立过程中状态机的迁移过程。系统根据本地的 BFD 状态机状态和接收到的对端 BFD 报文中 State 字段的值决定 BFD 会话状态。

CSG、ASG 两站启动 BFD，各自的初始状态为"DOWN"，发送的 BFD 报文中携带"DOWN"的状态信息；ASG 站收到状态为"DOWN"的 BFD 报文，将本地状态切换至"INIT"，发送 BFD 报文携带状态为"INIT"；ASG 站本地 BFD 状态为"INIT"后，再接收到状态为"DOWN"的报文不做处理；CSG 站 BFD 状态变化过程同上。ASG 站（此时状态为"INIT"）收到状态为"INIT"的 BFD 报文，将本地状态切换至"UP"；CSG 站 BFD 状态变化过程同上。另外，CSG、B 两站在发生"DOWN→INIT"变化后，会启动一个超时定时器，该定时器的作用是防止本地状态阻塞在"INIT"（CSG、ASG 连接此时有可能断连，会话不能正常建立），如果在规定的时间内仍未收到状态为"INIT/UP"的 BFD 报文，则状态自动切换回"DOWN"；双向 BFD 会话建立成功。

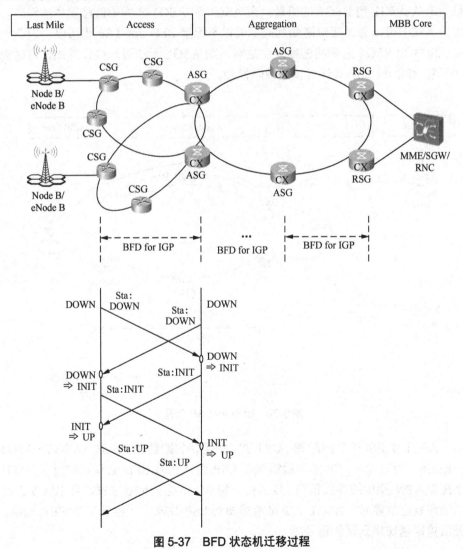

图 5-37　BFD 状态机迁移过程

（3）BFD 的应用

常见的 BFD 应用有：BFD for 接口状态、BFD for IGP、BFD for VRRP、BFD for LSP、BFD for PW 等。

其中，BFD for LSP 是在 LSP 链路上建立 BFD 会话，利用 BFD 检测机制快速检测 LSP 链路的故障，提供端到端的保护。BFD 使用异步模式检测 LSP 的连通性，即 Ingress 和 Egress 之间相互周期性地发送 BFD 报文。如果任何一端在检测时间内没有收到对端发来的 BFD 报文，就认为 LSP 状态为 DOWN 并上报消息。如图 5-38 所示，以 ASG1 和 RSG5 之间配置 LSP 为例介绍 BFD for LSP，只考虑从 ASG1 到 RSG5 的流量。当 ASG1 和 ASG3 之间的链路发生故障时，由于 ASG1 可以通过接口感知到故障所以不配置 BFD for LSP 也可以。但是如果 ASG3 和 RSG5 之间的链路发生故障，则 ASG1 无法通过接口感知，这时需要配置 BFD for LSP 来进行快速故障检测。

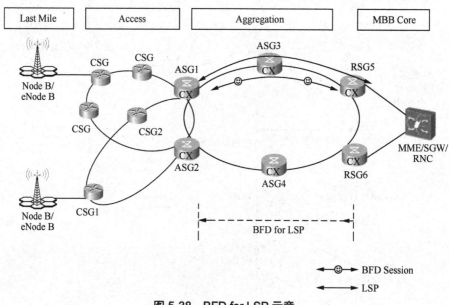

图 5-38　BFD for LSP 示意

ASG1 和 RSG5 之间配置 LDP LSP，指定保护路径为 ASG1→ASG2→ASG4→RSG6。BFD for LSP 是为检测这条 LSP 而建立的 BFD 会话，同时在 ASG1 上配置 VPN FRR 的相关策略。当 ASG1 和 ASG3 之间或者 ASG3 和 RSG5 之间的链路发生故障时，ASG1 上能迅速感知到 LSP 故障，并触发 VPN FRR 切换，使流量快速切换到保护路径上。

5.8.3 设备本地保护

1. IP FRR

对于 IP 转发而言，转发是逐跳进行的单机行为。任何一台 IP 路由器，只要按照预置的转发信息将流量送往自己的下一跳节点即可。而 IP 转发依据两个主要部分：区分流量的依据（如目的地址）和流量的去向（下一跳节点）。在网络出现故障后，原本的下一跳变得不可达后，通过协议的收敛可以在一段时间以后，重新找到另一个可用的下一跳路由器。但是，为了减少业务流量的丢弃，可以人为地指定一个备份的下一跳。在检测到原有的下一跳不可用时，直接将流量切换到备用下一跳。

IP FRR 在信令层面建立备用转发方案，不会对原有的拓扑和流量转发有影响。保护手段仅在本机生效，不会影响其他设备。IP FRR 需要在全网范围内考虑 IGP 的 Cost 值规划，以确保每条备份路由都没有发生环路。

（1）技术简介

IP FRR 主要是采用接口备份技术，对到达同一目的地的网络建立路由可达的保护链路，这些保护链路可以是负载均衡的等价链路，也可以是不等价的。对于配置了备份链路保护的负载均衡链路而言，切换的原则是备份链路优先，即在其中一条负载均衡链路发生故障时，优先切换到备份链路，通过备份链路分担流量，避免拥塞，如果切换到另一条等价链路，则可能会造成拥塞。接口备份技术分为故障检测、IP 快速重路由、故障恢复 3 个步骤。

① 故障检测。APDP 协议快速检测到链路或者端口故障后，通过中断方式直接改写转发平面的端口状态表，从而感知故障。全路径检测协议（APDP，All Path Detection Protocol）是一个新的链路故障检测协议，具备实现链路故障检测的功能。APDP 分为本地模式和远端模式，如图 5-39 所示。这两种模式可以单独使用，也可以同时使用。

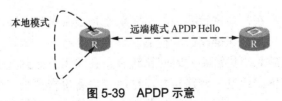

图 5-39 APDP 示意

● 本地模式：接口状态直接由数据平面感知，快速检测到故障，而且对远端设备没有要求。此模式可以检测到本地发生的故障以及部分远端故障，但是不能应用于路由器之间有传输设备的情况。

● 远端模式：APDP 报文由数据平面直接发送和处理，能够实现故障的低时延、快速检测。远端设备必须支持 APDP，这样可以检测所有的本地故障和远端故障，对本地到远端以及返回的全路径做检测。

② IP 快速重路由。在链路故障发生后路由收敛前，通过备份下一跳将 IP 流量切换至以备份下一跳指定的链路，实现 IP 转发快速重路由。路由收敛后，按照路由选择新的链路转发。接口备份方式针对路由收敛慢的固有问题，通过备份下一跳进行 IP 快速重路由。

接口备份技术涉及主链路、次优链路、备份链路 3 种链路。主链路指路由最优链路，在网络稳定、路由收敛的情况下，业务量从该链路转发；次优链路指路由 Cost 值比主链路大的链路，主链路失效时，路由会收敛到该链路；备份链路指备份下一跳指定的链路。这 3 种链路的路由是不等值的。

正常情况下，路由表中以主链路为出接口的最优路由被选中。当主链路故障后，路由重新收敛，路由表会选中以次优链路为出接口的次优路由。在链路故障发生后路由收敛前，通过备份下一跳将流量切换至以备份下一跳指定的链路。在路由收敛后，按照路由选择新的链路转发，接口备份使命结束。由此可见，备份下一跳的作用是填补了路由收敛的时间间隙，通过将流量快速切换到备份下一跳的备份链路，保证业务不中断。链路切换原理如图 5-40所示。

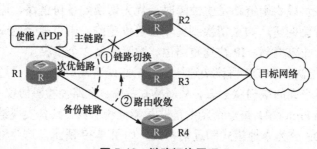

图 5-40　链路切换原理

接口备份技术在需要进行备份的主链路上指定备份下一跳，同时在主链路上使能 APDP，启用快速链路故障检测，迅速发现故障。如果主链路突然发生故障，但路由收敛到次优链路的时间比较长，在路由收敛到次优链路前，通往目标网络的报文依旧通过主链路转发，这时接口备份根据端口状态表感知到主链路发生故障了，从而根据备份下一跳重新选择路由，将报文重定向至备份下一跳出接口的备份链路，使报文不至于被丢弃。

在接下来的几秒钟，链路故障将被路由协议感知，经过路由器间的信息交互，最终完成重新选路，去往目标网络的路由改为次优链路，报文转发由备份链路平滑切换到次优路由链路。当然，如果次优路由链路与接口备份配置的备份下一跳恰好一致，流量就不用再次切换。但即便如此，期间报文的转发依然经历了通过接口备份重定向的备份阶段和路由收敛后的次优路由阶段，只是这两个阶段刚好都使报文通过同一链路。

③　故障恢复。链路故障恢复时，系统并不立即将业务流量恢复到主链路上，而是将故障状态保持一段时间，以防止链路 UP/DOWN 振荡造成流量在主、备链路上不断切换的振荡。

图 5-41 为链路恢复示意图，其中，APDP 检测到链路故障恢复时，系统并不立即将业务流量恢复到主链路上，而是将故障状态保持一段时间，这段时间称为 Holding 时间，目的是防止链路切换造成流量的振荡，保证业务稳定。在 Holding 时间内，如果 APDP 没有检测到新的故障，将通过路由的收敛将流量切换回恢复的主链路上。流量恢复到主链路的过程实际上完全取决于数据平面对转发表项的刷新，只有等转发表项已经刷新成功，转发引擎才会命中该表项，因此链路恢复是完全平滑的，不会中断业务流量。

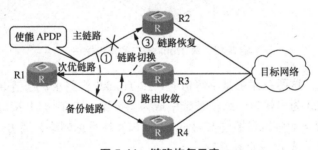

图 5-41　链路恢复示意

（2）典型应用场景

①　物理接口的备份保护如图 5-42 所示，R1 路由器经过 R2 和 R3 路由器通往目标网络有两条链路，可以是路由优选链路接口，也可以是备份链路接口，由于这两条路由是不等值的，所以在路由表中，只有路由优选链路一条路由。

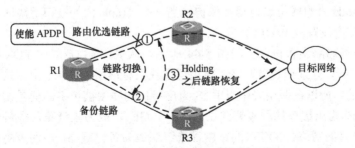

图 5-42　对物理接口的备份保护示意

当 R1 路由器路由优选链路接口发生故障的时候，接口备份 APDP 在 50ms 之内检测到故障发生，而且能够在这个时间之内将业务流量切换到备份链路的接口上去。当路由优选链路接口故障恢复之后，流量再切回来。

该备份保护可以配置备份下一跳的静态 ARP，或者配置 Eth-peer，进一步提高备份保护的可靠性。

② 对 Trunk 接口的备份保护。Trunk 接口包括以太网 Eth-Trunk 和 POS IP-Trunk，接口备份支持对这两种 Trunk 接口的备份保护。如图 5-43 所示，从 R1 路由器经过 IP-Trunk0 接口和 IP-Trunk1 接口，分别通过 R2、R3 路由器通往目标网络。

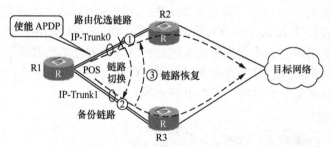

图 5-43　对 Trunk 接口的备份保护

在 R1 上，这两条路由是不等值的，IP-Trunk0 为路由优选链路，在路由表中以 IP-Trunk0 为出接口的路由被选中成为主链路，IP-Trunk1 接口成为备份链路。正常情况下业务流量通过 IP-Trunk0 接口发往目标网络，而 IP-Trunk1 接口处于备份状态，不发送业务流量。

当 IP-Trunk0 接口中发生故障的物理接口个数超过阈值时，接口备份 APDP 可以在 50ms 之内检测到故障发生，而且能够在这个时间之内将业务流量切换到备份链路 IP-Trunk1 接口上去。当 IP-Trunk0 接口中发生故障的物理接口恢复之后，流量再切回到主链路 IP-Trunk0 接口。

Eth-Trunk 的备份保护原理与 IP-Trunk 相同。另外，采用接口备份技术，还可以使 Trunk 内的成员端口相互保护，当一个 Trunk 内的端口故障时，自动切换到 Trunk 内没有故障的成员端口。

③ 弱策略路由备份保护如图 5-44 所示，从 R1 路由器经过 POS 接口或者 GE 接口，可以分别通过 R2、R3 路由器通往目标网络。在 R1 上，这两条路由是不等值的，所以在路由表中以 POS 为出接口的路由被选中。但是由于配置了一个从 GE 为出接口的弱策略路由，因此，GE 口成为主链路，业务流量通过 GE 口发往目的网络，POS 口的路由优选链路成为备份链路。当弱策略路由链路 GE 接口发生故障时，接口备份 APDP 在 50ms 之内检测到故障发生，而且能够

在这个时间之内将业务流量切换到备份链路 POS 接口上去；当 GE 接口故障恢复后，流量再切回到 GE 接口。

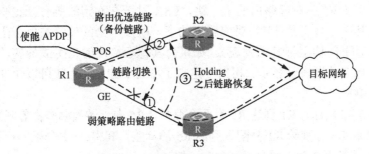

图 5-44　弱策略路由备份保护示意

基于控制平面的接口物理状态的 UP/DOWN 检测以及路由的重新收敛，实时性都很差，在高可靠性要求环境下，故障检测周期太长，根本无法满足毫秒级的业务保护要求。接口备份技术成功地解决了传统数据通信设备缺乏业务流量实时保护能力的弱点，能够保证在 50ms 内切换业务，最快可达到 20ms，大大提高了业务的实时备份保护能力。随着数据设备越来越多地用于承载 NGN、3G 等一些实时、时延敏感业务，接口备份作为一种 IP FRR 技术，在业务不间断转发、可靠性等方面起到越来越重要的作用。

2．LDP FRR

LDP FRR 技术是一项解决 MPLS 网络可靠性的技术，通过主备标签技术完成网络故障的倒换功能。运行 LDP 协议的网络中，LSR 可以从任何相邻 LSR 收到对于 FEC 的标签映射信息，LDP FRR 不只将 FEC 对应路由的下一跳发送来的标签映射生成标签转发表，也为其他标签映射生成标签转发表，并作为备份标签转发表。

LDP FRR 在本地化实现，无须相邻设备配合支持。LDP FRR 需要在全网范围内考虑 IGP 的 Cost 值规划，以确保每条备份路由都没有发生环路。

技术简介

LDP FRR 是借助 LDP 来实现的，通常工作在下游自主的标签分发和自由的标签保持模式下，并为路由分配标签，而不是为一个端到端连接分配标签。LDP FRR 可以达到 50ms 保护切换的要求，其工作过程如下。

① 网络中运行 LDP 协议，其工作方式为下游自主（DU）标签分发+有序的标签控制+自由的标签保持。

在 DU 标签分发方式下，出口标签边缘路由器（LER）无须上游标签交换路由器（LSR）提出标签分配请求，主动分配 FEC－标签绑定，并将这一消息发送到上游。FEC 是指标签转发等价类，通常是一个路由。

在自由的标签保持方式下，LSR 可以从任何相邻 LSR 收到对于 FEC 的标签映射消息，不论发送这一消息的相邻 LSR 是否是它所通告的特定 FEC——标签映射中 FEC 所对应路由的下一跳，LSR 对于它收到的所有标签映射都加以保留，其中，只有从 FEC 对应路由的下一跳发送来的标签映射会生成标签转发表（以下简称主标签转发表）。如果为其他标签映射也生成标签转发表，并作为主标签转发表的备份，相当于建立了备份 LSP，LSR 就可以快速对链路变化做出响应。

如图 5-45 所示，R1 到达 R5 有两个路径，R5 向上游发起多标签映射消息，最终，R2 和 R3 分别给 R1 分配了到达 R5 的标签，其中，R2 分配的标签主用，R3 分配的标签可作为备用。

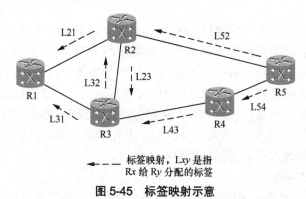

图 5-45 标签映射示意

② 指定 LSR 的一个设备端口作为另外一个设备端口的备份端口，这两个端口既可以是物理端口，也可以是逻辑端口。

③ 新的设备维护标签转发表。在没有端口备份时，一个标签转发表仅有一个下一跳及标签，其中的标签是 FEC 的路由下一跳所连接 LDP 对等体为 FEC 分配的标签。在实施端口备份后，若某个标签转发表的下一跳是被保护的端口，为这个表项增加一个下一跳及标签，其中的标签是备份下一跳连接的 LDP 对等体为 FEC 分配的标签。

如图 5-46 所示，R2 上针对 FEC（到达 R5 的报文）生成两个 NHLFE。

④ 设备维护每个端口的工作状态（正常/失效）。当检测到某个端口不能正常工作时（如物理链路失效或人工操作将端口关闭），立即更新其状态。在报文转发过程中，查找标签转发表可以获得报文的下一跳端口，检查到其状态为失效，则倒换到备份的端口，并设置对应的标签，发送报文。

⑤ 报文到达下一跳，由于标签是它自己分配的，这个下一跳上一定有对应的标签转发表，从而可以继续转发报文到目的地。

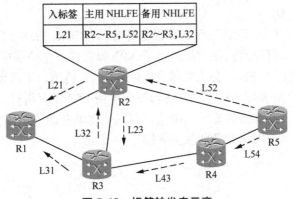

图 5-46　标签转发表示意

3．BGP FRR

BGP FRR 应用于有主备链路的网络拓扑结构中。通过 BGP FRR，可以使 BGP 的两个邻居切换或者两个下一跳切换到 50ms 以内。BGP FRR 从多个对等体学习到相同的前缀的路由，利用最优路由做转发，自动将次优路由的转发信息添加到最优路由的备份转发表项中，并下发到 FIB，进而到数据转发层面。当主链路出现故障的时候，系统快速响应 BGP 路由不可达的通知，并将转发路径切换到备份链路上。BGP FRR 也是单机动作，无须对等体设备配合和支持。

5.8.4　传输通道保护

1．TE FRR

TE FRR 需要预先为每一条被保护链路或节点准备一条备份隧道，当被保护的设备或链路发生故障后，流量随即切换到备份隧道上，使 LSP 从被保护的链路重新路由到备份隧道的倒换只需要几十毫秒。备份隧道不只可以传送业务数据，也可以传送信令协议。

TE FRR 具有链路保护和节点保护两种保护方式。其中，所有经过了特定链路的 TE 隧道都通过一条备份隧道进行保护的技术称为 Facility Backup。这种保护只是暂时的，因为链路故障触发本地修复点发送一条 PathErr 消息到 TE 隧道的首端路由器。当首端路由器收到 PathErr 消息后，将为该隧道重新计算一条新的路径，并且创建该路径。当首端路由器完成创建后，备份隧道上的数据将倒换到新路径上去。而节点保护是通过创建下一跳（NNHOP）备份隧道来进行工作的。一条 NNHOP 备份隧道并不是连接到 PLR 下一跳路由器的隧道，而是连接到被保护路由器后面下一跳路由器的隧道。要求本地修复点正确学习到 NNHOP 的标签，以及发送正确的 Path 消息，保证 TE 保护隧道的正常工作。

（1）技术简介

在 MPLS 网络中，流量工程的快速重路由（TE FRR，Traffic Engineering Fast Re-Route）技术，可以为标签交换路径（LSP）提供快速保护倒换能力。TE FRR 的基本思路是在两个 PE 设备之间建立端到端的 TE 隧道，并且为需要保护的主用 LSP 事先建立好备用 LSP，当设备检测到主用 LSP 不可用时（节点故障或者链路故障），将流量倒换到备用 LSP 上，从而实现业务的快速倒换。

TE FRR 技术对网络业务的保护如图 5-47 所示。

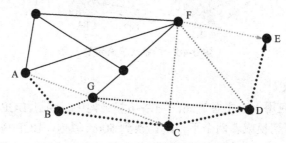

图 5-47　TE FRR 技术对网络业务的保护

主隧道 LSP 路径为 A→B→C→D→E。隧道 A→G→C 用来对节点 B 及相关链路进行保护；隧道 B→G→D 用来对节点 C 及相关链路进行保护；隧道 C→F→E 用来对节点 D 及相关链路进行保护；隧道 D→F→E 用来对链路 D→E 进行保护。当 C 点出现故障时，B 点会将网络业务流量切换到 B→G→D 上，从而降低了数据丢失的概率。

快速重路由的概念就好比开车去单位上班，为预防道路堵车的情况，可以预先规划好备用行车路线，当发现堵车时，可以提前快速绕行其他线路前往单位而不会迟到。目前快速重路由的方式有两种：Bypass 和 Detour。在 Bypass 方式下，一个预先配置的 LSP 被用来保护多个 LSP。当链路失败时，主隧道 LSP 被路由到预先配置的 LSP 上，通过这个预先配置的 LSP 到达下一跳路由器，达到保护的目的。Detour 方式，即 LSP 1:1 保护，分别为每一条 LSP 提供保护，为每一条被保护的 LSP 创建一条保护路径，该保护路径称为 Detour LSP。Detour 方式实现了每条 LSP 的保护，相对需要更大的开销。因此在实际应用中，Bypass 方式的快速重路由方式被广泛使用。华为的 LSP Hot StandBy（热备份）相当于 Detour 方式。

（2）重要概念

TE FRR 中有几个主要概念需要掌握。

① 主 LSP：对于 Detour LSP 或 Bypass LSP 而言，主 LSP 是被保护的 LSP。

② PLR（Point of Local Repair）：PLR 是 Detour LSP 或 Bypass LSP 的头节

点，它必须在主 LSP 的路径上，且不能是尾节点。

③ MP（Merge Point）：MP 是 Detour LSP 或 Bypass LSP 的尾节点，必须在主 LSP 的路径上，且不能是头节点。

④ 链路保护：PLR 和 MP 之间有直接链路连接，主 LSP 经过这条链路。当这条链路失效的时候，可以切换到 Detour LSP 或 Bypass LSP 上。

⑤ 节点保护：PLR 和 MP 之间通过一个路由器连接，主 LSP 经过这个路由器，当路由器失效时，可以切换到 Detour LSP 或 Bypass LSP 上。

TE FRR 可以进行链路保护或节点保护。在需要 Bypass LSP 保护时就规划好它所要保护的链路或节点，并确定好保护方式是链路保护还是节点保护。一般来讲，节点保护可以同时保护被保护节点和 PLR 与被保护节点之间的链路，它看起来更优一些。如果可能的话，用户会更希望部署节点保护。

Bypass 隧道的带宽一般是用于保护主 LSP 的，隧道上所有资源仅为切换后使用。用户在配置时需要保证备份带宽不小于被保护的所有 LSP 所需的带宽和，否则 FRR 生效时，Bypass 将不能提供完全满足用户服务质量要求的保护。

Bypass LSP 一般处于空闲状态，不承担数据业务。如果需要 Bypass 隧道在保护主 LSP 的同时承担普通的数据转发任务，就需要配置足够的带宽。

（3）不足之处

TE FRR 方式虽然可以实现路由的快速恢复功能，但在实际应用部署中也存在一些不足，具体表现在：

- 依赖于复杂的 TE 技术，设备开销大；
- 备份 LSP 需手工显式的指定，配置工作量大；
- 为进行链路、节点和路径保护，需要分别建立备份 LSP，带来不必要的开销；
- 备份 LSP 也存在故障可能，没有保护机制，当它失效时不能进行快速重路由；
- 要求备份 LSP 不能经过被保护的链路、节点，要求过于严格，有时候即使目的地可达，仍不能建立备份 LSP。

2. Hot StandBy

TE 隧道的路径保护功能 Hot StandBy 保护简称 HSB 保护。HSB 保护是通过和现有的 LSP 并行建立一条额外的 LSP 来实现的，这条额外的 LSP 只有在主 LSP 发生失效时，才会使用，称为备份 LSP。

备份 LSP 在主隧道 LSP 建成之后，发起建立。当主隧道 LSP 失败消息（以 BFD 或 RSVP-TE 协议报文等形式）传到发送端 PE 后，流量会切换到备用隧道 LSP。当主隧道 LSP 恢复后，将流量切换回去。

基于单向 MPLS 隧道的 1∶1 路径保护由于宿端处于永久双收状态，在源端基于工作隧道和保护隧道的故障状态来选择从哪个端口进行选发。

5.8.5 业务保护

1. PW 冗余

PW 冗余（PW Redundancy）指在 CE 双归场景中，主用和备用 PW 在不同的远端 PE 节点终结时，当 AC 链路或远端 PE 故障时，对 PW 提供保护功能。

PE 设备上为 PW 建立一条备份 PW，形成 PW 的冗余保护。保持冗余备份的一组 PW 中只有一条处于工作状态，其他都处于备用状态。PW 冗余具有两种工作模式：主/从模式——本地确定 PW 的主备，并通过信令协议通告远端，远端 PE 可以感知主备状态；独立模式——本地 PW 的主备状态由远端 AC 侧协商结果确定，远端通告主备状态到本地。

由于 PW 保护组与 AC 侧的一一对应关系，从而对于 PW 的冗余保护，也可认为是网络对于业务的保护。

2. VPN FRR

（1）VPN FRR 技术简介

VPN FRR 是另外一种路由快速倒换保护的方式，采用双 PE 归属的网络结构；也是一种基于 VPN 的私网路由快速切换技术，主要用于 VPN 路由的快速切换保护。它通过预先在远端 PE 中设置指向主用 PE 和备用 PE 的主备用转发项，并结合 PE 故障快速探测，旨在解决 CE 双归 PE 的网络场景中，PE 节点故障导致的端到端业务收敛时间长（大于 1s）的问题，同时解决 PE 节点故障恢复时间与其承载的私网路由的数量相关的问题。在 PE 节点故障的情况下，端到端业务收敛时间小于 1s。

以 MPLS L3 VPN 为例，典型的 CE 双归 PE 的组网如图 5-48 所示。

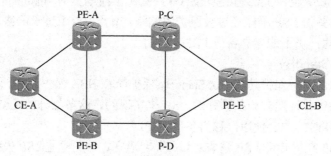

图 5-48 CE 双归 PE 示意

假设 CE-B 访问 CE-A 的路径为：CE-B→PE-E→P-C→PE-A→CE-A；当 PE-A 节点故障之后，CE-B 访问 CE-A 的路径收敛为：CE-B→PE-E→P-D→PE-B→CE-A。

按照标准的 MPLS L3 VPN 技术，PE-A 和 PE-B 都会向 PE-E 发布指向 CE-A

的路由，并分配私网标签。在传统技术中，PE-E 根据策略优选一个 MBGP 邻居发送的 VPN-IPv4 路由，在这个例子中，优选的是 PE-A 发布的路由，并且只把 PE-A 发布的路由信息（包括转发前缀、内层标签、选中的外层 LSP 隧道）填写在转发引擎使用的转发项中，指导转发。当 PE-A 节点故障时，PE-E 感知到 PE-A 的故障（BGP 邻居 DOWN 或者外层 LSP 隧道不可用），重新优选 PE-B 发布的路由，并重新下发转发项，完成业务的端到端收敛。在 PE-E 重新下发 PE-B 发布的路由对应的转发项之前，由于转发引擎的转发项指向的外层 LSP 隧道的终点是 PE-A，而 PE-A 节点故障，在这段时间之内，CE-B 是无法访问 CE-A 的，端到端业务中断。

　　VPN FRR 技术对这一点进行了改进，它不仅将优选的 PE-A 发布的路由信息（包括转发前缀、内层标签、选中的外层 LSP 隧道）存储在转发表中，同时将次优的 PE-B 发布的路由协议（包括转发前缀、内层标签、选中的外层 LSP 隧道）也同样填写在转发项中。当 PE-A 节点故障时，PE-E 感知到 MPLS VPN 依赖的外层 LSP 隧道不可用之后，将 LSP 隧道状态表中的标志位设置为不可用，并下刷到转发引擎中。转发引擎在数据转发时，发现主用 LSP 隧道的标志位不可用，则使用转发表中的次优路由进行转发，这样，报文就会打上 PE-B 分配的内层标签，沿着 PE-E 与 PE-B 之间的外层 LSP 隧道交换到 PE-B，再转发给 CE-A，从而恢复 CE-B 到 CE-A 方向的业务，整个切换时间在 50ms 以内，实现 PE-A 节点故障情况下的端到端业务的快速收敛。

　　VPN FRR 的特点是通过 LSP 隧道中的标志位进行 LSP 切换，不需要等待 VPN 路由的收敛，也就是与 VPN 的路由条目数量无关，因此在 MPLS VPN 网络承载大量 VPN 信息时，也可以迅速地进行 LSP 保护。

　　（2）典型应用

　　CE 双归属是 MPLS VPN 的常用组网模式，VPN FRR 技术立足于此种网络模型。为了提高网络的可靠性，一般还会在 PE-A 和 PE-B 上部署 VRRP 协议，当作为 VRRP 主设备的 PE-A 出现故障时，PE-B 成为新的 VRRP 主设备，将 CE-A 访问 CE-B 的流量从 PE-B 传输，如图 5-49 所示。

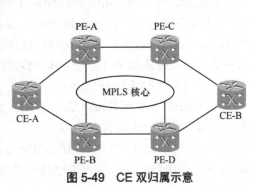

图 5-49　CE 双归属示意

5.8.6　网间保护

1. VRRP

通常情况下，用户通过网关设备与外部网络通信。当网关设备发生故障时，用户与外部网络的通信就会中断。配置多个出口网关是提高设备可靠性的常见方法，但终端用户设备通常不支持动态路由协议，无法实现多个出口网关的选路。VRRP 能够有效解决上述问题，是一种容错协议，通过物理设备和逻辑设备分离，实现在多个出口网关之间选路，承担起业务的保护职责。

（1）VRRP 概述

若内部网络中的所有主机都设置一条相同的缺省路由，指向单一的出口网关（图 5-50 中的路由器），实现主机与外部网络的通信。那么，当出口网关发生故障时，主机与外部网络的通信就会中断。

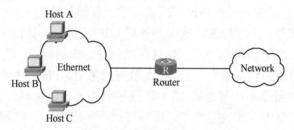

图 5-50　局域网缺省网关

配置多个出口网关是提高系统可靠性的常见方法，但是如何在多个出口网关之间进行选路就成为需要解决的问题。VRRP（Virtual Router Redundancy Protocol）是 RFC2338 定义的一种容错协议，通过实现物理设备和逻辑设备的分离，很好地解决了单一网关设备故障带来的业务中断问题。

（2）相关概念

首先来认识一下 VRRP 协议中的几个概念。

① 虚拟路由器（Virtual Router）。虚拟路由器又称为 VRRP 备份组，由一个 Master 设备和若干个 Backup 设备组成，被当作一个共享局域网内主机的缺省网关。虚拟路由器是 VRRP 协议创建的，是逻辑概念，它包括了一个虚拟路由器标识符和一组虚拟 IP 地址。

● VRID（Virtual Router ID）。VRID 为虚拟路由器的标识，具有相同 VRID 的一组设备构成一个虚拟路由器。

● 虚拟 IP 地址（Virtual IP Address）。一个虚拟路由器可以有一个或多个 IP 地址，由用户配置。用户能够通过 Ping 命令检测主机与网关之间的链路可达性。

● 虚拟 MAC 地址（Virtual MAC Address）。虚拟 MAC 地址是虚拟路由器根据 VRID 生成的 MAC 地址。一个虚拟路由器拥有一个虚拟 MAC 地址，格式为：00-00-5E-00-01-{VRID}。其中，00-00-5E-00-01 的值是固定的。当虚拟路由器回应 ARP 请求时，使用虚拟 MAC 地址，而不是接口的真实 MAC 地址。

② VRRP 设备（VRRP 路由器）。VRRP 设备是运行 VRRP 协议的设备，作为物理实体，可参与一个或多个虚拟路由器。正常运行的 VRRP 设备通常有以下两种角色。

• Master 设备（主用设备）：虚拟路由器中承担报文转发或 ARP 请求任务的设备。

• Backup 设备（备用设备）：一组没有承担转发任务的 VRRP 设备，当 Master 设备出现故障时，Backup 设备能够通过 VRRP 选举机制选择新的 Master 设备代替原有 Master 设备的工作。

③ IP 地址拥有者（IP Address Owner）。IP 地址拥有者是指接口 IP 地址与虚拟 IP 地址相同的 VRRP 设备。

（3）基本原理

VRRP 控制报文是 VRRP 通告，使用 IP 多播数据包进行封装，使用组播地址，发布范围只限于同一局域网内。主控路由器周期性地发送 VRRP 通告报文，备份路由器在连续 3 个通告间隔内收不到 VRRP 通告或收到优先级为 0 的通告就会启动新一轮的 VRRP 选举。选举参数是优先级和 IP 地址，VRRP 协议中优先级范围是 0~255，数值大的优先级高。优先级的配置原则可以依据链路的速度和成本、路由器性能和可靠性以及其他管理策略。用户主机仅仅知道这个虚拟路由器的 IP 地址，并不知道备份组内具体某台设备的 IP 地址，它们将自己的缺省路由下一跳地址设置为该虚拟路由器的 IP 地址，与其他网络进行通信。

VRRP 将该虚拟路由器动态关联到承担传输业务的物理路由器上，当该物理路由器出现故障时，再次选择新路由器来接替业务传输工作，整个过程对用户完全透明，实现了设备的无缝切换。虚拟路由器示意如图 5-51 所示。

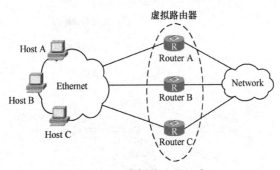

图 5-51 虚拟路由器示意

Router A、Router B 和 Router C 共同形成一个备份组，备份组相当于一台虚拟路由器，该虚拟路由器拥有和备份组内的各路由器相同网段的 IP 地址。

虚拟路由器的 IP 地址可以取两类值：

• 备份组所在网段中未被分配的 IP 地址；

- 备份组内某个路由器的接口 IP 地址，这种情况下，称该接口所在的路由器为地址拥有者。

（4）工作方式

VRRP 有两种工作方式：主备备份和负载分担。在主备备份方式下，该备份组包括一个 Master 路由器和若干 Backup 路由器。正常情况下，业务全部由 Master 路由器承担，Master 出现故障时，Backup 路由器接替工作；而在负载分担方式下，多台路由器同时承担业务，各备份组的 Master 路由器可以不同，同一台路由器可以加入多个备份组，在不同备份组中有不同的优先级。为了实现流量在两个备份组间进行负载分担，各路由器分别传输一半的业务量。在配置优先级时，需要确保两个备份组中各路由器的 VRRP 优先级交叉对应。

以图 5-52 为例简要说明 VRRP 主备备份的基本原理。NE1 为 Master 设备，优先级设置为 120，抢占方式为延迟抢占；NE2 为 Backup 设备，优先级设置为 110，抢占方式为立即抢占；NE3 为 Backup 设备，优先级为默认值 100，抢占方式为立即抢占。

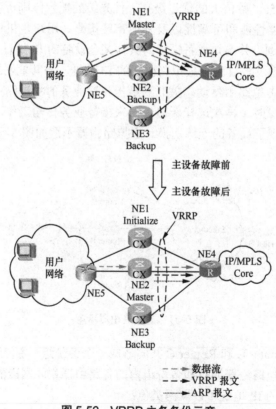

图 5-52 VRRP 主备备份示意

正常情况下，NE1 是 Master 设备并承担业务转发任务，NE2 和 NE3 是 Backup 设备且都处于就绪监听状态。如果 NE1 发生故障，会在 NE2 和 NE3 中选举新的 Master 设备，继续为网络内的主机转发数据。正常情况下，用户侧的上行流量路径为 NE5→NE1→NE4。此时，NE1 定期发送 VRRP 报文通知 NE2 和 NE3 自己工作正常。

当 NE1 发生故障时，NE1 上的 VRRP 会处于不可用状态。由于 NE2 优先级高于 NE3，因此 NE2 变为 Master 设备，NE3 继续保持为 Backup 设备。用户侧的上行流量路径为 NE5→NE2→NE4。

当 NE1 故障恢复时，VRRP 的优先级为 120，状态变为 Backup。此时 NE2 继续定期发送 VRRP 报文，当 NE1 收到 VRRP 报文后，会比较优先级，发现自己的优先级更高，等待抢占延迟后抢占为 Master 设备，并开始发送 VRRP 报文和免费 ARP 报文。

此时，NE1 与 NE2 均为 Master 设备，都会继续发送 VRRP 报文。当 NE2 收到 NE1 发送的 VRRP 报文后，发现自己的优先级比 NE2 的优先级低，NE2 会变为 Backup 设备。用户侧的上行流量路径恢复为 NE5→NE1→NE4。

2. LAG

（1）链路聚合组（LAG，Link Aggregation Group）保护也叫 Trunk，它是一种捆绑技术，是指将多个物理接口捆绑成一个逻辑接口，这个逻辑接口就称为 Trunk 接口。Trunk 技术可以实现流量在各成员接口中的分担，同时提供更高的连接可靠性。Trunk 接口分为 Eth-Trunk 接口、IP-Trunk 接口和 CPOS-Trunk 接口。

Eth-Trunk 是指以太网链路聚合，使用链路聚合协议（LACP，Link Aggregation Control Protocol）。以太网接口捆绑形成的逻辑接口称为 Eth-Trunk 接口。IP-Trunk 接口是指把链路层协议为 HDLC 的 POS 接口捆绑形成的逻辑接口。CPOS-Trunk 接口是指把 CPOS 接口捆绑形成的逻辑接口，一般应用于 APS 和 PW 联动的场景。CPOS 接口必须先配置 APS 再加入 CPOS-Trunk，否则 CPOS-Trunk 接口上的业务不能正常运行。

（2）跨设备的以太链路聚合组（MC-LAG，Multi-chassis Link Aggregation Group）也叫增强干道（E-Trunk，Enhanced Trunk），它具有实现跨设备以太网链路聚合的特性，能够实现多台设备间的链路聚合，从而把链路可靠性从单板级提高到设备级。

3. APS

自动保护倒换（APS，Automatic Protection Switching）是指当链路故障时，本端发出保护倒换请求，并由对端设备进行倒换的保护机制。

（1）按保护结果分为 1+1 和 1：1 两种

1+1 是双发选收，即一个业务会有一条工作链路和一条专有的保护链路，发送端会同时向两条链路发送同样的报文，而接收端决定从哪一条链路上接收报文，也就是故障发生时只需要接收端进行保护倒换。

1：1 是单发单收，即一条保护链路为一条工作链路提供保护。发送端只在工作链路上传输数据，接收端也就只能在相应的工作链路上接收到数据。工作链路故障时发送端会切换到保护链路上传送数据，接收端也同时进行倒换。

（2）按倒换方向分为单端和双端两种

单端倒换指发生单纤故障时，接收端检测故障发生切换，发送端没检测到故障则不进行切换。切换的结果是 APS 连接的两端可能选择不同的光纤接收数据；双端倒换指发生单纤故障时，接收端检测故障发生切换，发送端没检测到故障也需要进行切换。切换的结果是 APS 连接的两端需要选择同一对双向光纤进行发送接收数据。

单端倒换一般配合 1+1 进行保护；双端倒换一般配合 1：1 进行保护，也可用于 1+1。

（3）按照恢复模式分为恢复式和非恢复式两种

恢复式是指工作链路恢复正常后，过一段时间（一般为几分钟到十几分钟），待工作链路稳定后，在保护链路上的数据倒换回工作链路上进行传输。

非恢复式是指工作链路恢复正常后，保护链路上的数据不倒换回工作链路，仍在保护链路上传输。

1+1 默认为非恢复式，也可以通过配置回切时间切换为恢复式；1：1 默认为恢复式，也可通过命令配置为非恢复式。

目前常见的 APS 应用有 PW APS、LSP APS、PW FPS 等。

• 跨设备的自动保护倒换加强型自动保护倒换（E-APS，Enhanced-Automatic Protection Switching）指双机 APS，也就是在链路的一端工作路径和保护路径不在同一台设备上。

• 在保护方式中，涉及一个定时器的知识点，也就是等待恢复时间（WTR，Wait to Recovery）。当协议状态发生变化时，WTR 定时器启动，当定时器超时后才将变化后的协议状态上报，避免协议震荡。应用定时器功能的常见协议有 BFD、VRRP、热备份（Hot Standby）、PW Redundancy 等。

5.8.7 保护实现应用

IPRAN 各类保护技术前面已有详述，本节对 IPRAN 保护技术在网络应用中的实现加以说明。IPRAN 目前在运营商网络中主要承载 3G 移动回传业务，包括 3G 的 CS 业务和 PS 业务。

（1）3G 的 CS 业务一般通过 E1 接口承载，尚未 IP 化，通过电路仿真技术 PWE3 承载。常用方案包括单段 PW（SS-PW）和多段 PW（MS-PW），两者的保护方案基本相同。

图 5-53 所示为 3G CS 的保护方案，从接入设备 3 建立到汇聚设备 1 的一段主用 PW，从汇聚设备 1 建立到汇聚设备 3 的一段主用 PW，两段 PW 连接作为从接入设备到 RNC 的主用 PW。从接入设备 3 建立到汇聚设备 2 的一段保护 PW，从汇聚设备 2 建立到汇聚设备 4 的一段保护 PW，两段 PW 连接作为从接入设备到 RNC 的保护 PW。汇聚设备 4 与汇聚设备 3 之间建立保护 PW 作为旁路 PW，用于网络内部故障时的流量迁回。汇聚 3、汇聚 4 与 RNC 之间运行 APS 协议，进行网关保护。

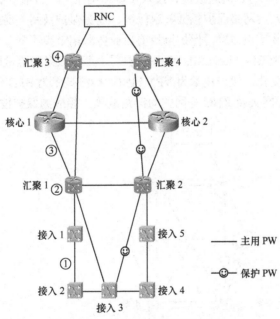

图 5-53　3G CS 业务保护方案

故障①为接入设备 3 与汇聚设备 1 之间的链路或节点故障。此时，启用隧道保护技术 LSP1：1 进行保护，新工作路径为接入 3→接入 4→接入 5→汇聚 2→汇聚 1→核心 1→汇聚 3。

故障②为汇聚设备节点故障。此时，主用两段 PW 均故障，通过业务保护技术 PW Redundancy 进行保护，启用保护 PW，新的工作路径为接入 3→接入 4

→接入 5→汇聚 2→核心 2→汇聚 4。

故障③为汇聚设备 1 与汇聚设备 3 之间的链路或节点故障。此时，启用隧道保护技术 LSP1：1 进行保护，新工作路径为接入 3→接入 2→接入 1→汇聚 1→汇聚 2→核心 2→汇聚 4→汇聚 3。

故障④为 RNC 前汇聚设备节点故障。此时，主用 PW 故障，通过业务保护技术 PW Redundancy 进行保护，启用保护 PW，新的工作路径为接入 3→接入 4→接入 5→汇聚 2→核心 2→汇聚 4。汇聚设备与 RNC 直接启动 APS 协议，工作路径倒换到汇聚设备 4→RNC。

（2）3G PS 通过 FE 接口承载，全部 IP 化，运营商网络中常用的 PS 承载方案有两个：L3 VPN 方案、L3 VPN+L2 VPN 方案。下面分别对两种方案的保护实现进行描述。

- 3G PS 业务 L3 VPN 方案如图 5-54 所示。从接入设备即开始启动 L3 VPN，为减小 BGP 会话压力、隧道数量、接入设备路由压力，目前一般采用分层 VPN方案。L3 VPN 方案网络保护包括隧道保护、业务保护及网关保护。隧道保护用于网络内部链路及节点故障，保护倒换前后业务源宿节点不变，保护技术为 LSP 1：1，检测技术为 BFD for LSP；业务保护用于汇聚设备节点故障，保护前后业务源宿节点发生变化，保护技术为 VPN FRR，检测技术为 BFD for Tunnel；网关保护用于 RNC 的网关及 RNC 与网关间链路故障，相应的保护技术为 VRRP。

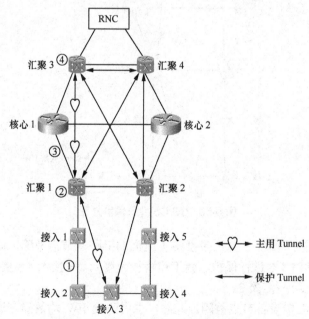

图 5-54　3G PS 业务 L3VPN 保护方案

故障①为接入设备 3 与汇聚设备 1 之间的链路或节点故障。此时，启用隧道保护技术 LSP1 : 1 进行保护，新工作路径为接入 3→接入 4→接入 5→汇聚 2→汇聚 1→核心 1→汇聚 3。

故障②为汇聚设备节点故障。此时，BFD for Tunnel 检测到该故障，触发 VPN FRR 倒换，启用保护 Tunnel，新的工作路径为接入 3→接入 4→接入 5→汇聚 2→核心 2→汇聚 4→汇聚 3。

故障③为汇聚设备 1 与汇聚设备 3 之间的链路或节点故障。此时，启用隧道保护技术 LSP1 : 1 进行保护，新工作路径为接入 3→接入 2→接入 1→汇聚 1→汇聚 2→核心 2→汇聚 4→汇聚 3。

故障④为 RNC 前汇聚设备节点故障。此时，BFD for Tunnel 检测到该故障，触发 VPN FRR 倒换，启用保护 Tunnel，同时触发 VRRP，网关从汇聚设备 3 倒换到汇聚设备 4，新的工作路径为接入 3→接入 2→接入 1→汇聚 1→汇聚 2→核心 2→汇聚 4。

- 3G PS 业务 L3 VPN+L2 VPN 方案如图 5-55 所示，接入设备与汇聚设备间采用 L2 VPN，核心汇聚层采用 L3 VPN。相应的保护方案是前述两种技术保护方案的组合。接入设备配置主备 PW 分别终结到两台汇聚层设备的二层虚端口，再通过内部环回接口实现 PW 与 L3 VPN 的桥接，逻辑上相当于接入层设备直连两台汇聚设备。主备 PW 保持单发双收状态，即从接入设备到汇聚层设备的上行方向，流量仅从主用 PW 发送，从汇聚层设备到接入层设备的下行方向，主备 PW 可同时接受流量。

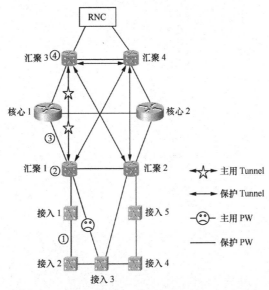

图 5-55 3G PS 业务 L3 VPN+L2 VPN 保护方案

　　故障①为接入设备 3 与汇聚设备 1 之间的链路或节点故障。此时，启用隧道保护技术 LSP1：1 进行保护，新工作路径为接入 3→接入 4→接入 5→汇聚 2→汇聚 1→核心 1→汇聚 3。

　　故障②为汇聚设备节点故障。此时，BFD for PW 检测到该故障，触发 PW Redundancy，接入层保护 PW 启用，BFD for Tunnel 检测到该故障，触发 VPN FRR 倒换，核心汇聚层启用保护 Tunnel，新的工作路径为接入 3→接入 4→接入 5→汇聚 2→核心 2→汇聚 4→汇聚 3。

　　故障③为汇聚设备 1 与汇聚设备 3 之间的链路或节点故障。此时，启用隧道保护技术 LSP1：1 进行保护，新工作路径为接入 3→接入 2→接入 1→汇聚 1→汇聚 2→核心 2→汇聚 4→汇聚 3。

　　故障④为 RNC 前汇聚设备节点故障。此时，BFD for Tunnel 检测到该故障，触发 VPN FRR 倒换，启用保护 Tunnel，同时触发 VRRP，网关从汇聚设备 3 倒换到汇聚设备 4。新的工作路径为接入 3→接入 2→接入 1→汇聚 1→汇聚 2→核心 2→汇聚 4。

第 6 章

光传送网

为了弥补 SDH 基于 VC-12/VC4 的交叉颗粒偏小、调度较复杂、不适应大颗粒业务传送需求等的缺陷，同时解决 WDM 系统组网能力较弱、方式单一（以点到点连接为主）、故障定位困难、网络生存性手段和能力较弱等问题，ITU-T 于 1998 年正式提出光传送网（OTN，Optical Transport Network）的概念。OTN 继承了 SDH 和 WDM 的双重优势，它是一种以 DWDM 与光通信技术为基础、在光层组织网络的传送网。它由光放大、光分插复用、光交叉连接等网元设备组成，处理波长级业务，将传送网推进到了真正的多波长光网络阶段。

OTN 可以提供巨大的传送容量、完全透明的端到端波长/子波长连接、电信级的保护以及加强的子波长汇聚和疏导能力，目前来说它是传送宽带大颗粒业务的最优技术。OTN 通过 G.709、G.798、G.872 等一系列 ITU-T 的建议和规范，结合传统的电域和光域处理的优势，是一种管理数字传送体系和光传送体系的统一标准。OTN 不仅保持了与现存 SDH 网络的兼容性，还为 WDM 提供端到端的连接和组网能力，它是完全向后兼容的，其技术特点和优势主要有以下几点。

首先，相较于 SDH 的 VC-12/VC-4 的调度颗粒，OTN 当前定义的电层带宽颗粒为光通路数据单元（ODUk，k=0,1,2,3）；光层的带宽颗粒为波长——可以看出，OTN 配置、复用以及交叉的颗粒明显要大很多，从而急剧提升了高带宽数据业务的传送效率和适配能力。

其次，OTN 帧结构遵从 ITU-T G.709 协议，虽然对于不同速率以太网的支持有所差异，但是可以支持诸如 SDH、ATM、以太网等信号的映射和透明传输，在满足用户对带宽持续增长的需求的同时，最大化地利用现有设备的资源。其10GE 业务的不同程度的透明传输由 ITU-T G.sup4 提供补充建议，G、40G、100G 以太网、专网和接入网等业务的标准化映射方式尚在讨论之中。再次，OTN 改变了 SDH 的 VC-12/VC-4 调度带宽和 WDM 点到点提供大容量传送带宽的现状，它通过采用 ODUk 交叉、OTN 帧结构和多维度可重构光分插复用器（ROADM），极大地强化了光传送网的组网性能，使同一根光纤的不同波长上的接口速率和数据格式相互独立，让同一根光纤可以传输不同的业务。

最后，OTN 的开销管理能力和 SDH 相似，光通路层的 OTN 帧结构大大增强了该层的数字监视能力，同时，OTN 还提供 6 层嵌套串联连接监视功能，使其能够在组网时采取端到端和多个分段的方式一同进行性能监视，管理每根光纤中的所有波长，并采用前向纠错技术，增加了传输的距离。另外，OTN 能够提供更为灵活的基于电层和光层的业务保护功能，诸如在 ODUk 层的子网连接保护和共享环网保护以及光层上的光通道或复用段保护等，为跨电信运营商传输提供了强大的维护管理和保护能力。

6.1　OTN 的概念及应用

6.1.1　OTN 的概念

随着互联网新业务的不断发展，传输网的网络结构也在不断改进。光纤通信自出现以来，得到了迅速的发展。光纤通信作为传送信号的一种方式，其网络的组织一直处于电的层面。为适应新业务的需求，仅仅在电层处理业务已经远远不能满足现网的要求，于是光通信从电层向光层发展，OTN 技术出现了。

SDH 属于第一代光网络，其本质上是一种以电层处理为主的网络技术，业务只在再生段终端之间转移时保持光的形态，而到节点内部则必须经过光/电转换，在电层实现信号的分插复用、交叉连接和再生处理等。换句话说，在 SDH 网络中光纤仅仅作为一类优良的传输媒质，用于跨节点的信息传输，光信号不具有节点透过性。此时，整根光纤被笼统地视为一路载体，就像是一条宽阔的高速公路，由于没有划分车道，所以只能安排一组车流的交通。信号传输与处理的电子瓶颈极大地限制了对光纤可用带宽的挖掘利用。

第二代光网络的核心是解决上述电子瓶颈问题，20 世纪 90 年代中期，人们首先提出了"全光网"的概念。发展全光网的本意是信号直接以光的方式穿越整个网络，传输、复用、再生、选路和保护等都在光域上进行，中间不经过任何形式的光/电转换及电层处理过程。这样可以达到全光透明性，实现任意时间、任意地点、任意格式信号的理想目标。全光网络能够克服电子瓶颈，简化控制管理，实现端到端的透明光传输，优点非常突出。然而，由于光信号固有的模拟特性和现有的器件水平，目前，在光域很难实现高质量的 3R 再生（再定时、再整形、再放大）功能，大型高速的光子交换技术也不够成熟。人们已逐渐认识到全光网的局限性，提出光的"尽力而为"原则，即业务尽量保留在光域内传输，只有在必要的时候才变换到电域进行处理。这为第二代光网络——"光传送网"的发展指明了方向。

1998 年，ITU-T 正式提出了光传送网的概念。从功能上看，OTN 的出发点是在子网内实现透明的光传输，在子网边界采用光/电/光（O/E/O）的 3R 再生技术，从而构成一个完整的光网络。OTN 开创了光层独立于电层发展的新局面，在光层上完成业务信号的传送、复用、选路、交换、监视等，并保证其性能要求和生存性。它能够支持各种上层技术，是使用各种通信网络演进的理想基础传送网络。全光处理的复杂性使光传送网成为当前必然的选择，随着技术和器件的进步，人们期待光透明子网的范围将会逐步扩大至全网，未来最终实现真正意义上的全光网。

OTN 是由 ITU-T G.872、G.798、G.709 等建议定义的一种全新的光传送技术体制，它包括光层和电层的完整体系结构，对于各层网络都有相应的管理监控机制和网络生存性机制。OTN 的思想来源于 SDH/SONET 技术体制（例如，映射、复用、交叉连接、嵌入式开销、保护、FEC 等），把 SDH/SONET 的可运营、可管理能力应用到 WDM 系统中，同时具备了 SDH/SONET 灵活可靠和 WDM 容量大的优势。在 OTN 的功能描述中，光信号由波长（或中心波长）来表征。光信号的处理可以基于单个波长，或基于一个波分复用组。OTN 在光域内可以实现业务信号的传递、复用、路由选择、监控，并保证其性能要求和生存性。OTN 可以支持多种上层业务或协议，如 SONET/SDH、ATM、Ethernet、IP、PDH、Fiber Channel、GFP、MPLS、OTN 虚级联、ODU 复用等，是理想的未来网络演进的基础。

此外，OTN 扩展了新的能力和领域，例如，提供大颗粒 2.5Gbit/s、10Gbit/s、40Gbit/s 业务的透明传送，支持带外 FEC，支持对多层、多域网络的级联监视以及保护光层和电层等。OTN 对于客户信号的封装和处理也有着完整的层次系，采用 OPU（光道净荷单元）、ODU、OTU 等信号模块对数据进行适配、封装及其复用和映射。OTN 增加了电交叉模块，引入了波长/子波长交叉连接功能，为客户各类速率信号提供复用、调度功能。OTN 兼容传统的 SDH 组网和网管能力，在加入控制层面后可以实现基于 OTN 的 ASON。图 6-1 所示是 OTN 设备节点功能模型，包括电层领域内的业务映射、复用和交叉，光层领域的传送和交叉。OTN 组网灵活，可以组成点到点、环形和网状拓扑结构。

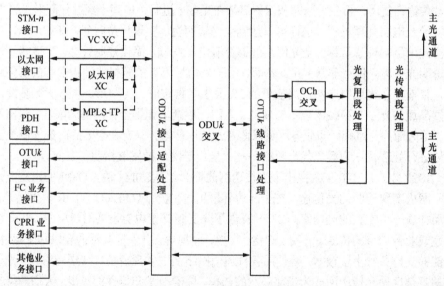

图 6-1　OTN 设备节点功能模型

因此，OTN 技术集传送、交换、组网、管理能力于一体，代表着下一代传输网的发展方向。其技术特点主要有能够实现业务信号和定时信息的透明传输、支持多种客户信号封装、支持大颗粒调度保护和恢复、具有丰富的开销字节所支持的完善性能与故障监测能力以及 FEC 能力、能够与 ASON 控制平面融为一体。

6.1.2　OTN 技术优势

目前，城域核心层及干线的同步数字体系（SDH）网络主要适合传送 TDM 业务，但迅猛增加的却是具备统计特性的数据业务，所以在现有网络层面及其后续的网络建设中不可能大规模地新建 SDH 网络。这样，自然而然地考虑扩大现有波分复用系统（WDM）网络的规模建设，但 IP 业务通过 POS（基于 SDH 的分组技术）接口或者以太网接口直接上载到现有 WDM 网络上，将面临组网、保护和维护管理等方面的缺陷。因此，在现有 WDM 网络的基础上，当条件具备时，可根据需求逐步升级为具有 G.709 开销的维护管理功能的 OTN 设备。即对于现有 WDM 系统新建或扩容的传送网，在省去 SDH 网络层面以后，至少应支持基于 G.709 开销的维护管理功能和基于光层的保护倒换功能，故 WDM 网络会逐渐升级过渡到 OTN，而基于 OTN 技术的组网会逐渐占据传送网主导地位。OTN 以多波长传送（单波长传送为其特例）、大颗粒调度为基础，综合了 SDH 及 WDM 的优点，可在光层及电层实现波长及子波长业务的交叉调度，并实现业务的接入、封装、映射、复用、级联、保护/恢复、管理及维护，形成了一个以大颗粒宽带业务传送为特征的大容量传送网络。

OTN 技术的具体特点如下。

① 多种客户信号封装和透明传输。OTN 帧可以支持多种客户信号的映射，如 SDH、ATM、以太网、ODU 复用信号以及自定义速率数据流，使 OTN 可以传送这些信号格式，或以这些信号为载体的更高层次的客户信号，如以太网、MPLS、光纤通道、HDLC/PPP、PRP、IP、MPLS、FICON、ESCON 及 DVBASI 视频信号等，不同应用的业务都可统一到一个传送平台上去。此外，OTN 还支持无损调整 ODUflex（GFP）连接带宽的控制机制（G.HAO）。

② 大容量调度能力。相对于 SDH 网络只能通过 VC 调度，提供 Gbit/s 级的容量而言，OTN 的基本处理对象是波长，可以进行大颗粒的调度处理，可提供 Tbit/s 级的带宽容量。

③ 强大的运行、维护、管理与指配能力。OTN 定义了一系列用于运行、维护、管理与指配的开销，包括随路开销与非随路开销，利用这些开销可以对光传送网进行全面而精细的监测与管理，为用户提供一个可运营、可管理的光网络。为了支持跨不同运营商网络的通道监视功能，OTN 提供了 6 级串联连接监视功能，监视连接可以是嵌套式、重叠式和/或级联式，可以对一根光纤中复用的多个波长同时进行管理。

④ 完善的保护机制。OTN 具有与 SDH 相类似的一整套保护倒换机制，如 1+1/1：n 路径保护、1+1/1：n 的子网连接保护、共享环保护等，可为业务提供可靠的保护，所以大大增强了网络的安全性与顽健性，使网络具有很强的生存能力。

⑤ FEC 功能。OTN 帧中专门有一个带外 FEC 区域，通过前向纠错可获得 5~6dB 的增益，从而降低了对 OSNR 的要求，增加了系统的传输距离。

⑥ 强大的分组处理能力。随着 OTN 和 PTN 的应用与推广，在我国许多大中

城市的城域核心层存在着 PTN 和现有 WDM/OTN 设备背靠背组网的应用场景，目的是既解决大容量传送，又实现分组业务的高效处理。从便于网络运维、减少传送设备种类和降低综合成本的角度出发，需要将 OTN 和 PTN 的功能特性和设备形态进一步有机融合，从而催生了新一代光传送网产品形态——分组增强型光传送网（PeOTN 也称 POTN），目的是实现 L0 WDM/ROADM 光层、L1 SDH/OTN 层和 L2 分组传送层（包括以太网和 MPLS-TP）的功能集成和有机融合。POTN 将被最先应用在城域核心和汇聚层，随着接入层容量需求的提升，逐步向接入层延伸。

6.1.3 OTN 标准进展

OTN 技术作为大容量的光传送技术，已经成为下一代传送网的核心技术。但是像所有的技术一样，它从技术诞生到标准成熟，经历了较长时间的研究和讨论，其中，中国的运营商和设备商为 OTN 技术和标准的成熟做出了突出贡献。ITU-T 从 1997 年就开始考虑 OTN 的标准化问题，从 1998 年到现在已陆续出台了一系列标准化建议，G.871 和 G.872（见图 6-2）是关于 OTN 纲领性的建议，G.871 给出了关于 OTN 的一系列标准的总体结构和它们之间的相互关系；G.872 给出了 OTN 的总体结构，包括 OTN 的分层结构、特征信息、客户/服务者关系、网络拓扑和网络各层的功能等；其他建议分别规范了 OTN 的各个方面，这些建议涉及 OTN 的网络节点接口、物理层特性、抖动和漂移性能控制、设备功能块的特性、线性和环形保护、链路容量调整方案、网络管理、智能控制等诸多方面，为将 OTN 技术推向应用奠定了基础，也对 OTN 技术的发展起到了积极的促进作用。另外，ASON 系列相关标准也适用于 OTN。

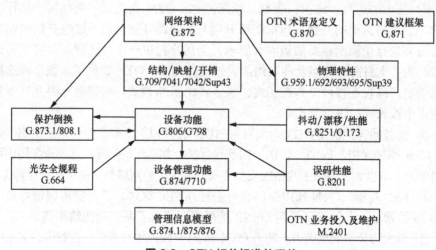

图 6-2　OTN 相关标准的现状

国内对 OTN 的发展也颇为关注，中国通信标准化协会目前已完成了相关行业标准的书写（包括 OTN 基本原则、OTN 的 NMS 系统功能、OTN EMS-NMS 系统接口功能、EMS-NMS 通用接口信息模型、基于 IDL 的信息模型以及基于 XML 的信息模型技术），目前正在进行 ROADM 技术要求和 OTN 总体要求等 OTN 行标的编写。OTN 技术除了在标准上日臻完善之外，近几年在设备和测试仪表等方面的进展也很迅速。

中国移动、中国电信和中国联通已经开展 OTN 技术的研究与测试验证，部分地区已经开始 OTN 的商用。2014 年年初，中国移动与阿尔卡特朗讯合作成功完成中国首次基于商用平台的 400G 光传输测试；还率先启动 400G 多设备厂家和多光纤类型实验室测试，验证了 4×100G-QPSK (@125/150GHz)和 2×200G-16QAM(@75/100GHz)两种技术方案。2016 年，中国联通在山东和新疆的一级和二级干线启动新型光纤和 400G 现网试点验证工作，以评估系统的传输性能和环境适应性。中国联通一直在做新型光纤对 400G 传输能力检测实验，在东部地区开展试点，主要是开展多厂家 400G 系统测试，验证新型光纤对 400G 传输能力的提升。同时，在西部试点，在复杂环境下验证光纤对于 400G 传输的稳定性。2017 年，中国电信上海分公司携手烽火通信在全国最大、最复杂的本地网——上海电信 OTN 二平面——完成了基于 WSS 全光调度的 400G 现网测试。

同时，国外运营商对传送网络的 OTN 接口的支持能力已提出需求。随着宽带数据业务的大力发展和 OTN 技术的日益成熟，采用 OTN 技术构建更为高效和可靠的传送网是通信传输技术发展的必然结果。

本节将从国际和国内两个角度介绍 OTN 标准化的基本现状，同时，将讨论 OTN 技术的后续发展趋势。

1．国际 OTN 标准化现状

国际上的 OTN 系列标准主要由 ITU-T SG15 来组织开发，其主要由网络架构（SG15 Q12 负责）、物理层传输（SG15 Q6 负责）、设备功能及保护（SG15 Q9 负责）OTN 逻辑信号结构（SG15 Q11 负责）、OTN 抖动与误码（SG15 Q13 负责）、OTN 管理（SG15 Q14 负责）等内容构成。

由于 OTN 是作为网络技术来开发的，许多 SDH 传送网中成熟的功能和体系原理都被拿来仿效，包括帧结构、功能模型、网络管理、信息模型、性能要求、物理层接口等系列标准。OTN 传送平面标准的内容及目前最新的进展分别如下。

（1）OTN 网络架构

G.871 标准定义了光传送网框架结构。其目的是协调 ITU-T 内对 OTN 标准的开发活动，以使开发的标准包含 OTN 的各个方面并保证一致性。该标准提供了用于高层特性定义的参考、OTN 各个方面相关标准的说明及相互关系和开发 OTN 标准的工作计划等。该标准为滚动型标准，主要介绍光传送网标准化进程，没有任何稳定文本、标准会实时地根据标准化状态更新。G.872 标准定义了光传送网结构。其基于 G.805 的分层方法描述了 OTN 的功能结构，规范了光传送网的分层结构、特征信息、客户/服务层之间的关联、网络拓扑和分层网络功能，包括光信号传输、复用、监控、选路、性能评估和网络生存性等。

（2）物理层传输

OTN 的物理层接口标准主要包括 G.959.1 和 G.693。G.959.1 规范了光网络的物理接口，主要目的是在两个管理域间的边界间提供横向兼容性，域间接口（IrDI）规范了无线路放大器的局内、短距和长距应用。G.693 规范了局内系统的光接口，规定了标称比特率 10Gbit/s 和 40Gbit/s，链路距离最多 2km 的局内系统光接口的指标，目标是保证横向兼容性。G.959.1 标准定义了光网络物理层接口和要求。其定义了采用 WDM 技术的 pre-OTN 物理网络接口，在该情况下不要求 OTN 网管功能。标准适用于基于 G.709 接口的光传送网域间接口，主要目的是实现两个管理域之间接口的横向兼容，标准还规范了包括不使用线路放大器的局内系统、短距系统和长距系统。2012 年 2 月 1 日，ITU-T 发布了 G.959.1 的最新版本 G.959.1-2012。G.693 标准目前基本稳定。

（3）设备功能及保护

OTN 设备的功能主要包括 G.671、G.798、G.798.1、G.806 和 G.664 等规范，保护功能主要由 G.873.1 和 G.873.2 来规范。G.671 标准定义了光器件和光子系统性能要求。其规范了在长途网和接入网中与传送技术相关的所有类型的光器件特性，涵盖各种类型的光纤器件。标准定义了在所有工作状态下光器件的传输性能，确认各种光器件的参数，定义了各种系统应用下的相关参数值。G.798 标准采用 G.806 规定的传输设备的分析方法，对基于 G.872 规定的光传送网结构和基于 G.709 规定的光传送网网络节点接口的传输网络设备进行分析。其功能描述是总体性的，不涉及物理功能的具体分配。定义的功能适用于光传送网 UNI 和 NNI，也可应用在光子网接口或与光技术相关的接口。G.798.1 主要规范 OTN 设备的类型，G.806 主要规范传送设备功能性能特性的描述方法规范，G.664 标准定义了光传送网安全要求，它规定了光网络中光接口在安全工作状态下的技术要求，包括传统 SDH 系统、WDM 系统和光传送网。标准还规范了光接口自动激光关断（ALS）和自动功率降低（APR）等光安全进程，确保在光通道出现故障时激光器功率降到安全功率以下。

G.873.1 主要规范 OTN 的线性保护，主要包括 ODU*k* 层面的路径保护、3 种不同类型的子网连接保护（SNCP）等类型，规范了保护结构、自动倒换信令

（APS）、触发条件、保护倒换时间等内容。G.873.2 主要用于规范 OTN 的环网保护。

（4）OTN 逻辑信号结构

OTN 逻辑信号结构主要由 G.709、G.HAO 和 G.sup43 等来规范。G.709 标准定义了光网络的网络节点接口。该标准规范了光传送网的光网络节点接口，保证了光传送网的互联互通，支持不同类型的客户信号。标准主要定义 OTM-*n* 及其结构，采用了"数字封包"技术定义各种开销功能、映射方法和客户信号复用方法。通过定义帧结构开销，实施光通路层功能；通过确定各种业务信号到光网络层的映射方法，实现光网络层面的互联互通。相对于 2003 年的版本，2009年 10 月通过的 G.709 主要增加了新的带宽容器（ODU0、ODUflex、ODU2e、ODU4）以及对应的映射复用结构、通用映射规程（GMP）；1.25Gbit/s 支路时隙；增加时延测试开销等。另外，G.HAO 主要定义了基于 ODU*k* 带宽灵活无损可调的相关标准，而 G.sup43 则主要讨论了 10GE LAN 在 OTN 中透传的问题。

另外，ITU-T G.7041 规范的通用成帧规程（GFP），G.7042 规范的虚级联信号的链路容量自动调整机制也同样适用于 OTN。G.7042 标准定义了虚级联信号的自动容量调整。该标准定义的链路容量调整方案，采用虚级联技术用来增加或减少 SDH/OTN 中的容量。如果网络中一个单元失效，可以自动减少容量。当网络修复完成后，可以自动增加容量。

（5）OTN 抖动与误码

OTN 的抖动和误码主要由 G.8251、O.173 等标准来规范。G.8251 定义了 OTN NNI 的抖动和漂移要求，其根据 G.709 定义的比特率和帧结构来确定，定义了抖动转移函数、抖动容限和网络抖动参数。OTN 技术和 SDH 技术有所不同，SDH 技术需要严格同步以保证数据传送质量，OTN 技术则没有这个要求。为了使 OTN 两端的 SDH 保持同步，G.8251 做了非常详细的规定，O.173 则对测试OTN 抖动的设备（仪表）功能要求做了规范。

OTN 的误码规范主要由 G.8201 来规范。G.8201 主要用来规范 OTN 的国际多家电信运营商之间的通道误码性能指标。

（6）OTN 管理

OTN 的管理主要由 G.874、G.874.1、G.7710、G.7712 和 M.2401 等标准来规范。G.874 标准定义了 OTN 的一层或多层网络传送功能中的 OTN 网元的管理。光层网络的管理应与客户层网络分离，使其可以使用与客户层网络不同的管理方法。G.874 标准描述了网元管理层操作系统和光网元中的光设备管理功能之间的管理网络组织模型，还描述了 NEL 操作系统之间以及 NEL 与 NEL 之间通信的管理网络组织模型。G.874.1 标准定义了光传送网网元信息模型。该标准描述了光传送网管理网元的信息模型，该模型包括被管理的对象等级和它们的特征，这些特征可以用来描述按照 M3010 TMN 进行交换的信息。G.7710 标准定义了通用设备管理功能要求。该标准定义的单元管理功能对网络中各种复用传送技术是通用的，与具体实现技术无关，这些功能包括日期和时间、故障管理、配置管理和性能管理。网络中的网元不一定全部支持和具备这些功能，其支持程度应根据该网元在网络中的位置与连接功能来确定。G.7712 规范了数据和信令通信网络。M.2401 规范了 OTN 运营商投入业务和维护业务的性能指标要求。

2000 年之前，OTN 标准基本采用了与 SDH 相同的思路，以 G.872 光网络分层结构为基础，分别从物理接口、节点接口等几方面定义了 OTN。2000 年，对于 OTN 的发展是一个重要的转折，由于 ASON 的发展使 OTN 标准化进程改变了方向，从单纯模仿 SDH 标准向智能 ASON 标准化方向发展，其中的重点是控制平面及其相关方面的标准化。作为国际标准化组织，ITU-T 主要从网络的框架结构方面提出要求，定义了自动交换光网络体系结构。同时，参照其他标准化组织的成果，开始对分布式呼叫和管理、选路协议和信令等进行规范。另外，对 G.872 也做了较大修正，针对自动交换光网络引入的新情况，对一些标准进行修改。涉及物理层的部分基本没有变化，例如，物理层接口、光网络性能和安全要求、功能模型等。涉及 G.709 光网络节点接口帧结构的部分也没有变化。变化较大的部分主要是分层结构和网络管理。另外引入了一大批新标准，特别是控制层面的标准（见图 6-3）。

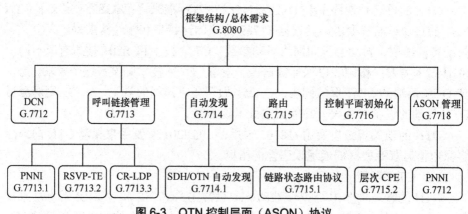

图 6-3　OTN 控制层面（ASON）协议

OTN 控制平面标准内容如下。

（1）G.8080 标准。G.8080 标准定义了自动交换光网络结构。该标准提出并描述了自动交换光网络的结构特征和要求，不仅适用于 G.803 定义的 SDH，还适用于 G.872 定义的 OTN。标准描述了控制平面的组成单元，这些单元可以通过对传输资源的处理来建立、维护和释放连接。同时将呼叫控制与连接控制分开，选路和信令拆分，其组成单元是抽象的实体，而不是实施软件。

（2）G.7712 标准。G.7712 定义了数据通信网的体系结构与规范。该标准涉及 TMN 的分布式管理通信，ASON 的分布式信令通信以及包括公务、语音通信和软件下载在内的其他分布式通信方式。数据通信网的结构可以单独采用 IP、OSI 或者两者的结合，其间的互联互通应符合相关规定。数据通信网支持各种应用，包括 TMN 要求其传输 TMN 单元之间的管理信息、ASON 要求其传送 ASON 单元之间的信令信息。

（3）G.7713 标准。G.7713 定义了分布式呼叫和连接管理。G.807/G.8080 定义了采用控制平面建立业务的动态光网络的结构和要求，而 G.7713 确立了 ASON 控制平面中协议方式的信令进程的具体要求。该标准定义了 ASTN 的信令方面，适用于 UNI 和 NNI 之间的连接管理，包括呼叫控制信令、连接控制和链路资源管理信令的要求及格式。

（4）G.7713.1 标准。G.7713.1 定义了基于私有网络间接口（PNNI）的分布式呼叫和管理。该标准提供了基于 PNNI/Q.2931 分布式呼叫和控制 DCM 协议规范。

（5）G.7713.2 标准。G.7713.2 标准采用 GMPLS RSVP-TE 的 DCM 信令。该标准包含与 ASON 相关信令方面的内容，特别是 GMPLS RSVP-TE。该标准集中在 UNI 和 E-NNI 接口规范上，同时也适用于 I-NNI。

（6）G.7713.3 标准。G.7713.3 标准采用 GMPLS CR-LDP 的 DCM 信令，用受限的路由标签分发协议 CR-LDP 来实现分布式呼叫和连接管理 DCM 的信令机制。CR-LDP 是 MPLS 框架下的协议，在 Y.1310 中作为 IP 在 ATM 传输的手段。扩展 MPLS 包括 TDM 交换和传送、光复用等级，称之为 GMPLS。

（7）G.7714 标准。G.7714 标准定义了 ASON 中的自动发现技术，其目的在于辅助进行网络资源管理和选路。该标准引入了两个新的重要概念，即"层邻接发现"和"物理介质邻接发现"，它们都被用来描述控制平面中不同控制实体之间的逻辑相邻连接关系。

（8）G.7715 标准。G.7715 标准定义了在 ASON 中建立 SC 和 SPC 连接选路功能的结构和要求，主要内容包括 ASON 选路结构、通路选择、路由属性、抽象信息和状态图转移等功能组成单元。该标准提供中性协议来描述 ASON 选路，通过 DCN 传输选路信息作为其中的一个选项。

（9）G.7716 标准。G.7716 控制平面组件的初始化、组件之间的关系建立以及控制平面异常后的处理等内容。

（10）G.7718 标准。G.7718 定义了与协议无关的控制平面管理信息模型。

从 OTN 国际标准的整体发展现状来看，OTN 主要标准目前已趋于成熟，后续的主要工作将集中于现有已立项标准的完善和修订，同时，基于更高速率的 OTU5 及其相关映射复用结构的规范、基于光层损伤感知的智能控制等也将是后续标准发展的主要方向之一。

事实上，传统的 OTN 主要还是针对大颗粒 TDM 业务设计的，随着数据业务的蓬勃发展，OTN 标准也在持续地演进。2009 年 10 月 9 日，在瑞士日内瓦召开的 ITU-T SG15 研究组全体会议上，包含了多业务 OTN（MS-OTN）关键技术特征（ODU0、ODU4、ODUflex、GMP 等）的 G.709v3 获得通过。MS-OTN 关键技术主要包括通用映射规程（GMP）、ODUflex 和 ODUflex（GFP）无损调整（G.HAO）。

（1）GMP

传统 OTN 建议中仅定义了 CBR 业务、GFP 业务和 ATM 业务的适配方案。随着业务种类的不断增加，客户对业务传送的透明性要求也不断提高。目前，客户信号的传送主要有 3 个级别的透明性，即帧透明、码字透明和比特透明。帧透明方式将会丢弃前导码和帧间隙信息，而这些字节中可能携带了一些私有运用。同样，码字透明方式也会破坏客户信号的原有信息。这两种透明传送方式均无法满足客户对业务的透明性需求，也无法支撑 CBR 业务的统一的适配路径。2001 版的 G.709 虽然支持有限的几种比特透明适配方式，但这种方式仅限于 SDH 业务，无法扩展到其他业务。针对多业务的比特透明需求，OTN 新定义了一种通用映射规程，以支持多业务的混合传送。

GMP 能够根据客户信号速率和服务层传送通道的速率，自动计算每个服务帧中需要携带的客户信号数量，并分布式适配到服务帧中。

（2）ODUflex

MS-OTN 针对未来不断出现的各种速率级别的业务，定义了两种速率可变的 ODUflex 容器，具体参见图 6-4。一种是基于固定比特速率（CBR）业务的 ODUflex，这种 ODUflex 的速率有 3 个范围段，分别是 ODU1～ODU2、ODU2～ODU3 和 ODU3～ODU4，这种 ODUflex 通过同步映射 BMP 适配 CBR 业务；另一种是基于分组业务的 ODUflex（GFP），这种 ODUflex（GFP）的速率介于 1.38～104.134Gbit/s，这种 ODUflex（GFP）的速率原则上是任意可变的，但是 ITU-T 推荐采用 ODUk 时隙的倍数确定速率，这种 ODUflex（GFP）通过 GFP 适配分组业务。ODUflex 和 ODUk（k=0,1,2,2e,3,4）构成了 MS-OTN 支撑多业务的低阶传送通道，能够覆盖 0～104Gbit/s 范围内的所有业务。ODUflex 容器的提出，使 MS-OTN 具备了多种业务的适应能力。

（3）ODUflex（GFP）无损调整（G.HAO）

针对 ODUflex（GFP），ITU-T 目前正在定义一种类似 SDH LCAS 技术的

ODUflex（GFP）无损调整（G.HAO）技术。这种技术能够提高 MS-OTN 传送分组业务的带宽利用率，增强 MS-OTN 部署的灵活性。ODUflex（GFP）连接中的所有的节点必须要支持 G.HAO 协议；否则需要关闭 ODUflex（GFP）连接并重新建立。ODUflex（GFP）链路配置的修改必须通过管理或控制平面下发。

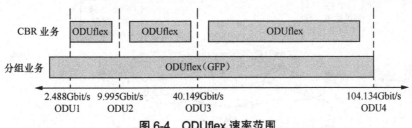

图 6-4　ODUflex 速率范围

　　HAO 技术改善了虚级联 LCAS 技术存在的几个重大问题：其一，对于业务管理监控方面，ODUflex（GFP）HAO 技术监控的是整个传送链路，而虚级联 LCAS 技术则采用反向复用方式，因此，管理开销监视的是不同的传送链路，不利于业务的统一管理；其二，虽然虚级联 LCAS 技术仅需要首末节点支持，但不同的链路路径在传输过程中引入较大延时，接收端接收后，需要在设备内部设计很大的 FIFO，用于对齐不同链路的延时差，这种 FIFO 的引入将增大设备实现难度，而 ODUflex（GFP）HAO 技术采用统一路径，消除了延时差，接收端不需要内置 FIFO 补偿延时差，易于设备实现。

　　相比虚级联 LCAS，G.HAO 虽然需要 ODUflex（GFP）整个链路的所有节点参与，但克服了 LCAS 在管理控制方面及缓存方面的重大问题，能够为运营商带来统一的网络管理及低成本的带宽调整方案，是未来 MS-OTN 传送分组业务的核心技术之一。

　　在 G.HAO 协议中，最重要的是控制时隙链路带宽变化的 LCR 协议和控制 ODUflex（GFP）带宽变化的 BWR 协议，具体参见图 6-5。这两个协议在带宽增加和带宽减少时的执行步骤有些不同。当带宽增加时，先执行 LCR 协议，完成时隙链路的带宽增加，再执行 BWR 协议，最终完成 ODUflex（GFP）链路带宽增加的操作。当带宽减少时，先启动 LCR 协议发动减少命令，随后挂起，再执行 BWR 协议完成 ODUflex 链路的带宽减少操作，随后重新启动 LCR 协议，再完成时隙链路的减少。

　　2. 国内 OTN 标准化现状

　　国内 OTN 的标准化工作主要由中国通信标准化协会（CCSA）的传送与接入网工作委员会（TC6）的第一工作组（WG1）来完成。从 OTN 标准的制订过程看，基本可分为两个阶段，即国际标准借鉴采用阶段和国内标准自主创新阶段。总体来说，国内 OTN 标准也处于基本成熟的阶段，后续的标准化工作侧重于已立项标准体系的逐渐完善和补充，同时，根据 OTN 技术最新的发展和应用需求情况，逐步立项并制订相关要求标准。

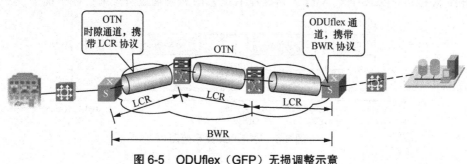

图 6-5　ODUflex（GFP）无损调整示意

第 1 阶段主要为 OTN 国际标准对应转换阶段，主要完成了 GB/T 20187-2006《光传送网体系设备的功能块特性》（对应于 ITU-T G.798、ITU-T G.709 和 ITU-T G.959.1 等标准）。

第 2 阶段主要为自主创新制定阶段，目前主要完成了标准 YD/T1990-2009《光传送网（OTN）网络总体技术要求》、YD/T 2003-2009《可重构的光分插复用（ROADM）设备技术要求》、行业标准《光传送网（OTN）测试方法》、《可重构的光分插复用（ROADM）设备测试方法》、《基于 OTN 的 ASON 设备技术要求》、技术报告《OTN 多业务承载技术要求》等。

国内自主制订的标准主要内容如下。

（1）YD/T 1990-2009 标准规定了基于 ITU-T G.872 定义的《光传送网（OTN）总体技术要求》，主要内容包括 OTN 功能结构、接口要求、复用结构、性能要求、设备类型、保护要求、DCN 实现方式、网络管理和控制平面要求等；适用于 OTN 终端复用设备和 OTN 交叉连接设备，其中 OTN 交叉连接设备主要包括 OTN 电交叉设备、OTN 光交叉设备和同时具有 OTN 电交叉和光交叉功能的设备。

（2）YD/T 2003-2009 标准规定了《可重构的光分插复用（ROADM）设备技术要求》，该标准规定了"可重构的光分插复用（ROADM）设备的功能和性能"，包括 ROADM 设备的参考模型和参考点、ROADM 设备的基本要求、ROADM 设备的光接口参数要求、波长转换器和子速率复用/解复用要求、监控通道要求、ROADM 设备管理要求等。

（3）《光传送网（OTN）测试方法》是与 YD/T 1990-2009 对应使用的标准，主要规范了 OTN 相关的测试方法，包括系统参考点定义、开销及维护信号测试、光接口测试、抖动测试、网络性能测试、OTN 设备功能测试、保护倒换测试、网管功能验证和控制平面测试等内容。

（4）技术报告"光传送网（OTN）组网应用研究"的主要内容包括 OTN 与现有 SDH 和 WDM 网络的关系；OTN 光电两层交叉在传送网络中的应用方式；OTN 在省际干线、省内干线、城域网中的应用方式；OTN 与 PTN、IP 承载网络的关系；多厂家互联互通方式等。

"光传送网（OTN）多业务承载技术要求"主要研究 OTN 多业务承载的接口适配处理、分组业务处理功能、VC 调度功能、OTN 时钟同步和频率同步要求、OTN 多业务承载性能要求及保护、网络管理、控制平面要求等内容，主要侧重于 YD/T 1990-2009 没有包含且目前发展趋势较为明显的内容。

3．OTN 发展趋势分析

继 100G 之后，光传送标准正在继续演进和支持 400G 传送。三大国际标准组织 IEEE、ITU-T 和 OIF 都已相继成立了相应的工作组开展 400G 相关标准的研究工作，ITU-T 主要对于 400G 物理层和 400G OTN 开展标准化，IEEE 主要规范 400GE 和 200GE 等客户侧接口，光互联论坛（OIF）主要针对互联互通和有关光电接口及接收机等展开研究。400GE 标准由 IEEE 负责。2017 年 12 月 6 日，IEEE 802.3 以太网工作组正式批准了新的 IEEE 802.3bs 以太网定义标准，包括 200G 以太网（200GbE）、400G 以太网（400GbE）所需的媒体访问控制参数、物理层、管理层参与。

与此同时，ITU-T 将开发基于 $n \times 100G$ 灵活速率的超 100G（B100G）OTN 技术（见图 6-6）。目前，OTUCn 将能够提供 $n \times 100G$ 灵活线路速率接口，满足运营商对光频谱带宽资源的精细化运营需求。ITU-T SG15 将大部分超 100G OTN 技术规范形成工作假设：确定帧结构、OTUCn 开销、复用架构和比特速率等相关技术；部分技术规范和 IEEE 400GE 相关，ITU-T 需要和 IEEE 互动；ITU-T 已经识别出超 100G OTN 和 IEEE 无关及相关部分技术内容；借鉴 OTU4 承载 100GE 经验，相关部分需要等待 IEEE 最终决策。

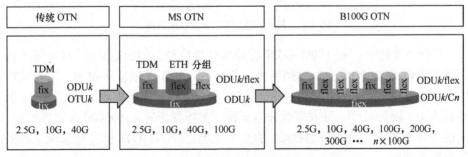

图 6-6 OTN 标准发展示意

ITU-T SG15 主要关注光传送网（OTN）相关标准的定义。2013 年 7 月，ITU-T SG15 采纳了关于超 100G OTN 架构的相关提案，明确定义了 $n\times100$Gbit/s 速率的 OTUCn、B100G（超 100G）OTUCn 帧结构、开销、比特速率和复用方式等，并已经形成工作假设。目前，ITU-T SG15 已确定 OTUCn 第一个标准化的 IrDI 接口为 400G OTUC4，同时将持续推进客户侧信号映射和 FEC 方面的讨论。

如图 6-7 所示，超 100G OTN 协议栈借鉴了 SDH 的设计思路，将类似 PDH 的 OTN 架构改造为类似 SDH 的架构：

（1）将现有的 ODU3/ODU4 扩展为类似 VC3/VC4 的容器；

（2）将 ODUCn 扩展为类似 SDH 的复用段，将 OTUCn 扩展为类似 SDH 的再生段；

（3）ODUCn 不支持层层复用；

（4）OTUCn/ODUCn/OPUCn 开销每跳终结，并在出口再生；

（5）不再支持 ODUCn TCM 功能。

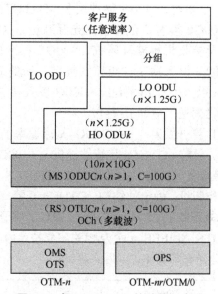

图 6-7　超 100G OTN 协议栈示意图

如图 6-8 所示，超 100G OTN 的帧结构会将现有的固定长度 OTN 帧结构扩展为类似 SDH 的可变长度帧结构，将 n 路 100G 子帧按列间插，方便重用 OTU4 设计模块。同时，将现有的由帧频可变、帧长固定扩展为类似 SDH 的帧频固定、帧长可变，可方便拆分为 n 路，支持灵活的 $n\times100$Gbit/s 速率扩展，大部分开销放置在第一路 OTUC1 的开销位置。ITU-T Q11 已经将该帧结构采纳为工作假设。

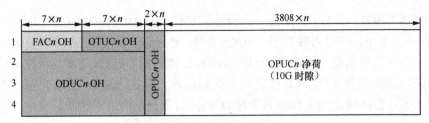

图 6-8 超 100G OTN 帧结构示意

如图 6-9 所示，在超 100G OTN 复用映射路径中，OPUCn 采用 10G 粒度划分时隙，超 100G 客户信号先映射到 ODUflex，再采用 GMP 映射到 OPUCn 时隙，先终结 400GE FEC，再映射到 ODUflex，出 OTN 时再加上 FEC。对于低于10G 的客户信号，采用 GMP 通过 ODU3/ODU4 二级复用到 OPUCn 时隙。超 100G OTN 的复用方案也被接纳为工作假设。

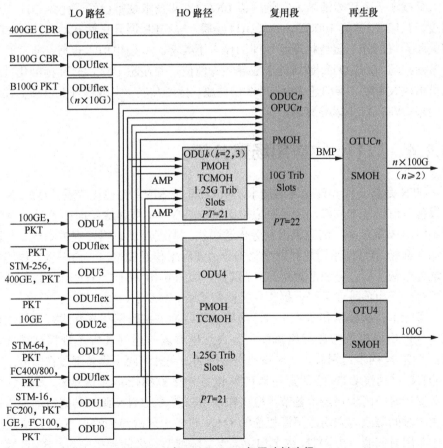

图 6-9 超 100G OTN 复用映射路径

ITU-T SG15 Q11 工作组进一步确定了 OTUCn/ODUCn/OPUCn 比特速率，见表 6-1。其中，FEC 将独立于 OTUCn 之外，Q11 没有限制未来 FEC 空间的利用。OPUC4 需要承载 400GE 和 4×ODU4，目前，确定的 OPUC4 速率在承载 400GE 时存在较大的裕量。OPUCn 在划分 10G 时隙时，存在定义 8n 列填充和不填充两种方式，Q11 确定的工作假设为对 8n 列进行填充，为后续扩展留余地。

表 6-1 OTUCn/ODUCn/OPUCn 比特速率

类型	比特速率（kbit/s）	频偏（ppm）
OTUCn（无 FEC）	n×105725952.000（n×239/225×99532800）	±20
ODUCn	n×105725952.000（n×239/225×99532800）	±20
OPUCn	n×105283584（n×238/225×99532800）	±20

随着 Q11 讨论持续推进，超 100G OTN 帧结构、复用映射架构和开销定义等大量技术规范逐渐清晰，大量的超 100G OTN 技术规范已经固化为 Q11 工作假设。ITU-T 将借鉴 100GE over ODU4 经验，与 IEEE 展开良性互动，区分 IEEE 相关和无关部分，避免标准组织间的技术不兼容。中国电信运营商、研究院和设备商在超 100G OTN 领域处于业界领先地位，并在超 100G OTN 标准化过程中做出巨大贡献，推动超 100G 产业链健康、持续发展。中国将再次引领基础承载网超 100G OTN 标准演进。

6.1.4 OTN 的应用场景分析

OTN 是新一代光传送网络技术，从 OTN 技术应用定位上来看，OTN 技术及设备目前已基本成熟，主要可应用于城域核心及干线传送层面；而对于 OTN 设备组网选择来说，则应根据业务传送颗粒、调度需求、组网规模和成本等因素综合选择。OTN 组网总体网络架构分为省际干传送线网、省内干传送线网和城域传送网（核心层和汇聚层）3 个部分，如图 6-10 所示。OTN 作为透明的传送平台，应为各种业务平台提供各类业务的统一传送。

省际干传送线网和省内干传送线网的组网模型按照网络拓扑进行划分，城域传送网组网模型按照网络规模划分大规模城域传送网和中小规模城域传送网。当 OTN 同步组网时，在城域传送网层面，当时间同步设备部署在核心层面的 OTN，并通过 OTN 给下游各个 PTN 设备分发 1588v2 同步信息时，需要 OTN 设备支持时间同步功能，各节点应工作在 BC 模式。OTN 组网传递时间同步，在主用时间源或与主用时间源相连的 OTN 设备出现故障的情况下，OTN 应同步于备用时间源。当 OTN 内部出现节点故障或节点之间连接中断，BMC 算法为链路提供保护方案。为保证 OTN 设备可靠地将时间同步信息传递给 PTN 设备，OTN 设备应提供主备两个时间链路，连接到 PTN 设备。

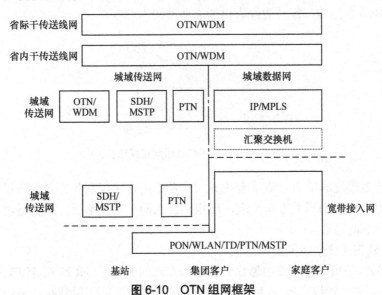

图 6-10 OTN 组网框架

1. 省际干传送线网组网模型

随着网络及业务的 IP 化、新业务的开展及宽带用户的迅猛增加，国家干线上 IP 流量剧增，带宽需求逐年成倍增长。波分国家干线承载着 PSTN/2G 长途业务、NGN/3G 长途业务、Internet 国家干线业务等。由于承载业务量巨大，波分国家干线对承载业务的保护需求十分迫切。

如果采用 IP over SDH over WDM 的业务承载模式，可利用 SDH 实现对业务的保护。但 SDH 交叉调度颗粒太小，随着 IP 业务带宽颗粒的进一步增大，这种承载模式将使 SDH 设备的复杂度大大增加，保护效率降低，成本迅速提高。

如果采用 IP over WDM 的业务承载模式，可由 IP 层实现业务的保护。通过采用双平面设计，并引入 BFD 检测机制、IGP 快速路由收敛、IP/LDP/TE/VPN FRR 等技术，可实现业务层 50ms 的故障恢复，达到 SDH 的电信级故障恢复水平。

但在 IP 层的海量业务下，这种保护方式控制的复杂性和成本的经济性都无法得到保障。不仅如此，FRR 的实施条件十分苛刻，配置过程也十分复杂，必须分段（每个 Span）寻找保护路由，且实际测试结果并没有达到 50ms。而且，在这种保护方式下，IP 层业务只能做到轻载，网络效率并不高。

OTN 可以解决上述问题。国家干线 IP over OTN 的承载模式可实现 SNCP 保护、类似 SDH 的环网保护、Mesh 网保护等多种网络保护方式，其保护能力与 SDH 相当，而且设备复杂度及成本也大大降低。

省际干传送线网（见图 6-11）部分边缘省份光缆网络只有两个出口方向，

其他省份光缆网有 3 个以上出口方向，OTN 组网时可根据光缆网络拓扑采用网状网（Mesh）结构，部分边缘省份通过环网接入业务。

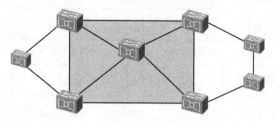

图 6-11　省际干传送线网组网拓扑

对于多维度的节点，需结合业务的流量流向合理规划各方向的波道，对于同一条电路使用的两个方向波道，应规划进入同一交叉单元，避免通过外部跳纤实现通道的连通。

2．省内干传送线网组网模型

省内/区域内的骨干路由器承载着各长途局间的业务（NGN/3G/IPTV/大客户专线等）。通过建设省内/区域干线光传送网（OTN）可实现颗粒业务的安全、可靠传送；可组环网、复杂环网、Mesh 网；网络可按需扩展；可实现波长/子波长业务交叉调度与疏导，提供波长/子波长大客户专线业务。

（1）场景 1（见图 6-12）

业务特点：以省会城市节点为中心，各地市的业务主要向省会城市节点汇聚。

光缆网特点：以省会城市节点为中心，各地市节点分布在各环上。

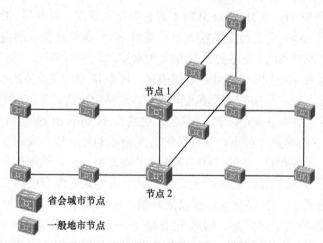

图 6-12　省内干传送线网场景 1 组网拓扑

网络组织：OTN 组织为环形结构，省会城市节点支持多维，一般地市节点支持两维。

（2）场景 2（见图 6-13）

业务特点：以省会城市节点为中心，各地市的业务向省会城市节点汇聚。

光缆网特点：以省会城市节点为中心，各地市节点分布在各环上，但环与环间存在共用边。

网络组织：OTN 组织为环形结构，各环都经过省会城市两个节点，省会城市节点支持多维，一般地市节点支持两维，公共边的节点支持三维及以上。

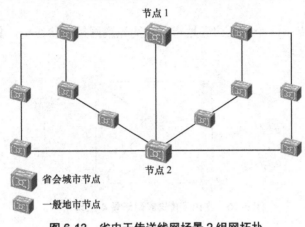

图 6-13 省内干传送线网场景 2 组网拓扑

（3）场景 3（见图 6-14）

业务特点：除省会城市为业务出口点外，还具有第二业务出口地市，各地市的业务按归属地分别向省会城市节点或第二出口节点汇聚。

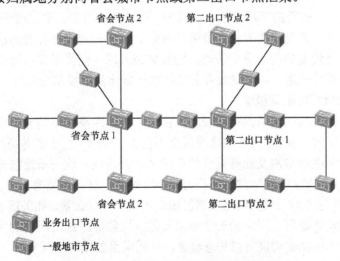

图 6-14 省内干传送线网场景 3 组网拓扑

光缆网特点：以省会城市和第二出口城市为中心，各地市节点分布在各环上，省会城市和第二出口城市共处于一个环上。

网络组织：OTN组织为环形结构，省会城市节点和第二出口节点分别带环，且省会城市节点和第二出口节点间需要组织环网，业务出口节点应支持多维，一般地市节点支持两维。

（4）场景4（见图6-15）

业务特点：一个区域内各地市节点间有业务流量，其他地市节点的业务向该区域汇聚。

光缆网特点：一个区域内各地市节点间光缆网呈网状结构，其他地市节点呈环状接入该区域。

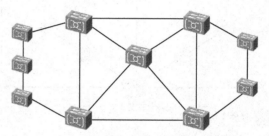

图6-15 省内干传送线网场景4组网拓扑

网络组织：部分区域根据光缆网的连通度以及业务的流量流向组织网状网络，其他地市按环网组织连接到该区域。

以环为主的网络，各节点可按环使用交叉单元配置系统，当跨环波道需求较少时，省会节点或第二出口节点用于跨环交叉单元可与用于组建环网的交叉单元共用一个，随着跨环波道需求的增加，可单独使用交叉单元用于环间调度；对于网状网络，各节点需要结合业务的流量、流向合理规划各方向的波道，对于同一条电路使用的两个方向波道，应规划进入同一交叉单元，避免通过外部跳纤实现通道的连通。可考虑按业务波道的一定比例配置冗余波道。

3. 城域 OTN 组网模型

城域网覆盖的地理范围相对较小，信号的传输距离并不是光传送网组网的限制因素，因此，城域OTN的建设重点不在于OSNR、色散值等系统设计上，而主要关注于组网结构及业务提供的多样性和灵活性，这与长途波分的建设非常不同。城域OTN的基本网络拓扑与WDM网络一样，主要有点到点、链形、环形和Mesh这4种。根据网络覆盖区域的形状、节点数量、业务需求、相邻节点间的主要通道截面、网络的安全要求及经济性能等，选用所需的基本拓扑结构，各种基本拓扑结构也可以任意组合，从而满足城域网组网要求。

在城域网核心层，OTN可实现城域汇聚路由器、本地网C4（区/县中心）

汇聚路由器与城域核心路由器之间大颗粒宽带业务的传送。路由器上行接口主要为 GE/10GE，也可能为 2.5G/10GPOS。对于以太业务可实现二层汇聚，提高以太通道的带宽利用率；可实现波长/各种子波长业务的疏导，实现波长/子波长专线业务接入；可实现带宽点播、光虚拟专网等，从而可实现带宽运营；从组网上看，还可重整复杂的城域传输网的网络结构，使传输网络的层次更加清晰。

在城域网接入层，随着宽带接入设备的下移，接入速率越来越高，大量 GE 业务需传送到端局的 BRAS 及 SR 上，未来也可采用 OTN 或 OTN+PON 相结合的传输方式，它将大大节省因光纤直连而带来的光纤资源的快速消耗，同时，可利用 OTN 实现对业务的保护，并增强城域网接入层带宽资源的可管理性及可运营能力。

城域 OTN 结构根据网络规模的差异，选择不同的建设方式，主要分为大规模城域传送网和中小规模城域传送网。在波导规划方面，对于多维度的节点，需要结合业务的流量流向合理规划各方向的波道，对于同一条电路使用的两个方向波道，应规划进入同一交叉单元，避免通过外部跳纤实现通道的连通。在 OTN 节点建议业务端到端进入交叉单元。

（1）场景 1：大规模城域传送网（见图 6-16）

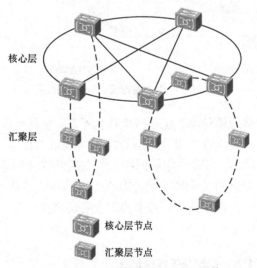

图 6-16　大规模城域 OTN 组网拓扑

城域传送网网络规模较大，核心节点数量多，整体网络业务量也较大。核心层负责提供核心节点间的局间中继电路，并负责各种业务的调度，实现大容量的业务调度和多业务传送功能。汇聚层负责一定区域内各种业务的汇聚和疏导，汇聚层具有较大的业务汇聚能力及多业务传送能力。核心层、汇聚层可考虑独立组网，初期，根据业务需求可只在核心层采用 OTN 组网。核心层的光缆资源相对丰富，用 OTN 组网时主要采用网状网络结构。网络结构的组织需要根据光缆网的连通度以及业务的流量流向综合考虑。汇聚层主要采用环形组网，每个环跨接到两个核心节点上。

系统容量应根据业务量进行选择，一般说来核心层宜配置 40 或 80 波单波道 10Gbit/s 的系统，甚至可选择单波道 40Gbit/s，汇聚接入层则适用于 4 波、8 波或 16 波等单波道 10Gbit/s 的系统。在网络建设初期整个系统容量应一步到位，而 OTU 板卡则根据业务进行配置。

（2）场景 2：中小规模城域传送网（见图 6-17）

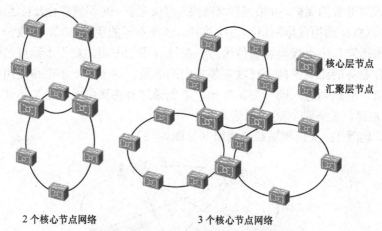

2 个核心节点网络　　　　　　　　3 个核心节点网络

图 6-17　中小规模城域 OTN 组网拓扑

城域传送网网络规模稍小，核心节点数量不多，整体网络业务量相对较小。初期，将核心层、汇聚层合并组建一层 OTN，实现业务汇聚、调度等功能，后期，随着业务量的增加，可分层组织网络。中小规模城域传送网用 OTN 组网时采用环形结构，每个环跨接到两个核心节点上，该环完成环上汇聚节点业务汇聚到核心节点的同时，实现两个核心节点间业务的调度。

6.2　OTN 体系架构

OTN 是在光域对客户信号提供传送、复用、选路、监控和生存处理的功能实体。根据 ITU-T 的 G.872 建议，OTN 从垂直方向划分为 3 个独立层，光通路层（OCh）、光复用段层（OMS）和光传送段层（OTS）。两个相邻层之间构成客户/服务层关系。光传送网的功能层次如图 6-18 所示。

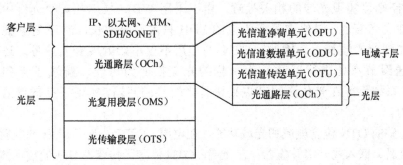

图 6-18 光传送网的功能层次

OCh 层为透明传送各种不同格式的客户信号的光通路提供端到端的联网功能；进行光信道开销处理和光信道监控；实现网络级控制操作和维护功能。光通路层主要为来自光复用段层的客户信息选择路由和分配波长、为网络选路安排光通道连接、处理光通道开销、提供光通道层的检测与管理功能等，并在网络发生故障时通过重新选路或直接把工作业务切换到预定保护路由的方式来实现保护倒换和网络恢复。光通路层又可以细分为 3 个子层——OCh 传送单元（OTUk）、OCh 数据单元（ODUk）和 OCh 净负荷单元（OPUk），数据单元层还可再细分出光通道净荷单元子层。光通路层的主要传送实体有网络连接、链路连接、子网连接和路径。通常采用光交叉连接设备为该层提供交叉连接等联网功能。

OMS 层为多波长光信号提供联网功能：主要是为全光网络提供更有效的操作和维护；进行多波长网络的路由选择；进行 OMS 开销处理和 OMS 监控；实现 OMS 操作和维护功能；将光通路复用进多波长光信号，并为多波长光信号提供联网功能，负责波长转换和管理。OMS 层主要传送实体有网络连接、链路连接和路径。通常采用光纤交换设备为该层提供交叉连接等联网功能。

OTS 层为光信号提供在各种不同类型光传输媒质上传输的功能：进行 OTS 开销处理和 OTS 监控；确保 OTS 等级上的操作和管理；实现对光放大器或中继器的检测和控制功能等；为 OMS 光信号在各种不同类型的光传输媒质上的传输提供诸如放大和增益均衡等基本传送功能。在光传送网中还包括一个物理媒质层，物理媒质层是光传输段层的服务层，即所指定的光纤。主要传送实体有网络连接、链路连接和路径。目前，在光传送网中，最常用的为 G.652 光纤和 G.655 光纤。其中，G.655 光纤对色散进行了有效的控制，抑制了会影响 DWDM 系统性能的非线性效应，升级也比较灵活，而且不需要其他补偿措施，因此，非常适合 DWDM 系统的应用。

　　相比于 SDH 传送网对客户信息和网管信息的处理都是在电域进行的，而 OTN 则可实现光域的相关处理。由于采用 WDM 技术在单个光纤中建立多个独立光信道，以传送语音为主的 SDH 只占一个波长，而 IP 等新业务可以添加到新的波长上，因此，OTN 的使用不仅不影响现有的业务，还使在光传送网节点处进行以波长为单位的光交换变为可能，解决了点到点的 WDM 系统不能在光传送网节点处进行光交换的问题，实现了高效灵活的组网能力。

　　完整的 OTN 包含电域和光域功能，在电层，OTN 借鉴了 SDH 的映射、复用、交叉、嵌入式开销等概念；在光层，OTN 借鉴了传统 WDM 的技术体系并有所发展，OTN 的业务层次如图 6-19 所示。从客户业务适配到光通道层，信号的处理都是在电域内进行，在该域需要进行多业务适配、ODUk 的交叉调度、分级复用和疏导、管理监视、故障定位、保护倒换业务负荷的映射复用、OTN 开销的插入等处理；从光通道层到光传输段，信号的处理在光域内进行，在该域需要进行业务信号的传送、复用、OCh 的交叉调度、路由选择及光监控通道（OOS/OSC）的加入等处理。

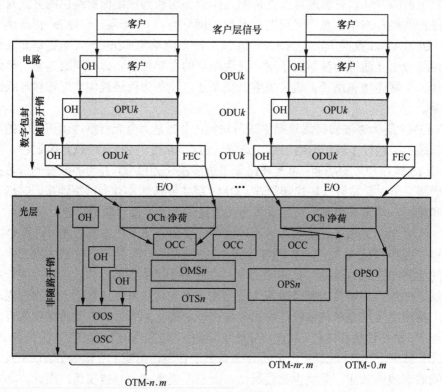

图 6-19　OTN 的业务层次

6.2.1 OTN 分层及接口

1．OTN 层次结构

OTN 传送网络从垂直方向分为光通路层网络、光复用段层网络和光传输段层网络 3 层，相邻层之间是客户/服务者关系，其功能模型如图 6-20 所示。

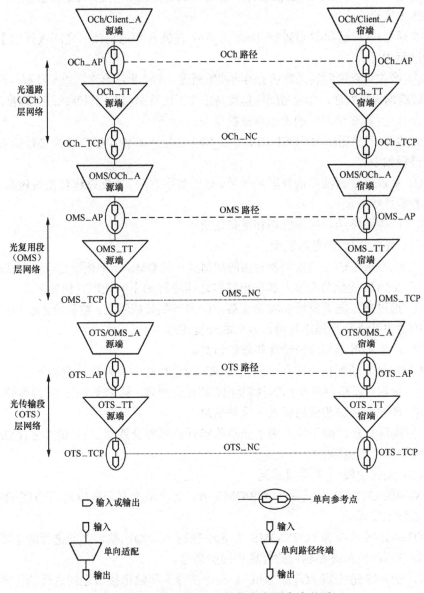

图 6-20 OTN 相邻层之间的客户/服务者关系

具体如下。

（1）光通路/客户适配。

光通路/客户适配（OCh/Client_A）过程涉及客户和服务者两个方面的处理过程，其中，客户处理过程与具体的客户类型有关，可根据特定的客户类型（如SDH、以太网等）参考其已标准化的处理过程，相关标准仅规范服务者相关的处理过程。另外，双向的光通路/客户适配功能是由源和宿成对的光通路/客户适配过程来实现。

光通路/客户适配源（OCh/Client_A_So）在输入和输出接口之间进行的主要处理过程如下。

① 产生可以调制到光载频上的连续数据流。对于数字客户，适配过程包括扰码和线路编码等处理，相应适配信息就是定义了比特率和编码机制的连续数据流。

② 产生和终结相应的管理和维护信息。

光通路/客户适配宿（OCh/Client_A_Sk）在输入和输出接口之间进行的主要处理过程如下。

① 从连续数据流中恢复客户信号。对于数字客户，适配过程包括时钟恢复、解码和解扰等处理。

② 产生和终结相应的管理和维护信息。

（2）光复用段/光通路适配。

双向的OMS/OCh适配功能是由源和宿成对的OMS/OCh适配过程来实现的。

OMS/OCh适配源在输入和输出接口之间进行的主要处理过程如下。

① 通过指定的调制机制将光通路净荷调制到光载频上；然后给光载频分配相应的功率并进行光通路复用，以形成光复用段。

② 产生和终结相应的管理和维护信息。

OMS/OCh适配宿在输入和输出接口之间进行的主要处理过程如下。

① 根据光通路中心频率进行解复用并终结光载频，从中恢复光通路净荷数据。

② 产生和终结相应的管理和维护信息。

注：实际处理的数据流考虑了光净荷和开销两部分数据，但开销部分在OMS路径终端不进行处理。

（3）光传输段/光复用段适配

双向的OTS/OMS适配（OTS/OMS_A）功能是由源和宿成对的OTS/OMS适配过程来实现。

OTS/OMS适配源（OTS/OMS_A_So）在输入和输出接口之间进行的主要处理过程包括产生和终结相应的管理和维护信息。

OTS/OMS适配宿（OTS/OMS_A_Sk）在输入和输出接口之间进行的主要处

理过程包括产生和终结相应的管理和维护信息。

注：实际处理的数据流考虑了光净荷和光监控通路开销两部分数据，但光监控通路部分在 OTS 路径终端不进行处理。

2．光通路层网络

（1）功能结构

OCh 层网络通过光通路路径实现接入点之间的数字客户信号传送，其特征信息包括与光通路连接相关联并定义了带宽及信噪比的光信号和实现通路外开销的数据流，均为逻辑信号。

OCh 层网络的传送功能和实体主要由 OCh 路径、OCh 路径源端（OCh_TT 源端）、OCh 路径宿端（OCh_TT 宿端）、OCh 网络连接（OCh_NC）、OCh 链路连接（OCh_LC）、OCh 子网（OCh_SN）、OCh 子网连接（OCh_SNC）等组成，其功能结构如图 6-21 所示。

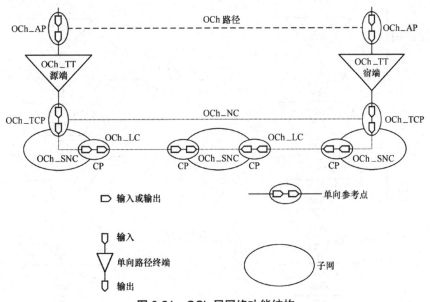

图 6-21　OCh 层网络功能结构

OCh 层网络的终端包括路径源端、路径宿端、双向路径终端 3 种方式，主要实现 OCh 连接的完整性验证、传输质量的评估、传输缺陷的指示和检测等功能。

（2）子层划分

由于目前光信号处理技术的局限性，纯光模拟信号无法实现对数字客户信号质量的准确评估，光通路层网络在具体实现时进一步划分为 3 个子层网络：光通路子层网络、光通路传送单元（OTUk，k=1,2,3,4）子层网络和光通路数据单元（ODUk，k=0,1,2,2e,3,4）子层网络，其中，后两个子层采用数字封装技术实现。相邻子层之间具有客户/服务者关系，ODU*k* 子层若支持复用功能，可继续递归进行子层划分。光通路层各子层关联的功能模型如图 6-22 所示。

（3）光通路子层网络

OCh 子层网络通过 OCh 路径实现客户信号 OTU*k* 在 OTN 3R 再生点之间的透明传送。

（4）光通路传送单元子层网络

OTU 子层网络通过 OTU*k* 路径实现客户信号 ODU*k* 在 OTN 3R 再生点之间的传送。其特征信息包括传送 ODU*k* 客户信号的 OTU*k* 净荷区和传送关联开销的 OTU*k* 开销区，均为逻辑信号。

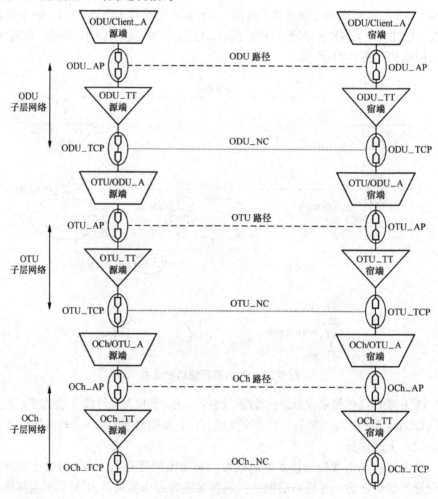

（a）ODU 不支持复用功能

图 6-22　OCh 层网络分层

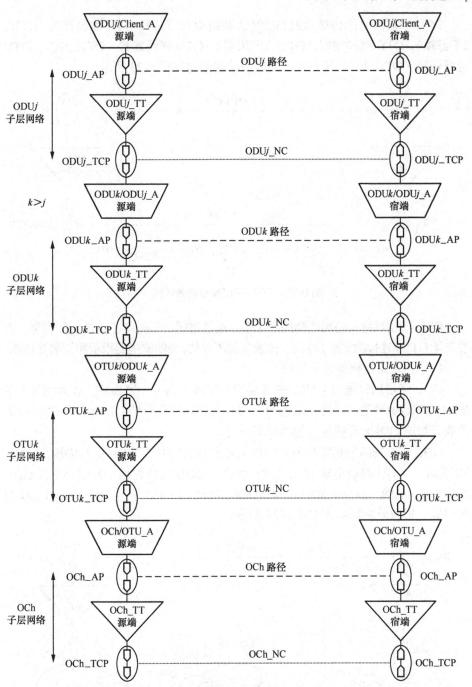

（b）ODU 支持复用功能

图 6-22　OCh 层网络分层（续）

OTU 子层网络的传送功能和实体主要由 OTU 路径、OTU 路径源端（OTU_TT 源端）、OTU 路径宿端（OTU_TT 宿端）、OTU 网络连接（OTU_NC）、OTU 链路连接（OTU_LC）等组成，相应的功能结构如图 6-23 所示。

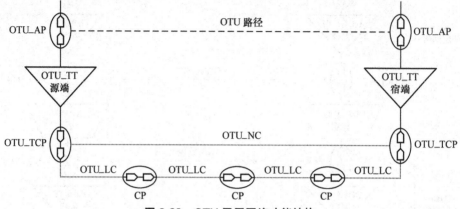

图 6-23　OTU 子层网络功能结构

OTU 子层网络的终端包括路径源端、路径宿端、双向路径终端 3 种类型，主要实现 OTUk 连接的完整性验证、传输质量的评估、传输缺陷的指示和检测等功能。

（5）光通路数据单元子层网络

ODU 子层网络通过 ODUk 路径实现数字客户信号（如 SDH、以太网等）在 OTN 端到端的传送。其特征信息包括传送数字客户信号的 ODUk 净荷区和传送关联开销的 ODUk 开销区，均为逻辑信号。

ODU 子层网络的传送功能和实体主要由 ODU 路径、ODU 路径源端（ODU_TT 源端）、ODU 路径宿端（ODU_TT 宿端）、ODU 网络连接（ODU_NC）、ODU 链路连接（ODU_LC）、ODU 子网（ODU_SN）和 ODU 子网连接（ODU_SNC）等组成，相应的功能结构如图 6-24 所示。

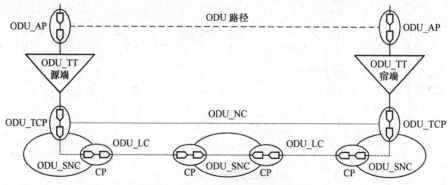

图 6-24　ODU 子层网络功能结构

ODU 子层网络的终端包括路径源端、路径宿端、双向路径终端 3 种类型，主要实现 ODUk 连接的完整性验证、传输质量的评估、传输缺陷的指示和检测等功能。

另外，根据 ODUk（k=0,1,2,2e,3,4）目前已定义的速率等级，ODU 子层网络支持 ODU 复用时，ODU 子层可进一步分层，如图 6-22（b）所示。

3．光复用段层网络

OMS 层网络通过 OMS 路径实现光通路在接入点之间的传送，其特征信息包括 OCh 层适配信息的数据流和复用段路径终端开销的数据流，均为逻辑信号，用 n 级光复用单元（OMU-n）表示，其中，n 为光通路个数。光复用段中的光通路可以承载业务，也可以不承载业务，不承载业务的光通路可以配置或不配置光信号。

OMS 层网络的传送功能和实体主要由 OMS 路径、OMS 路径源端（OMS_TT 源端）、OMS 路径宿端（OMS_TT 宿端）、OMS 网络连接（OMS_NC）、OMS 链路连接（OMS_LC）等组成，其功能结构如图 6-25 所示。

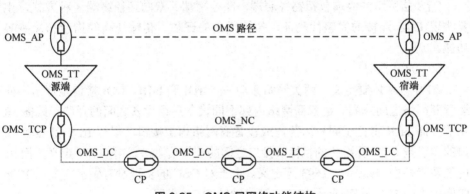

图 6-25　OMS 层网络功能结构

OMS 层网络的终端包括路径源端、路径宿端、双向路径终端 3 种方式，主要实现传输质量的评估、传输缺陷的指示和检测等功能。

4．光传输段层网络

OTS 层网络通过 OTS 路径实现光复用段在接入点之间的传送。OTS 定义了物理接口，包括频率、功率和信噪比等参数，其特征信息可由逻辑信号描述，即 OMS 层适配信息和特定的 OTS 路径终端管理/维护开销，也可由物理信号描述，即 n 级光复用段和光监控通路，具体表示为 n 级光传输模块（OTM-n）。

OTS 层网络的传送功能和实体主要由 OTS 路径、OTS 路径源端（OTS_TT 源端）、OTS 路径宿端（OTS_TT 宿端）、OTS 网络连接（OTS_NC）、OTS 链路连接（OTS_LC）、OTS 子网（OTS_SN）、OTS 子网连接（OTS_SNC）等组成，其功能结构如图 6-26 所示，其中，OTS_SN 和 OTS_SNC 仅在实现 OTS 1＋1 NC 保护时出现。

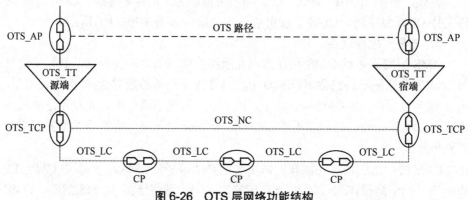

图 6-26　OTS 层网络功能结构

OTS 层网络的终端包括路径源端、路径宿端、双向路径终端 3 种方式，主要实现 OTS 连接的完整性验证、传输质量的评估、传输缺陷的指示和检测等功能。

5. OTN 接口

OTN 技术体制定义了两类网络接口——IrDI 和 IaDI。IrDI 接口定位于不同运营商网络之间或同一运营商网络内部不同设备厂商设备之间的互联，具备 3R 功能，而 IaDI 定位于同一运营商或设备商网络内部接口。规范 IrDI 和 IaDI 接口的实现是 OTN 标准化的目标，接口之间的逻辑信息格式由 G.709 定义，而光/电物理特性由 G.959.1、G.693 等定义。由于对 OSC 的实现没有做出定义，G.709 中明确 IrDI 接口只实现无 OSC 的简化功能 OTM 即可。

G.709 定义了两种光传送模块（OTM-n），一种是完全功能光传送模块（OTM-$n.m$）；另一种是简化功能光传送模块（OTM-0.m、OTM-$nr.m$、OTM-0.mvn）。OTM-$n.m$ 定义了 OTN 透明域内接口，而 OTM-$nr.m$ 定义了 OTN 透明域间接口。这里 m 表示接口所能支持的信号速率类型或组合，n 表示接口传送系统允许的最低速率信号时所能支持的最多光波长数目。当 n 为 0 时，OTM-$nr.m$ 即演变为 OTM-0.m，这时物理接口只是单个无特定频率的光波。

OTN 接口基本信号结构如图 6-27 所示。

（1）OCh 结构

光通路层结构需要进一步分层，以支持网络管理和监控功能。

① 全功能或简化功能的光通路（OCh/OChr），在 OTN 的 3R 再生点之间应提供透明网络连接；

② 完全或功能标准化光通路传送单元（OTUk/OTUkV），在 OTN 的 3R 再生点之间应为信号提供监控功能，使信号适应在 3R 再生点之间进行传送；

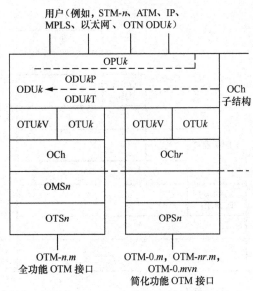

图 6-27　OTN 接口基本信号结构

③ 光通路数据单元（ODUk）应当提供：

● 串联连接监测（ODUkT）；

● 端到端通道监控（ODUkP）；

● 经由光通路净荷单元（OPUk）适配用户信号。

（2）全功能 OTM-$n.m$（$n \geqslant 1$）结构

OTM-$n.m$（$n \geqslant 1$）包括

① 光传送段（OTSn）；

② 光复用段（OMSn）；

③ 全功能光通路（OCh）；

④ 完全或功能标准化光通路传送单元（OTUk/OTUkV）；

⑤ 光通路数据单元（ODUk）。

（3）简化功能 OTM-$nr.m$、OTM-0.m、OTM-0.mvn 结构

OTM-$nr.m$ 和 OTM-0.m 包括：

① 光物理段（OPS*n* 或 OPS0）；

② 简化功能光通路（OChr）；

③ 完全或功能标准化光通路传送单元（OTU*k*/OTU*k*[V]）；

④ 光通路数据单元（ODU*k*）。

并行 OTM-0.*mvn* 包括以下层面，如图 6-28 所示。

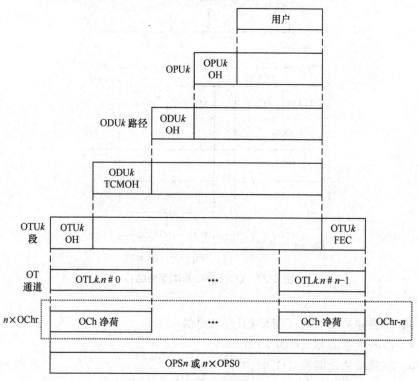

图 6-28　OTM-0.*mvn* 基本信息包含关系

① 光物理段（OPS*n* 或 *n*×OPS0）。

② 简化功能光通路（OChr）。

③ 光通路传送通道（OTL*k.n*）。

④ 光通路传送单元（OTU*k*）。

⑤ 光通路数据单元（ODU*k*）。

OTN 接口信息结构通过信息包含关系和流来表示。基本信息包含关系如图 6-29～图 6-32 所示，信息流量关系如图 6-33 所示。出于监控目的，OTN 中的 OCh 信号终结时，OTU*k*/OTU*k*V 信号也要终结。

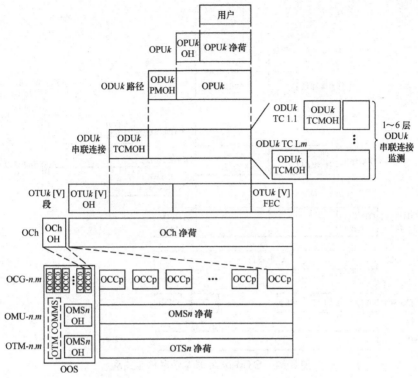

图 6-29　OTM-n.m 基本信息包含关系

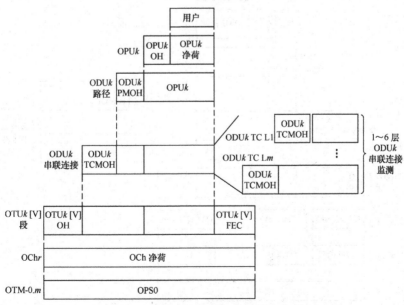

图 6-30　OTM-0.m 基本信息包含关系

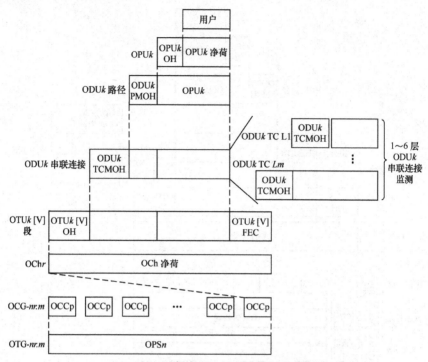

图 6-31　OTM-*nr.m* 基本信息包含关系

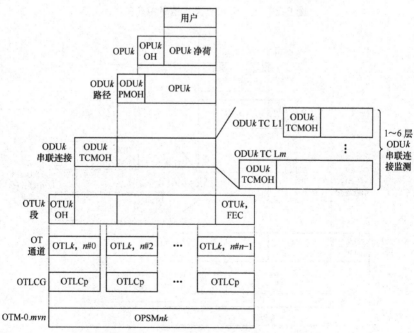

图 6-32　OTM-0.*mvn* 基本信息包含关系

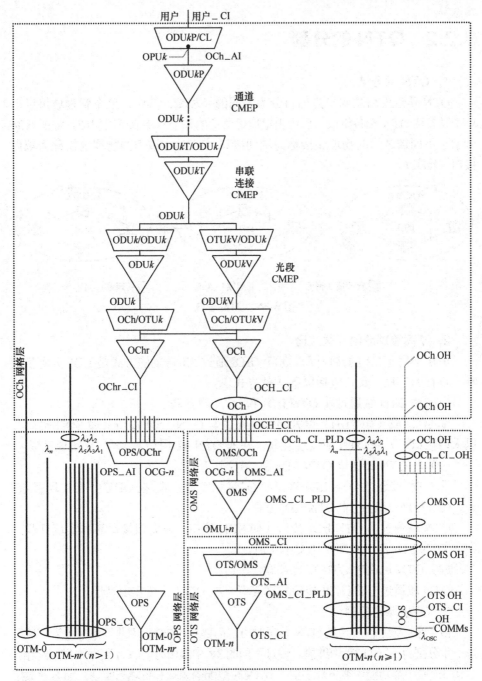

注：图中的模块仅仅用于描述，λ 代表一个光波长。

图 6-33 信息流量关系范例

6.2.2 OTN 的分割

1. OTN 的分域

OTN 传送网络从水平方向可分为不同的管理域，其中，单个管理域可以由单个设备商 OTN 设备组成，也可由电信运营商的某个网络或子网组成，如图 6-34 所示。不同域之间的物理连接称为域间接口（IrDI），域内的物理连接称为域内接口（IaDI）。

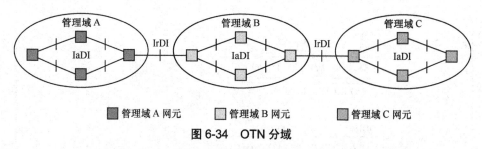

图 6-34　OTN 分域

2. 不同管理域的互联互通

IrDI 采用无 3R 的接口尚未规范，IrDI 通过 3R 再生的方式是 IrDI 实现互通唯一可行的途径，具体包括以下 4 种方式。

（1）非 OTN 域通过非 OTN IrDI 和 OTN 域互联

非 OTN 域（如 SDH、以太网等）通过非 OTN IrDI 接口（如 SDH 接口、以太网接口等）和 OTN 域实现互联，在非 OTN IrDI 接口的客户层实现互通。

（2）非 OTN 域通过 OTN IrDI 和 OTN 域互联

非 OTN 域通过 OTN IrDI 接口和 OTN 域实现互联，在 ODU 子层实现互通。

（3）OTN 域通过非 OTN IrDI 互联

OTN 域通过非 OTN IrDI 接口（如 SDH 接口、以太网接口等）实现互联，在非 OTN IrDI 接口的客户层实现互通。

（4）OTN 域通过 OTN IrDI 互联

OTN 域通过 OTN IrDI 接口实现互联，在 ODU 子层实现互通。

3. OTN 域内分割

由于客户数字信号通过 OTN 传送时可能需要 3R 中继，因此，单个的管理域可进一步分割为不同的 3R 中继段。通过不同的 3R 中继段时，OCh 层网络需要终结，具体 3R 的中继功能由客户数字信号到 OCh 适配的源端和宿端来实现，而客户数字信号是否需要终结取决于客户信号的类型。

如果 OCh 客户信号为 OTUk 信号，在进行 3R 时需要终结 OTUk 子层网络，如图 6-35 所示。此时 OCh 和 OTUk 层网络相互重合,即 OTUk 数字段构成一个 3R 中继段。

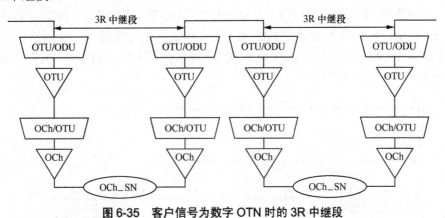

图 6-35 客户信号为数字 OTN 时的 3R 中继段

而对于其他 OCh 的数字客户信号(如 SDH),则在进行 3R 时不需要终结客户层网络,如图 6-36 所示。

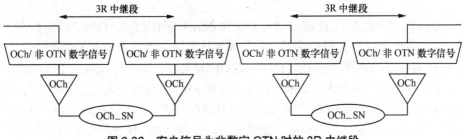

图 6-36 客户信号为非数字 OTN 时的 3R 中继段

对于单个 3R 中继段,实际应用有需要时可进一步分割。例如,当 OCh 层提供灵活路由功能时,就需要进一步对 3R 中继段进行分割。

6.2.3 OTN 帧结构与开销

1. OTN 帧结构

(1) OTUk 帧结构

OTUk 采用固定长度的帧结构,且不随客户信号速率而变化,也不随 OTU1、OTU2、OTU3、OTU4 等级而变化。当客户信号速率较高时,相对缩短帧周期,加快帧频率,而每帧承载的数据信号没有增加。对于承载一帧 10Gbit/s 的 SDH 信号,大约需要 11 个 OTU2 光通道帧,承载一帧 2.5Gbit/s 的 SDH 信号则大约需要 3 个 OTU1 光通道帧。

OTUk 帧结构如图 6-37 所示，为 4 行 4080 列结构，主要由 OTUk 开销、OTUk 净负荷、OTUk 前向纠错 3 个部分组成。图中第 1 行的第 1～14 列为 OTUk 开销，其中，第 1～8 列被用作 FAS 帧定位，第 2～4 行中的第 1～14 列为 ODUk 开销，第 1～4 行的第 15～3824 列为 OTUk 净负荷，第 1～4 行中的 3825～4080 列为 OTUk 前向纠错码。

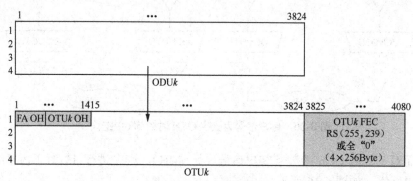

图 6-37　OTUk 帧结构

OTUk（k=1,2,3,4）的帧结构与 ODUk 帧结构紧密相关，OTUk 帧结构基于 ODUk，另外还附加了 FEC 字段。它是以 8 比特字节为基本单元的块状帧结构，由 4 行 4080 列字节数据组成。OTUk 与 ODUk 相比，增加了 256 列 FEC 字节。OTUk 信号包括 RS（255，239）编码，如果 FEC 未使用，填充全 "0" 码。当支持 FEC 功能与不支持 FEC 功能的设备互通时（在 FEC 区域全部填充 "0"），FEC 功能的设备应具备关掉此功能的能力，即对 FEC 区域的字节不做处理。OTU4 必须支持 FEC。

（2）ODUk 帧结构

ODUk（k=0,1,2,2e,3,4）帧结构如图 6-38 所示，为 4 行 3824 列结构，主要由两部分组成，ODUk 开销和 OPUk。第 1～14 列为 ODUk 的开销部分，但第 1 行的 1～14 列用来传送帧定位信号和 OTUk 开销。第 2、3、4 行的第 1～14 列用来传送 ODUk 开销。第 15～3824 列用来承载 OPUk。

（3）OPUk 帧结构

OPUk（k=0,1,2,2e,3,4）帧结构如图 6-39 所示，为 4 行 3810 列结构，主要由两部分组成，OPUk 开销和 OPUk 净负荷。OPUk 的第 15～16 列用来承载 OPUk 的开销，第 17～3824 列用来承载 OPUk 净负荷。OPUk 的列编号来自于其在 ODUk 帧中的位置。

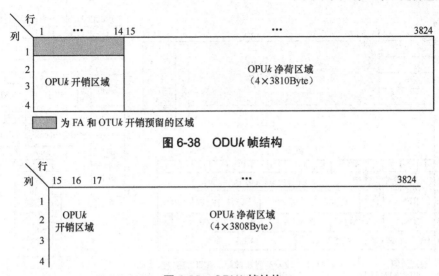

图 6-38　ODU*k* 帧结构

图 6-39　OPU*k* 帧结构

2．OTN 开销

（1）OTU*k*、ODU*k* 和 OPU*k* 开销

OTU*k*、ODU*k* 和 OPU*k* 的开销如图 6-40 和图 6-41 所示。

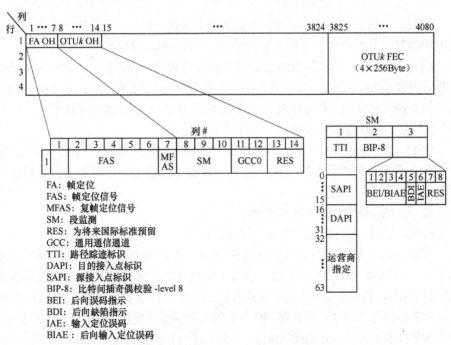

图 6-40　OTU*k* 帧结构、帧定位和 OTU*k* 开销

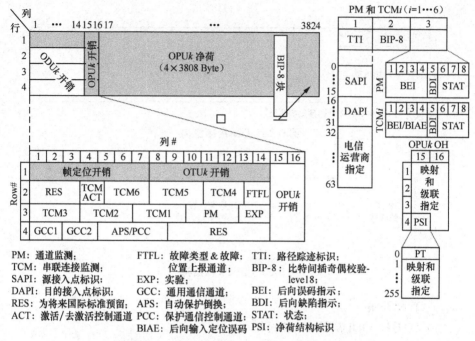

图 6-41 ODU*k* 帧结构、ODU*k* 和 OPU*k* 开销

OPU*k* OH 信息添加到 OPU*k* 信息净荷来创建 OPU*k*，其包括支持客户信号适配的信息。当 OPU*k* 信号组合和拆分时，OPU*k* OH 会终结。

ODU*k* OH 信息添加到 ODU*k* 信息净荷以创建 ODU*k*，其包括支持光通路的维护和操作功能。ODU*k* OH 由负责端到端的 ODU*k* 通道的开销和 6 个级别的串联连接监控开销组成。在 ODU*k* 信号组合和拆分时，ODU*k* 通道 OH 终结。TCM OH 在相应的串行连接的源和宿处分别添加和终结。

OTU*k* OH 信息是 OTU*k* 信号结构的一部分，包括用于操作功能的信息，支持在一个或多个光通路连接上进行传送。OTU*k* OH 在 OTU*k* 信号的信号组合和拆分时终结。

（2）OTS、OMS 和 OCh 的开销

OTS、OMS 和 OCh 的开销如图 6-42 所示。

OCh OH 信息添加到 OTU*k* 以创建 OCh，其包括支持故障管理的维护功能信息。当 OCh 信号组合和拆分时，OCh OH 被终结。OMS OH 信息添加到 OCG 以创建 OMU，其包含支持光复用段的维护和操作功能的信息。OMS OH 在 OMU 信号组合和拆分时终结。把 OTS OH 信息添加到信息净荷以创建 OTM，其包含支持光传输段的维护和操作功能的信息。OTM 组合和拆分时 OTS OH 被终结。把 COMMS OH 信息添加到信息净荷以创建 OTM，其提供网元之间的综合管理通信。

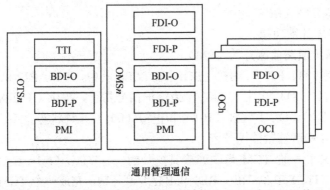

图 6-42 OTS*n*、OMS*n* 和 OCh 开销作为 OOS 中的逻辑单元

（3）开销描述

① OTU*k* 开销功能

A．帧定位字节（FAS）

FAS 由 6 个字节组成，包括 3 个 OA1 和 3 个 OA2，其中，OA1 为"11110110"（F6），OA2 为"00101000"（28），它的作用与 SDH 中的 A1 和 A2 字节相同。

B．复帧定位字节（MFAS）

信号由多帧表示时，其定界需根据复帧定位信号来确认信息的开始，每个 OTU*k*/ODU*k* 开销信号可以采用复帧信号指示锁定于基准帧、2 帧、4 帧、16 帧、32 帧等复帧信号。复帧最多可以包含 256 个子帧，复帧中的每一个 OTU*k*/ODU*k* 按照 0～255 编号，每一帧比上一帧编号增加 1。

C．段监测字节（SM）

· TTI 路径踪迹识别包含 16 个字节的源接入点识别符和 16 字节的目的接入点识别符。该字节相当于 SDH 中的 J 字节。

· BIP-8 8bit 间插奇偶校验码用来监控 OPU*k* 部分的误码情况。

· BEI/BIAE 指示后向误码指示/后向输入定位误码。BEI 向上游传送 OTU*k* 段终结宿功能监测到的 BIP-8 错误数，相当于 SDH 中的 REI；BIAE 向上游传送 OTU*k* 段终结宿功能监测到输入定位错误 IAE 信息。

· BDI 反向故障指示，用来向上游传送 OTU*k* 段终结宿功能监测到的信号失效状态。

· IAE 输入帧定界误码，由段连接监视终结点 S-CMEP 进口向对等的 S-CMEP 出口发出的监测到的帧定界信号错误。

D．通用通信通路（GCC0）

GCCO 由 2 个字节组成，作为 OTU*k* 终结点之间的通用通信通路（GCC），可以传送任何信号格式的透明通路。

E. 保留开销（RES）

② ODUk 开销功能

A. ODUk 通路监测开销（PM）

PM 包括 TTI、BIP-8、BEI、BDI 和 STAT，其中，TTI、BIP-8、BEI、BDI 的解释与 OTUk SM 相同。STAT 作为维护信号指示，提供 ODU-AIS（111）、ODU-OCI（110）、ODU-LCK（101）和正常（001）几种状态。

B. TCM 串联连接监视开销

ITU 定义了 6 阶 TCM 串联连接监视开销——TCMi（$i=1\sim6$）。每个 TCM 中都包含了 TTI、BIP-8、BEI、BDI 和 STAT 等开销，完成一个 TCM 段的监测。利用 TCM 开销可以对多电信运营商/多设备商/多子网环境现分级和分段管理。TCM 监测段的设置可以采用级联方式和嵌套方式，图 6-43 中 B1-B2、B3-B4 是级联方式，A1-A2、B1-B2、C1-C2 是嵌套方式。

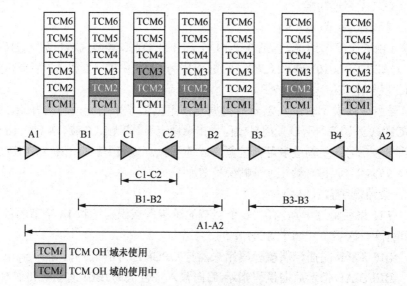

图 6-43 TCM 级联和嵌套

C. 自动保护倒换与保护控制通路（APS/PCC）

③ OPUk 开销功能

A. OPUk 净负荷结构指示（PSI）

PSI[0]表示 OPUk 信号的类型，相当于 SDH 中的 C2 字节。

B. OPUk 复用结构指示（MSI）

位于 PSI[2]～PSI[17]，用于指示传送的 ODU 类型和 ODU 支路端口。

C. 调整控制字节（JC）和负调整机会开销（NJO）

6.2.4 OTN 复用与映射结构

图 6-44 和图 6-45 给出了不同信息结构元素之间的关系，并描述了 OTM-n 的复用结构和映射（包括波分复用和时分复用）。

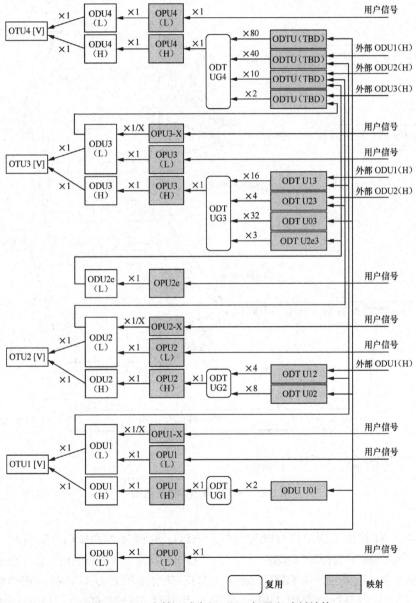

图 6-44 一个管理域中的 OTM 复用和映射结构

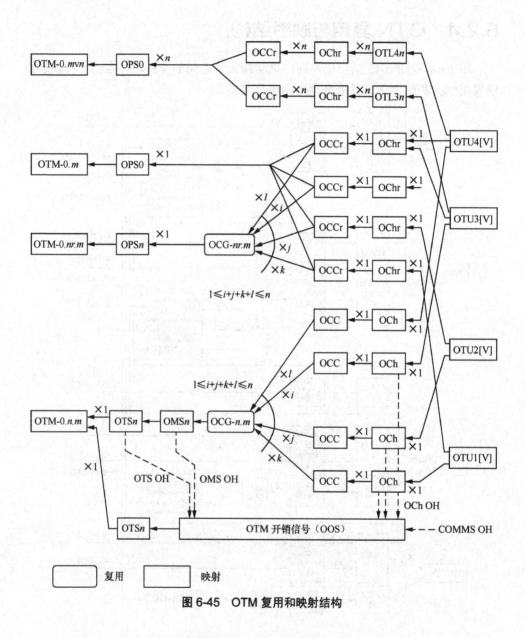

图 6-45 OTM 复用和映射结构

图 6-44 描述了用户信号映射到低阶 OPU，标识为"OPU（L）"；OPU（L）信号映射到相关的低阶 ODU，标识为"ODU（L）"；ODU（L）信号映射到相关的 OTU[V]信号或者 ODTU 信号。ODTU 信号复用到 ODTU 组（ODTUG）。ODT UG 信号映射到高阶 OPU，标识为"OPU（H）"。OPU（H）信号映射

到相关的高阶 ODU，标识为"ODU（H）"。ODU（H）信号映射到相关的 OTU[V]。

注：OPU（L）和 OPU（H）具有相同的信息结构，但承载不同的用户信号；ODU（L）和 ODU（H）具有相同的信息结构，但承载不同的用户信号。

图 6-44 同时描述了外部 ODU（H）。外部 ODU（H）信号是在本管理域中传送、在另一个管理域中终结的 ODU（H）信号。这种外部 ODU（H）映射到 ODTU 信号，承载 ODU（H）的 ODTU 信号可能和承载 ODU（L）的 ODTU 信号一起复用到 ODT UG 中。这种复用方式满足 G.872 关于在一个管理域中建议只支持单级 ODU 复用的规定。

图 6-45 描述了 OTU[V]信号映射到光通路信号（标识为 OCh 和 OChr）或者 OTL$k.n$。OCh/OChr 信号映射到光通路载波，标识为"OCC 和 OCCr"。OCC/OCCr 信号复用到光载波群，标识为 OCG-$n.m$ 或 OCG-$nr.m$。OCG-$n.m$ 信号映射到 OMSn；OMSn 信号映射到 OTSn，OTSn 信号出现在 OTM-$n.m$ 接口；OCG-$nr.m$ 信号映射到 OPSn，OPSn 信号出现在 OTM-$nr.m$ 接口；单个 OCCr 信号映射到 OPS0，OPS0 信号出现在 OTM-0.m 接口，一组 n 路 OPS0 信号出现在 OTM-0.mvn 接口。

ODU（L）复用到 ODU（H）、OCh/OChr 复用到 OMSn/OPSn，在管理域中提供了两级复用的能力。

用户信号或光通路数据单元支路单元群（ODT UGk）被映射到 OPUk，OPUk 被映射到 ODUk，ODUk 映射到 OTUk[V]，OTUk[V]映射到 OCh[r]，最后 OCh[r] 被调制到 OCC[r]。

6.2.5 OTN 模块

1. 简化功能的 OTM（OTM-0.m、OTM-0.mvn）

目前相关标准为 IrDI 定义了 OTM-$nr.m$、OTM 0.m 和 OTM-0.mvn 简化功能的 OTM 接口。

OTM-$nr.m$ 接口定义有 9 种 OTM nr 接口信号：

（1）OTM-nr.1（承载 i（$i \leqslant n$）OTU1[V]信号）；

（2）OTM-nr.2（承载 j（$j \leqslant n$）OTU2[V]信号）；

（3）OTM-nr.3（承载 k（$k \leqslant n$）OTU3[V]信号）；

（4）OTM-nr.4（承载 l（$l \leqslant n$）OTU4[V]信号）；

（5）OTM-nr.1234（承载 i（$i \leqslant n$）OTU1[V]，j（$j \leqslant n$）OTU2[V]，k（$k \leqslant n$）OTU3[V]和 l（$l \leqslant n$）OTU4[V]信号，其中，$i+j+k+l \leqslant n$）；

（6）OTM-*nr*.123（承载 *i*（*i*≤*n*）OTU1[V]，*j*（*j*≤*n*）OTU2[V]和 *k*（*k*≤*n*）OTU3[V]信号，其中 *i*+*j*+*k*≤*n*）；

（7）OTM-*nr*.12（承载 *i*（*i*≤*n*）OTU1[V]和 *j*（*j*≤*n*）OTU2[V]信号，其中 *i*+*j*≤*n*）；

（8）OTM-*nr*.23（承载 *j*（*j*≤*n*）OTU2[V]和 *k*（*k*≤*n*）OTU3[V]信号，其中 *j*+*k*≤*n*）；

（9）OTM-*nr*.34（承载 *k*（*k*≤*n*）OTU3[V]和 *l*（*l*≤*n*）OTU4[V]信号，其中 *k*+*l*≤*n*）。

统称为 OTM-*nr.m*，见图 6-46。

OTM-*nr.m* 接口信号包含 *n* 个 OCC，其中有 *m* 个低速率信号，也可能会是少于 *m* 个的高速率 OCC。

在每一个端点都具有 3R 再生和终结功能的单跨段的光通路上，OTM-0.*m* 支持单波长光通路。定义了 4 种 OTM-0.*m* 接口信号，见图 6-44，每种承载一个包含 OTU*k*[V]信号的单波长光通路，① OTM-0.1（承载 OTU1[V]）；② OTM-0.2（承载 OTU2[V]）；③ OTM-0.3（承载 OTU3[V]）；④ OTM-0.4（承载 OTU4[V]），统称为 OTM-0.*m*。

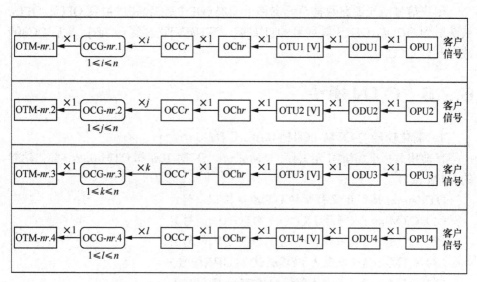

（a）OTM-*nr.m* 接口承载相同的多通路信号

图 6-46　OTM-*nr.m* 结构

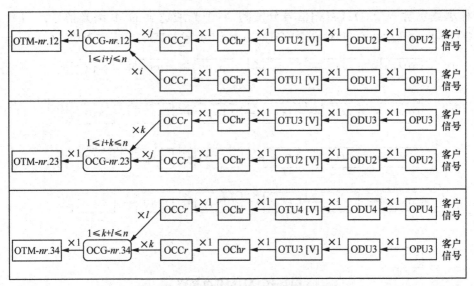

（b）OTM-*nr.m*接口承载两种不同的多通路信号

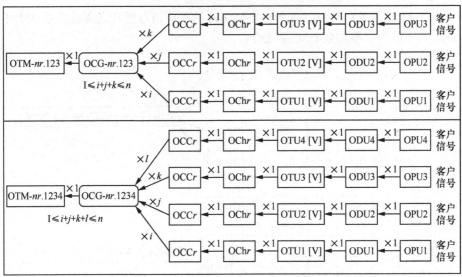

（c）OTM-*nr.m*接口承载两种以上不同的多通路信号

| | 复用 | | 映射 |

图 6-46 OTM-*nr.m* 结构（续）

图 6-47 显示了不同信息结构之间的关系，以及 OTM-0.*m* 的映射方式。OTM-0.*m* 信号结构中不需要 OSC 和 OOS。

在每一个端点都具有 3R 再生和终结功能的单跨段的光通路上，OTM-0.*mvn* 支持一个多通道光信号。目前定义了两种 OTM-0.*mvn* 接口信号，见图 6-45，每种承载包含一个 OTUk[V]信号分发到 4 个光通道上的 4 路光信号：（1）OTM-0.3v4（承载 OTU3）；（2）OTM-0.4v4（承载 OTU4），统称为 OTM-0.mvn。

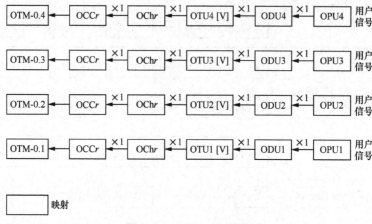

图 6-47　OTM-0.m 结构

图 6-48 显示了 OTM-0.3v4 和 OTM-0.4v4 的不同信息结构之间的关系。OTM-0.mvn 信号结构中不需要 OSC 和 OOS。

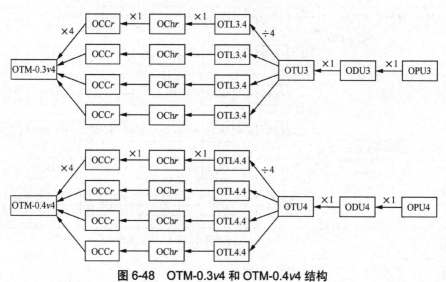

图 6-48　OTM-0.3v4 和 OTM-0.4v4 结构

2. 全功能 OTM（OTM-$n.m$）

OTM-$n.m$ 接口支持单个或多个光区段内的 n 个光通路，接口不要求 3R 再生。定义有 9 种 OTM-n 接口信号：

（1）OTM-n.1（承载 i（$i \leqslant n$）OTU1[V]信号）；

（2）OTM-*n*.2（承载 *j*（*j*≤*n*）OTU2[V]信号）；

（3）OTM-*n*.3（承载 *k*（*k*≤*n*）OTU3[V]信号）；

（4）OTM-*n*.4（承载 *l*（*l*≤*n*）OTU4[V]信号）；

（5）OTM-*n*.1234（承载 *i*（*i*≤*n*）OTU1[V]，*j*（*j*≤*n*）OTU2[V]，*k*（*k*≤*n*）OTU3[V]和 *l*（*l*≤*n*）OTU4[V]信号，其中，*i*+*j*+*k*+*l*≤*n*）；

（6）OTM-*n*.123（承载 *i*（*i*≤*n*）OTU1[V]，*j*（*j*≤*n*）OTU2[V]和 *k*（*k*≤*n*）OTU3[V]信号，其中 *i*+*j*+*k*≤*n*）；

（7）OTM-*n*.12（承载 *i*（*i*≤*n*）OTU1[V]和 *j*（*j*≤*n*）OTU2[V]信号，其中，*i*+*j*≤*n*）；

（8）OTM-*n*.23（承载 *j*（*j*≤*n*）OTU2[V]和 *k*（*k*≤*n*）OTU3[V]信号，其中，*j*+*k*≤*n*）；

（9）OTM-*n*.34（承载 *k*（*k*≤*n*）OTU3[V]和 *l*（*l*≤*n*）OTU4[V]信号，其中，*k*+*l*≤*n*）。

以上统称为 OTM-*n*.*m*，见图 6-49。

OTM-*n*.*m* 接口信号包含 *n* 个 OCC，其中有 *m* 个低速率信号和 1 个 OSC，也可能会是少于 *m* 个的高速率 OCC。

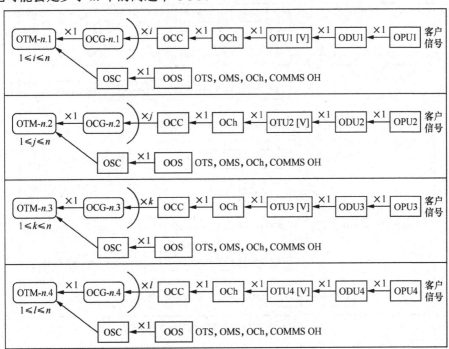

（a）OTM-*n*.*m* 接口承载相同的多通路信号

图 6-49 OTM-*n*.*m* 复用结构

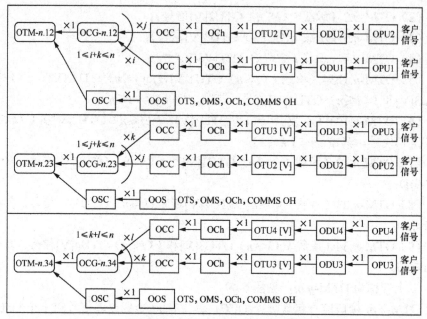

（b）OTM-*n.m* 接口承载两种不同的多通路信号

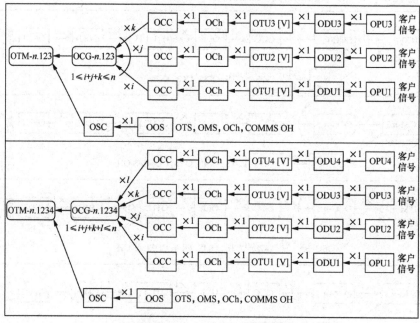

（c）OTM-*n.m* 接口承载两种以上不同的多通路信号

复用   映射

图 6-49 OTM-*n.m* 复用结构（续）

6.2.6 OTN 设备形态

1. OTN 终端复用设备

OTN 终端复用设备指支持电层和光层复用的 WDM 传输设备，如图 6-50 所示，其基本要求如下。

（1）光层复用应符合 YDN 120-1999 的规定。

（2）电层复用、OTN 开销处理和告警处理流程应符合 YD/T 1462-2006 和 GB/T 20187-2006 的规定。

（3）IrDI 接口的 FEC 应采用 ITU-T G.709 定义的标准 FEC 或者关闭 FEC 方式，支持采用白光 OTUk 接口提供 IrDI 用于不同厂商传送设备对接。

（4）OTN 支持采用 SDH 和以太网等客户侧接口用于不同厂商传送设备对接。

（5）基于 OTN 的反向复用设备（I-MUX）应支持 OPUk 虚级联（可选）。

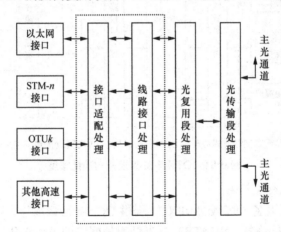

注：图中虚框的含义是部分设备实现方式可采用将接口适配处理、线路接口处理合一的方式完成。

图 6-50 OTN 终端复用设备功能模型

2. OTN 交叉连接设备

（1）OTN 电交叉设备

OTN 电交叉设备完成 ODUk 级别的电路交叉功能，为 OTN 提供灵活的电路调度和保护能力。OTN 电交叉设备可以独立存在，对外提供各种业务接口和 OTUk 接口（包括 IrDI 接口）；也可以与 OTN 终端复用功能集成在一起，除了提供各种业务接口和 OTUk 接口（包括 IrDI 接口）以外，同时提供光复用段和光传输段功能，支持 WDM 传输，如图 6-51 所示。

OTN 电交叉设备的基本要求如下。

① 接口能力：提供 SDH、ATM、以太网、OTUk 等多种业务接口及标准的 OTN IrDI 互联接口，连接其他 OTN 设备。

② 交叉能力：支持一个或者多个级别 ODUk（k=0,1,2,2e,3,4）电路调度。

③ 保护能力：支持一个或者多个级别 ODUk 通道的保护，倒换时间在 50ms 以内。

④ 管理能力：提供端到端的电路配置和性能/告警监视功能。

⑤ 智能功能：支持 GMPLS 控制平面，实现电路自动建立、自动发现和保护恢复等功能（可选）。

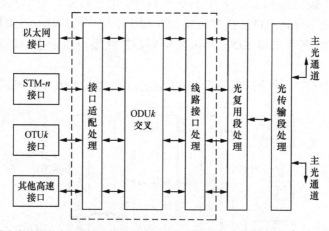

注：图中虚框的含义是设备实现方式可选为 ODUk 交叉功能与 WDM 功能单元集成的方式。

图 6-51　OTN 电交叉设备的功能模型

（2）OTN 光交叉设备

OTN 光交叉设备（ROADM/PXC）提供 OCh 光层调度能力，实现波长级别业务的调度和保护恢复。ROADM 是光纤通信网络的节点设备，它的基本功能是在波分系统中通过远程配置实时完成选定波长的上下路，而不影响其他波长通道的传输，并保持光层的透明性。功能和要求如下：

① 波长资源可重构，支持两个或两个以上方向的波长重构；

② 可以在本地或远端进行波长上下路和直通的动态控制；

③ 支持穿通波长的功率调节；

④ 在 WDM 环网上应采取措施防止光通道错连，避免造成光信号自环；

⑤ 上游光纤断纤的情况下，不能影响整网未经过故障光纤段的其他业务；

⑥ 波长重构对所承载的业务协议、速率透明；

⑦ 对波长的重构操作不影响其他已存在波长业务的信号质量，不能产生额

外的误码。

⑧ 支持本地任意端口的任意波长上下（可选）；

⑨ 支持任意方向在本地任意端口的任意波长上下（可选）；

⑩ 支持波长级广播、多播（可选）；

⑪ 支持本地上下路的功率调节（可选）；

⑫ 支持本地上下路及穿通波长的功率监测（可选）。

（3）OTN 光电混合交叉设备

OTN 电交叉设备可以与 OTN 光交叉设备相结合，同时提供 ODUk 电层和 OCh 光层调度能力，波长级别的业务可以直接通过 OCh 交叉，其他需要调度的业务经过 ODUk 交叉，两者配合可以优势互补，又同时规避各自的劣势。这种大容量的调度设备就是 OTN 光电混合交叉设备，见图 6-52。OTN 光电混合交叉设备要求支持如下功能。

① 接口能力：提供 SDH、ATM、以太网、OTUk 等多种业务接口及标准的 OTN IrDI 互联接口，连接其他 OTN 设备。

② 交叉能力：提供 OCh 调度能力，具备 ROADM 或者 PXC 功能，支持多方向的波长任意重构、支持任意方向的波长无关上下；提供 ODUk 调度能力，支持一个或者多个级别 ODUk（k=0,1,2,2e,3,4）电路调度。

③ 保护能力：提供 ODUk、OCh 通道保护恢复协调能力，在进行保护和恢复时不发生冲突。

④ 管理能力：提供端到端的 ODUk、OCh 通道的配置和性能/告警监视功能。

⑤ 智能功能：支持 GMPLS 控制平面，实现 ODUk、OCh 通道自动建立，自动发现和恢复等智能功能（可选）。

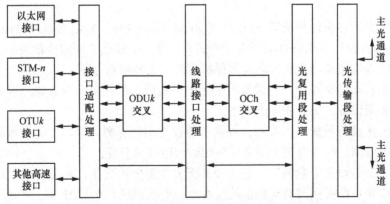

图 6-52　OTN 光电混合交叉调度设备的功能模型

6.3　OTN 保护与应用

对于 OTN 系统来说，由于所传送的业务种类更多，变化性更大，其业务恢复能力也显得尤为重要。网络的保护一直致力于解决网络的安全性、生存性和可靠性的问题。保护可以在物理层进行，也可以在高层进行。在物理层进行的保护具有保护倒换迅速、反应及时等特点。因此，大部分的保护措施都在物理层进行。

OTN 是基于波分技术发展起来的，波分技术更多地侧重于线路技术，即要求大容量、高速率、长距离的传送。而 OTN 恰恰集成了波分的线路传送技术，同时，引入了 OTN 开销、OTN 交叉，增强了对业务的调度能力。换言之，OTN 增强了电的节点处理技术，发挥了波分大容量传输作用。OTN 继承了 WDM 的光层特点，同时增加了电层的交叉调度能力，对光层和电层的业务维护及保护均实现了相应的管理。目前，一般采用两个级别的保护，设备级别的保护以及网络级别的保护。设备级别的保护主要发生在互为保护的设备（例如单盘）之间，防止当单元盘出现故障时发生的业务中断。网络级别的保护分为光层和电层的保护。光层主要是基于光通路、光复用段和光线路的保护，主要包括光通路 1+1 波长/路由保护、光复用段 1+1 保护、光线路 1∶1 保护等。电层主要是基于业务层面的保护，主要包括：OCh1+1/m:n/Ring 保护、ODUk 1+1/m:n/Ring 保护。

6.3.1　光线路保护

光纤自动切换保护系统（OLP，Optical Fiber Line Auto Switch Protection Equipment）为光纤线路自动切换保护装置，是一个独立于通信传输系统，完全建立在光缆物理链路上的自动监测保护系统，主要特点如下。

（1）自动切换保护。在设备发生无光中断后，系统自动将故障光设备快速切换到备用设备，保证业务无阻断。

（2）光设备质量实时监测。提供主备设备实时监测，即对主备设备同时进行光功率监测，能有效避免主备设备同时阻断的可能性。

（3）主备设备应急调度。在主设备无光中断的情况下，将业务通过后台网管中心或设备面板强制调配到备用设备上，无须到现场在 ODF 架上手动调度，既节省时间又安全方便。

现网中典型的 OLP 保护分为两类。

（1）1∶1 保护倒换原理

1∶1 类型的保护倒换设备为选发选收（选择其中的一路作为发送端和接收端）的方式，即传输设备 Tx 口发出的业务光全部经过 OLP 设备经主用路由传输，OLP 单盘上板载一个激光器，稳定持续地发射一个特定波长的光源打向备用路由（如图 6-53 所示），实时监测备用路由的指标。

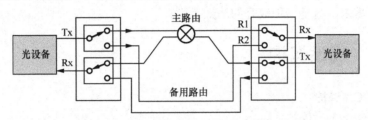

图 6-53　OLP 链路保护 1∶1 保护倒换原理

OLP1∶1 设备检测到线路故障时，需要与对端设备通信后做出判断；两端设备一起切换，才能保证整个线路的切换，从而保证业务传输。

（2）1+1 保护倒换

1+1 保护方式为双发选收的方式（两路发送只需要一路接收），即传输设备 Tx 口发出的光经过 OLP 设备后，通过 OLP 的分光器把传输设备的业务光分为相等的两路，如图 6-54 所示。

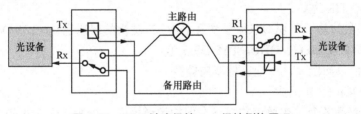

图 6-54　OLP 链路保护 1+1 保护倒换原理

OLP 1+1 设备检测到线路故障时，只需要一端设备切换就能实现整个线路的倒换，不会影响到业务的传输，不需要两端设备通信后做出是否切换线路的判断。

OLP 保护能够有效地防止光缆故障引起的通信中断，在现实故障处理中可以缩短通信中断时间，提高维护效率；实现 50ms 内自动恢复通信；减少线路故障造成的各种损失；增加传输网络或线路的可靠性，提高电信运营商的服务质量；在保证业务无阻断的前提下任意调度主备工作路由/工作设备；实时监测主备光纤插损/设备光功率。

全国骨干光缆网基本都采用 OLP 的保护方式，对于日常光缆自身老化损坏或者人为损毁的情况，能够较好地维持通信的正常进行。但是在实际敷设过程中，备用光缆敷设的线路常常与工作光缆的距离不够远，一旦出现例如一定规模的地质活动，如洪水、火灾或者核爆、电磁干扰等情况，主备用光缆便会同时失效，这限制了 OLP 对光缆网的保护。OLP 只是对一段光缆的保护，能够在一定程度上提高网络整体的稳定性。从维护方面，集团运维和省公司对 OLP 都有一定的需求，这是一种较好的运维手段。

6.3.2 线性保护

1. OCh 保护

（1）OCh 1+1 保护

OCh 1+1 保护是采用 OCh 信号并发选收的原理。保护倒换动作只发生在宿端，在源端进行永久桥接。一般情况下，OCh 1+1 保护工作于不可返回操作类型，但同时支持可返回操作，并且允许用户进行配置。

检测和触发条件。

SF 条件：线路光信号丢失（LOS）及 OTUk 层次的 SF 条件和 ODUkP 层次的 SF 条件，详细告警如下：LOS、OTUk_LOF、OTUk_LOM、OTUk_AIS、OTUk_TIM、ODUk_LOFLOM、ODUk_PM_AIS、ODUk_PM_LCK、ODUk_PM_OCI、ODUk_PM_TIM 等。

SD 条件：基于监视 OTUk 层次及 ODUkP 层次的误码劣化（DEG），详细告警如下：OTUk_DEG、ODUk_PM_DEG 等。

应支持单向倒换，可选支持双向倒换。

（2）OCh 1：n 保护

一个或者多个工作通道共享一个保护通道资源。当超过一个工作通道处于故障状态时，OCh 1：n 保护类型只能对其中优先级最高的工作通道进行保护。OCh 1：n 保护支持可返回与不可返回两种操作类型，并允许用户进行配置。OCh 1：n 保护支持单向倒换与双向倒换，并允许用户进行配置。不管对于单向倒换还是双向倒换，OCh 1：n 保护都需要在保护组内进行 APS 协议交互。

OCh 1：n 保护可以支持额外业务。

检测和触发条件。

SF 条件：线路光信号丢失（LOS）及 OTUk 层次的 SF 条件和 ODUkP 层次的 SF 条件，详细告警如下：LOS、OTUk_LOF、OTUk_LOM、OTUk_AIS、OTUk_TIM、ODUk_LOFLOM、ODUk_PM_AIS、ODUk_PM_LCK、ODUk_PM_OCI、

ODU*k*_PM_TIM 等。

SD 条件：基于监视 OTU*k* 层次及 ODU*k*P 层次的误码劣化（DEG），详细告警如下：OTU*k*_DEG、ODU*k*_PM_DEG 等。

2. ODU*k* SNC 保护

（1）ODU*k* SNC 保护的定义和分类

在 ODU*k* 层采用子网连接保护（SNCP）。子网连接保护是用于保护一个运营商网络或多个运营商网络内一部分路径的保护。一旦检测到启动倒换事件，保护倒换应在 50ms 内完成。

受到保护的子网络连接可以是两个连接点（CP）之间，也可以是一个连接点和一个终结连接点之间（TCP）或两个终结连接点之间的完整端到端网络连接。

子网连接保护是一种专用保护机制，可以用于任何物理结构（网状、环状和混合结构），对子网络连接中的网元数量没有根本的限制。

SNCP 可进一步根据监视方式划分如下几种。

① 固有监视 SNC/I：服务器层的路径终接和适配功能确定 SF/SD 条件。

② 非介入监视 SNC/N：非介入式（只读）监测功能用以确定 SF/SD 条件。

③ 端到端 SNC/Ne：使用端到端开销/OAM 监测服务器层的缺陷条件、连续性/连接缺陷条件以及本层网络的误码劣化条件。

④ 子层 SNC/Ns：使用子层开销/OAM 监测服务器层的缺陷条件、连续性/连接缺陷条件以及层网络的误码劣化条件。

⑤ 子层 SNC/S：采用分段子层 TCM 功能确定 SF/SD 条件。它支持服务器层缺陷条件的检测、层网络的连续性/连接缺陷条件以及层网络的误码劣化条件检测。

应支持以下几种 ODU*k* SNC 保护类型。

（2）ODU*k* 1+1 保护

对于 ODU*k* 1+1 保护，一个单独的工作信号由一个单独的保护实体进行保护。保护倒换动作只发生在宿端，在源端进行永久桥接，如图 6-55 所示。

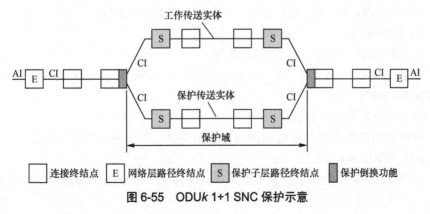

图 6-55　ODU*k* 1+1 SNC 保护示意

检测和触发条件：取决于不同的监视类型。

SF 条件：线路光信号丢失（LOS），及 OTUk 层次的 SF 条件和 ODUkP 层次的 SF 条件，详细告警如下：

ODUk SNC/I：

LOS、OTUk_LOF、OTUk_LOM、OTUk_AIS、OTUk_TIM。

当存在 ODUj 复接到 ODUk 时，则 ODUj SNC/I 的 SF 条件还包括：

ODUk_PM_AIS、ODUk_PM_LCK、ODUk_PM_OCI、ODUk_PM_TIM 等。

ODUk SNC/N：

LOS、OTUk_LOF、OTUk_LOM、OTUk_AIS、OTUk_TIM；

ODUk_TCMn_OCI、ODUk_TCMn_LCK、ODUk_TCMn_AIS、ODUk_TCMn_TIM、ODUk_TCMn_LTC；

ODUk_LOFLOM、ODUk_PM_AIS、ODUk_PM_LCK、ODUk_PM_OCI、ODUk_PM_TIM 等。

ODUk SNC/S：

LOS、OTUk_LOF、OTUk_LOM、OTUk_AIS、OTUk_TIM；

ODUk_TCMn_OCI、ODUk_TCMn_LCK、ODUk_TCMn_AIS、ODUk_TCMn_TIM、ODUk_TCMn_LTC。

当存在 ODUj 复接到 ODUk 时，则 ODUj SNC/I 的 SF 条件还包括：

ODUk_PM_AIS、ODUk_PM_LCK、ODUk_PM_OCI、ODUk_PM_TIM 等。

SD 条件：基于监视 OTUk 层次及 ODUkP 层次的误码劣化（DEG），详细告警如下：

ODUk SNC/I：OTUk_DEG；

当存在 ODUj 复接到 ODUk 时，则 ODUj SNC/I 的 SD 条件还包括：ODUk_PM_DEG 等。

ODUk SNC/N：

OTUk_DEG、ODUk_PM_DEG、ODUk_TCMn_DEG 等。

ODUk SNC/S：

OTUk_DEG、ODUk_TCMn_DEG 等。

当存在 ODUj 复接到 ODUk 时，则 ODUj SNC/I 的 SD 条件还包括：ODUk_PM_DEG 等。

应支持单向和双向倒换。

应同时支持可返回与不可返回两种操作类型，并允许用户进行配置。

（3）ODUk $m:n$ 保护

ODUk $m:n$ 保护指一个或 n 个工作 ODUk 共享一个或 m 个保护 ODUk 资源，

见图 6-56。

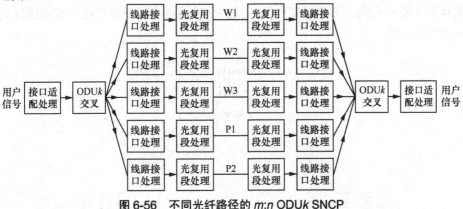

图 6-56 不同光纤路径的 *m:n* ODU*k* SNCP

检测和触发条件取决于不同的监视类型，具体见 ODU*k* 1+1 SNC 保护。

支持单向倒换与双向倒换，在这两种倒换方式下，ODU*k m:n* 保护都需要在保护组内进行 APS 协议交互。

ODU*k m:n* 保护应同时支持可返回与不可返回两种操作类型，并允许用户进行配置。

6.3.3 环网保护

1. OCh SPRing 保护

光通路共享环（OCh SPRing）保护只能用于环网结构，如图 6-57 所示，其中，灰实线 XW 表示工作波长，细虚线 XP 表示保护波长，粗实线 YW 表示反方向工作波长，点划线 YP 表示反方向保护波长。

XW 与 XP 可以在同一根光纤中，也可以在不同的光纤中，可由用户配置指定。

YW 与 YP 可以在同一根光纤中，也可以在不同的光纤中，可由用户配置指定。

XW、XP 与 YW、YP 不在同一根光纤中。

对于二纤应用场景，XW 与 YP 的波长相同，XP 与 YW 的波长相同。在不使用波长转换器件的条件下，XW/YP 与 XP/YW 的波长不同。对于四纤应用场景，XW、XP、YW、YP 的波长可以相同。

OCh SPRing 保护仅支持双向倒换。其保护倒换粒度为 OCh 光通道。每个节点需要根据节点状态、被保护业务信息和网络拓扑结构，判断被保护业务是否会受到故障影响，从而进一步确定出通道保护状态，据此状态值确定相应的保护倒换动作；OCh SPRing 保护是在业务的上路节点和下路节点直接进行双端倒换形成新的环路，不同于复用段环保护中采用故障区段两端相邻节点进行双端倒换的方式。

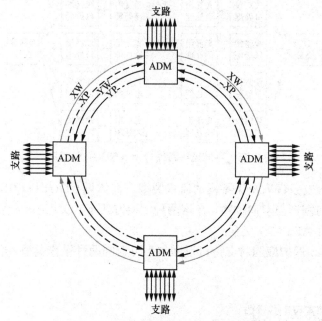

图 6-57　OCh SPRing 保护组网示意

OCh SPRing 保护需要在保护组内相关节点进行 APS 协议交互。

OCh SPRing 保护同时支持可返回与不可返回两种操作类型，并允许用户进行配置。

OCh SPRing 保护在多点故障要求不能发生错连。

检测和触发条件。

SF 条件：线路光信号丢失（LOS），及 OTUk 层次的 SF 条件和 ODUkP 层次的 SF 条件，详细告警如下：LOS、OTUk_LOF、OTUk_LOM、OTUk_AIS、OTUk_TIM、ODUk_LOFLOM、ODUk_PM_AIS、ODUk_PM_LCK、ODUk_PM_OCI、ODUk_PM_TIM 等。

SD 条件：基于监视 OTUk 层次及 ODUkP 层次的误码劣化（DEG），详细告警如 OTUk_DEG、ODUk_PM_DEG 等。

2. ODUk SPRing 保护

ODUk SPRing 保护只能用于环网结构，如图 6-58 所示，其中灰实线 XW 表示工作 ODU，虚线 XP 表示保护 ODU，实线 YW 表示反方向工作 ODU，点划线 YP

表示反方向保护 ODU。

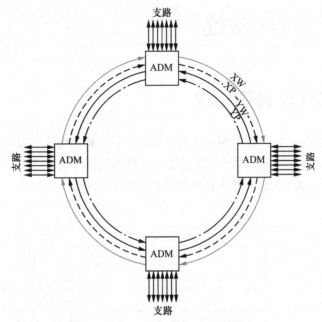

图 6-58　ODU*k* SPRing 组网示意

　　XW 与 XP 可以在同一根光纤中，也可以在不同的光纤中，可由用户配置指定。

　　YW 与 YP 可以在同一根光纤中，也可以在不同的光纤中，可由用户配置指定。

　　XW、XP 与 YW、YP 不在同一根光纤中。

　　ODU*k* SPRing 保护组仅仅在环上的节点对信号质量情况进行检测作为保护倒换条件，对协议的传递也仅仅需要环上的节点进行相应处理。

　　ODU*k* SPRing 保护仅支持双向倒换，其保护倒换粒度为 ODU*k*。ODU*k* SPRing 保护仅在业务上下路节点发生保护倒换动作。

　　ODU*k* SPRing 保护需要在保护组内相关节点进行 APS 协议交互。

　　ODU*k* SPRing 保护同时支持可返回与不可返回两种操作类型，并允许用户进行配置。

　　ODU*k* SPRing 保护在多点故障要求不能发生错连。

　　检测和触发条件。

　　SF 条件：线路光信号丢失（LOS），及 OTU*k* 层次的 SF 条件，详细告警如 LOS、OTU*k*_LOF、OTU*k*_LOM、OTU*k*_AIS 等。

　　SD 条件：基于监视 OTU*k* 层的误码劣化（DEG），详细告警如 OTU*k*_DEG。

6.4 OTN 管理

6.4.1 OTN 管理需求

OTN 系统的网络管理采用分层管理模式。从逻辑功能上划分，OTN 系统的网络管理主要分为网元层、网元管理层和网络管理层 3 层。各层之间是客户与服务者的关系，OTN 系统网络管理的分层结构见图 6-59。

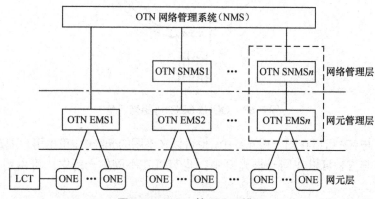

图 6-59 OTN 管理分层模型

网元层主要针对 OTN 物理网元，一般情况下接收网元管理层的管理。网元管理层主要面向 OTN 网元，OTN 网元管理系统（EMS）直接管理控制 OTN 设备，负责 OTN 中的各种网元的管理和操作。网络管理层主要面向 OTN，负责对所辖管理区域内的 OTN 进行管理，强调端到端的业务管理能力。子网管理系统（SNMS）位于网络管理层。SNMS 或 EMS 可以统一在同一个物理平台上，也可以是独立的系统。SNMS 和 EMS 可以接入更高层次的 OTN 管理系统，实现多厂商全程全网的端到端管理。

根据 OTN 层次结构和设备形态特征，OTN 管理应满足以下管理需求。

1. 多层网络管理

OTN 传送平面管理具有多层次管理的特点，在管理上各层之间是客户与服务者的关系。当 OTN 传送平面采用光电混合交叉设备时，应包括光层和电层管理功能，并提供多层网络拓扑视图。

2. 交叉连接管理

OTN 支持 OCh 光交叉和 ODUk（k=0,1,2,3,4）电交叉，OTN 管理需提供相应的交叉连接管理功能。

3. 开销管理

OTN 设备具有 OPU/ODU/OTU 层的开销处理监测功能，OTN 管理需提供相应的开销管理功能。

4. 端到端的业务调度和管理

OTN 支持多种业务的承载，OTN 管理应满足以下业务类型的管理需求。

（1）子波长级（ODUk）业务

① 业务带宽：支持 ODU0（1.25G）、ODU1（2.5G）、ODU2（10G）、ODU3（40G）和 ODU4（100G）。

② 业务方向：支持单向、双向、组播和环回。

（2）波长级（OCh）业务

① 承载业务速率：支持 2.5Gbit/s、10Gbit/s、40Gbit/s 和 100Gbit/s。

② 业务方向：支持单向、双向、组播和环回。

5. OCh 和 ODUk 的保护管理

OTN 支持基于 OCh 通道和 ODUk 通道的 1＋1 保护功能，OTN 管理需提供相应的保护管理功能。

6. 控制平面管理

根据系统配置，OTN 可支持控制平面功能。

6.4.2 OTN 管理体系结构

与传统的 WDM 设备相比，OTN 的光线路侧系统具有传统 WDM 系统的特性。因此，OTN 管理应具有 WDM 网络管理的功能，两者可以同时存在并纳入统一的管理框架之中。对同一厂家的 OTN 和 WDM 系统可以进行统一的管理。另外，OTN 管理和 WDM 系统网络管理可以纳入到上层 NMS 中进行管理。OTN 网管的 EMS/NMS 接口功能可以在 WDM 接口功能的基础上实现功能扩展。

图 6-60 所示为 OTN 管理的体系结构。OTN NE 是不同厂商的 OTN 设备，可以是单个设备，也可以是一个单厂商的 OTN 子网。OTN EMS 是由各设备厂商提供的管理系统，可以对本厂商的 OTN 设备进行配置、操作和维护。NMS 可以管理不同设备厂商的 OTN，也可以管理其他传送网络。图 6-60 中与 OTN 管理相关的接口包括 I1～I3。

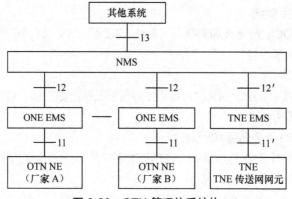

图 6-60　OTN 管理体系结构

I1 为 EMS 和 OTN NE 之间的接口，它属于厂商管理设备的内部接口；I1′为其他传送网网元和传统 EMS 之间的接口。

I2 为各个 OTN EMS 向 NMS 提供的接口，I2′为 TNE EMS 与 NMS 之间的接口，通过 I2′接入到 NMS 管理之中，以实现其他传送网与 OTN 的统一管理。

I3 为 NM 与其他系统之间的接口，其他系统可能为综合网络管理系统、资源管理系统等。

OTN 管理完成标准管理信息的交换及故障管理、性能管理、配置管理和安全管理。管理对象包括传送平面（光层网络或/和电层网络）、控制平面、DCN、业务等。网元间通信可采用 GCC，或采用外部数据通信网；网元与网管之间采用外部数据通信网，协议栈可采用 OSI 协议栈或 TCP/IP 协议栈通信。OTN 管理系统功能模块如图 6-61 所示。

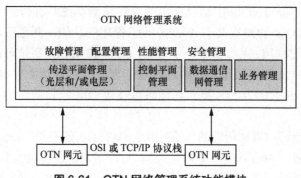

图 6-61　OTN 网络管理系统功能模块

当 OTN 传送平面设备形态为光电混合交叉设备时，OTN 传送平面管理具有多层次管理的特点，主要包括光层和电层网络管理功能。

6.4.3 控制平面技术

OTN 的控制平面应符合 GB/T 21645《自动交换光网络（ASON）技术要求》的要求。ASON 是通过控制平面来完成自动交换和连接控制的光传送网，它以光纤为物理传输媒质，SDH 和 OTN 等光传输系统构成的具有智能的光传送网。ASON 具有呼叫和连接控制、路由和自动发现等功能，以实现智能化网络控制。自动交换光网络结构根据功能可以分为传送平面、控制平面和管理平面 3 个平面，此外还包括用于控制和管理通信的数据通信网。ASON 的控制平面由提供路由和信令等特定功能的一组控制元件组成，并由一个信令网络支撑。控制平面元件之间的互操作性以及元件之间通信需要的信息流可通过接口获得。控制平面的主要功能包括通过信令支持建立、拆除和维护端到端连接的能力，通过选路为连接选择合适的路由；网络发生故障时，执行保护和恢复功能；自动发现邻接关系和链路信息，发布链路状态（例如，可用容量以及故障等）信息以支持连接建立、拆除和恢复；提供适当的命名和地址机制等。

基于 OTN 技术的 ASON 控制平面应该是可靠、可扩展和高效的，控制平面结构不应限制连接控制的实现方式，如集中或全分布的。

1．对光电混合交叉设备控制平面的基本要求

（1）控制平面应支持以下几种交换能力：时分交换（TDM）、波长交换（LSC）和光纤交换（FSC）。

（2）控制平面在提供波长交换时应具有波长冲突管理能力。

（3）控制平面在建立动态光通道时应具有阻塞处理能力。

（4）支持控制平面实现 GMPLS 的 ITU-T G.709 扩展。

（5）控制平面支持跨层业务的集中路径计算功能，满足多层流量工程的需求。

（6）路由选择需要考虑光层上的一些光学限制，如功率、色散、信噪比等。

2．光通路层（OCh 层）的 SPC 和 SC 连接应支持的保护恢复类型

（1）OCh 1+1 保护。

（2）OCh 1：n 保护。

（3）OCh 1+1 保护与恢复的结合。

（4）OCh 1：n 保护与恢复的结合（可选）。

（5）OCh SPRing 保护与恢复的结合（可选）。

（6）OCh 永久 1+1 保护。

（7）预置重路由恢复。

（8）动态重路由恢复。

3. 电层（ODU*k*层）的 SPC 和 SC 连接应支持的保护恢复类型

（1）ODU*k* 1+1 保护。

（2）ODU*k* *m*：*n* 保护（可选）。

（3）ODU*k* 1+1 保护与恢复的结合。

（4）ODU*k* *m*：*n* 保护与恢复的结合（可选）。

（5）ODU*k* SPRing 保护与恢复的结合（可选）。

（6）ODU*k* 永久 1+1 保护。

（7）预置重路由恢复。

（8）动态重路由恢复。

4. 光电混合保护恢复要求

在一个光电混合网络中，当其中的传输线路或节点出现故障时，两层各自的保护和恢复机制必然都会有所响应和动作，此时需要一个良好的机制加以协调和控制，可以采用以下 3 种协调机制。

（1）自下而上：首先在光层进行恢复，若光层无法恢复，再转由电层进行处理。

（2）自上而下：首先在电层进行恢复，若无法恢复再转由光层进行处理。

（3）混合机制：将上述两种机制进行优化组合以获取最佳的恢复方案。

5. 自动发现和链路资源管理

（1）控制平面应该具有发现连接两个节点间光纤的能力。

（2）控制平面应该具备波长资源的自动发现功能，包括：各网元各线路光口已使用的波长资源、可供使用的波长资源。

（3）控制平面应该具有 OTU*k*/ODU*k* 的层邻接发现功能。链路资源管理包括网元内各 OTU 线路光口已使用的 ODU*k* 资源、可供使用的 ODU*k* 资源。

（4）控制平面应支持基于 GCC 开销的 LMP 自动发现和端口校验功能。

（5）除了支持自动发现功能外，控制平面也应支持手工配置。

6.5 可重构式光分插复用器

近年来，由于 DWDM 系统的飞速发展，传输带宽早已不再是传输网的瓶颈，相对来讲，大容量业务流量带来的数据管理的困难正逐渐摆在网络运营商的面前。在网络的核心节点处，节点设备往往需要处理上百个波长信道的上下路或者直通，而且这种庞大的节点信息处理量还会随着信息流的日益增大而有所提高。最初的 WDM 系统属于点对点的链路式系统，大部分的信息处理在终端站

（TM）进行，后来出现的 OADM 设备，实现了在光域的波长分离，摆脱了业务上下需要光电转换的束缚，但是由于较为固定的结构形式，使 OADM 只能上下固定数目的选定波长，无法真正实现灵活、可控的光层组网能力，对复杂业务的调度能力远远达不到网络管理者的要求。为了满足 IP 网络业务的发展需求，一种新的光层网络节点技术——可重构式光分插复用技术（ROADM，Reconfigurable Optical Add/Drop Multiplexer），为基础承载网的建设开辟了新的道路。

6.5.1　ROADM 应用驱动力

随着全 IP 化的趋势，IPTV、三重播放、P2P 等业务的带宽容量在按照摩尔定律增长，中继带宽膨胀，这些新兴业务的风起云涌让电信运营商看到了商机，也给运营商带来了难题。带宽的增长使原有的 SDH 技术不堪负荷，SDH 在运营商的网络中开始逐渐边缘化，在骨干网和城域核心网，IP 化的业务通过路由器直接在 DWDM 上承载成为主流。

早期的 DWDM 在网络中一般只作为刚性大管道出现，起到延伸传输距离和节省光纤的作用，设备类型主要是背靠背 OTM 和固定波长上下的 OADM，这种固定连接的方式组网能力弱，业务的开通和调度全部需要在现场人工进行。

ROADM 的初步设想是可以选择性地分插复用一部分需要本地处理的波长通道，通过网管系统对波长业务的上下路或直通进行远程配置，实现任意波长到任意端口的操作。传统 WDM 系统通过 FOADM 来实现固定波长的上下，需要人工现场配置而无法自动调整。ROADM 可以在无须人工现场调配的情况下实现对波长信道的上下路及直通配置。ROADM 技术可以增加波分网络的弹性，使网络管理者远程动态控制波长传输的路径，大大简化初期的网络规划难度；ROADM 设备的灵活性可以充分满足未来数据业务的需求；ROADM 通过提供网络节点的重构能力使 DWDM 网络可以方便地重构，无须人工操作，极大地提升了工作效率及对网络需求的反应速度，同时有效地降低了运营维护成本。

第一个商用化的可重构设备在 20 世纪 90 年代进入市场。目前，尽管 ROADM 的主要市场在城域网，但这些设备最初是为长途应用设计的。相对于长途应用，城域网或区域网对网络成本比较敏感，ROADM 技术初期高昂的成本阻碍了这种技术的大规模应用。近几年来，相关光器件的发展，已经极大地降低了动态 OADM 光网络结构的成本。正因为 ROADM 具有以上优势，国内外运营商开始关注 ROADM 技术的发展并开始规划由 OADM 节点向灵活多变的 ROADM 节点的设备升级。

ROADM 是一种自动化的光传输技术，可以对输入光纤中的波长重新配置路由，有选择性地下路和上路一个或多个波长。ROADM 技术具有以下技术特点。

（1）支持链形、环形、格形、多环的拓扑结构。

（2）支持线性（支持两个光收发线路和本地上下）和多维（至少支持 3 个以上光收发线路和本地上下）的节点结构。

（3）波长调度的最小颗粒度为一个波长，可支持任意波长组合的调度和上下，及任意方向和任意波长组合的调度和上下。

（4）支持上下波长端口的通用性（改变上下路业务的波长分配时，不需要人工重新配置单板或连接尾纤）。

（5）业务的自动配置功能。

（6）支持功率自动管理。

（7）支持 WASON 功能的物理实现。

可以看到，ROADM 节点相对于传统的光交换设备，在功能方面有了很大的提升，可以看作是 DWDM 网络向真正的智能化网络演进的重要阶梯。一个主要由 ROADM 节点构建的本地/城域 DWDM 网络，极大地改变当前 DWDM 网络。上述这些技术优势应用后带给运营商的好处是巨大的，ROADM 技术的市场驱动力主要体现在如下几个方面。

（1）波长级业务的快速提供

面对大客户提供波长级业务，只能依托 DWDM 网络，而传统的 DWDM 设备配置主要通过人工进行，费时费力，直接影响业务的开通及对客户新需求的反应速度。而如果网络中主要的节点设备是 ROADM，则在硬件具备的条件下，仅需通过网管系统进行远端配置即可，极大地方便了这种新类型业务的开展。另外，随着竞争的白热化，快速开通业务、快速占领市场，也可以大大提高运营商自营业务的收益。

（2）便于进行网络规划，降低运营费用

在正确预测业务分布及其发展的基础上，进行合理的网络规划，对降低网络建设成本、提升网络利用效率和延长升级扩容的间隔有重要影响。但由于对业务分布及其发展进行预测的难度，特别是由于某些特殊事件所引起突发业务的情况的大量存在，网络规划是很困难的，甚至在多数情况下，网络如果不具备灵活重构的能力，则很难高效运行。而 ROADM 正解决了这些问题，它通过提供节点的重构能力，使 DWDM 网络也可以方便重构，因此，对网络规划的要求就可以大大降低，而且应付突发情况的能力也大大增强，使整个网络的效率有很大的提升。

（3）便于维护，降低维护成本

在对网络进行日常维护的过程中，增开业务及进行线路调整，如果采用人工手段，不但费时费力，而且容易出错。而采用 ROADM，绝大多数操作（除必要的插拔单板）通过网管进行，可极大地提高工作效率，从而降低维护成本。

6.5.2　ROADM 技术实现

本节介绍 ROADM 设备的几种常见的实现方式，ROADM 设备的核心部件是波长选择功能单元，根据该单元的技术不同，大致可以分为基于波长阻断器（WB，Wavelength Blocker）的 ROADM 设备、基于平面波导电路（PLC，Planar Lightwave Circuit）的 ROADM 设备和基于波长选择开关（WSS，Wavelength Selective Switch）的 ROADM 设备 3 种。

随着 ROADM 设备的应用，除了对上下路端口灵活性的要求，本节还将对波长无关、方向无关和竞争无关等几种上下路灵活性功能的常见实现方式进行介绍。

1. 基于波长阻断器的 ROADM 设备

波长阻断器是一种可以调整特定波长衰耗的光器件，通过调大指定波长通道的衰耗，达到阻断该波道的目的。

可以基于波长阻断器实现两方向 ROADM，其原理参见图 6-62。基于 WB 的 ROADM 方案由以下 3 个部分组成：穿通控制部分（波长阻断器）、下路解复用部分（光耦合器+解复用器）和上路复用部分（复用器+光耦合器）。来自上游的信号光首先经过下路解复用的光耦合器分成两路光信号，一路光信号被送往解复用器作为本地下路波长，另外一路经过波长阻断器，由波长阻断器选择需要继续往下游传递的波长，完成穿通波长的选路和控制；穿通波长在上路耦合器与本地经过复用器复用后的上路信号复用成一路，继续向下游传递。

基于 WB 的 ROADM 可以采用 Drop and Continue 的方式实现波长广播/多播功能。

2. 基于平面波导电路的 ROADM 设备

平面波导电路技术是一种基于硅工艺的光子集成技术，它可以将分波器（DMUX）、合波器（MUX）、光开关等器件集成在一起，从而提高了 ROADM 设备的集成度。

通常基于 PLC 的 ROADM 设备只能支持两方向，其原理如图 6-63 所示，包含下路解复用、穿通及上路复用。下路解复用结构和 WB 方案完全一致，它通过一个耦合器将上游传送过来的光信号分成两路光信号，一路光信号被传送到下路解复用器完成信号的本地下路；另外一路光信号经过穿通及上路复用功能单元，完成穿通通道的选择控制和上路信号的复用，然后向下游传送。与基于 WB 的 ROADM 方案相比，基于 PLC 的 ROADM 方案差异点在于它的穿通和上路复用部分合二为一。

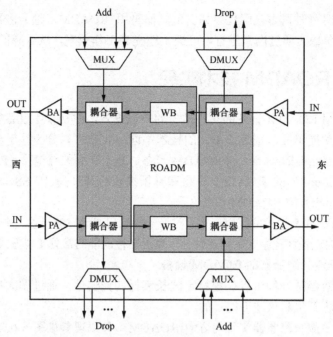

图 6-62　基于 WB 方案的两方向 ROADM 示意

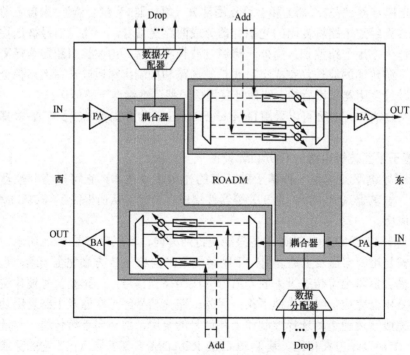

图 6-63　基于 PLC 方案的两方向 ROADM

基于 PLC 的 ROADM 可以采用 Drop and Continue 的方式实现波长广播/多播功能。

3. 基于波长选择开关的 ROADM 设备

波长选择开关是随着 ROADM 设备的应用而发展起来的一种新型波长选择器件，通常是一进多出或多进一出的形态，称为 $1×m$ WSS 和 $m×1$ WSS，两种 WSS 的内部结构完全一致，区别仅在于光信号传输方向。图 6-64 是一个最多支持 n 个波长通道的 $1×m$ WSS 原理示意图，它可以将输入端口的 n 个波长任意分配到 m 个输出端口。目前，成熟的 WSS 产品最大支持 $1×9$ WSS，更大维度的 WSS，例如，$1×16$、$1×20$、$1×23$ 等规格也陆续出现，尚待成熟。

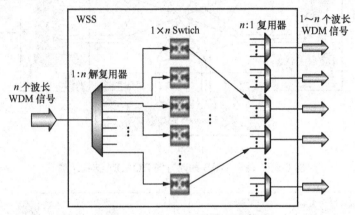

图 6-64　$1×m$ WSS 原理示意

WSS 与 WB 和 PLC 相比，最大的差异是可以支持多方向 ROADM，具备良好的可扩展性，图 6-65 给出了一个基于 WSS 的四方向 ROADM 结构示意。多方向 ROADM 极大地扩展了 ROADM 设备的应用范围，因此，基于 WSS 的方案也逐渐成为目前商用 ROADM 设备的主流形态。

基于 WSS 的 ROADM 方案只包含两个部分，下路解复用及穿通控制部分、上路复用及穿通控制部分。下路解复用及穿通控制部分既可以完成本地业务的下路，同时还能对穿通波长进行控制；上路复用及穿通控制部分既可以对上路波长信号进行管理，同时也能对穿通信号进行控制。对于多方向 ROADM 设备，这里穿通控制的含义不仅仅是上下路、直通两种状态的选择，还包括出口方向的选择。

根据两个穿通控制部分选用的器件不同,基于 WSS 的 ROADM 设备可以分成 B&S（Broadcast and Select）和 R&S（Route and Select）两种结构，如图 6-66 所示，两者的区别在于 B&S 结构的下路穿通控制部分采用分光器（Splitter），而 R&S 结构采用了 WSS。B&S 结构的优点是成本低，且天然支持广播/多播，缺点是随着方向数的增加，下路波道的插损快速增长；R&S 结构的优点是插损与方向数基本无关，且可以选择进入下路模块的波道，缺点是成本相对较高，且需要特殊的 WSS 才能支持广播。

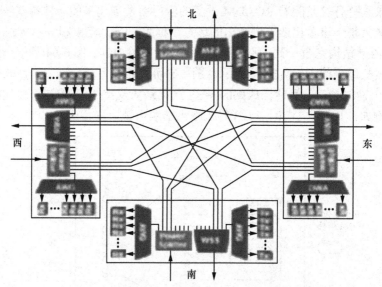

图 6-65　基于 WSS 的四方向 ROADM 结构示意

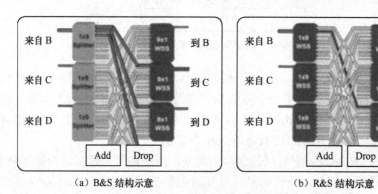

（a）B&S 结构示意　　　　　　　　　　（b）R&S 结构示意

图 6-66　B&S 和 R&S 两种 ROADM 设备结构示意

目前，商用 ROADM 设备多数采用 B&S 结构，未来随着相干光通信技术的普及和对波长无关上下路能力的需要，R&S 结构将取得更多的应用空间。

4．上下路端口灵活性的实现方式

（1）波长无关

上下路端口波长无关特性的实现需要可调谐滤波器和 OTU 支持可调谐波长，目前，商用的可调谐滤波器就是 WSS，图 6-67 是基于 WSS 的波长无关上下路模块的典型结构。

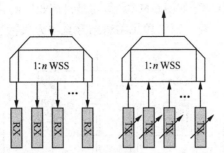

图 6-67　基于 WSS 的波长无关上下路模块结构

基于 WSS 的波长无关上下路模块支持的端口数受限于 WSS 的维度，可以通过 WSS 级联或者分光器加 WSS 级联的方式进行扩展。

但是，随着相干光通信技术在 100Gbit/s WDM 系统中的普及应用，利用相关接收本振激光器与信号光混频时的波长选择特性，可以利用低成本的分光器/耦合器来实现波长无关上下路，如图 6-68 所示。这种结构支持适用于少量上下路端口，分光比过高将造成上下路波长插损过大，同时也将影响接收性能。若确有必要，可以通过 WSS 下挂多个分光器/耦合器的方式扩展端口数量。

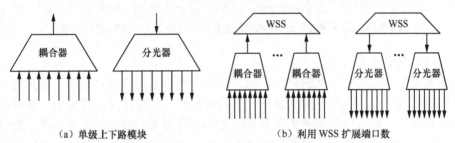

（a）单级上下路模块　　　　　　　（b）利用 WSS 扩展端口数

图 6-68　用于相干光通信系统的基于分光器/耦合器的波长无关上下路模块结构

（2）方向无关

方向无关特性是实现波长通道端到端路由灵活变化的基本条件，也是基于 ROADM 的光网络实现控制平面自动恢复的基本条件。

实现方向无关有两种思路，一种是多个方向共享上下路模块，其优点是技术简单，成本低廉，缺点是带来新的波长竞争限制，极端情况下所有方向的某个波长通道只能被一个方向使用，极大地降低了波长资源的利用率；另一种是上下路端口可灵活选择关联方向，其优点是可以同时实现方向无关和竞争无关，不存在第一种思路带来的降低波长利用率的缺点，缺点是成本过于高昂、性价比低。目前，商用 ROADM 设备普遍采用第一种思路实现方向无关，但是通过大维度 WSS 空闲的维度扩展了上下路模块数量，一定程度上降低了波长冲突的概率，提高了网络资源利用率，如图 6-69 所示，这是目前业界最成熟的多方向 ROADM 方向无关上下路解决方案。第二种思路将结合竞争无关特性一起介绍。

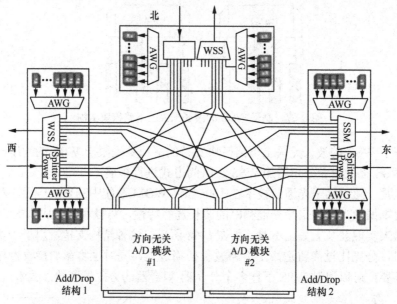

图 6-69　基于 WSS 的 ROADM 设备扩展方向无关上下路模块示意

（3）竞争无关

竞争是方向无关特性的伴生问题，因此，竞争无关特性总是与方向无关特性同时出现，仅具备竞争无关特性，不具备方向无关特性是无意义的。虽然图 6-69 给出了一种目前常用的扩展多方向 ROADM 设备方向无关上下路模块数量的结构，但是这种结构不是真正意义上的竞争无关，原因是业务在模块间的调整需要人工干预，无法实现远程配置。

目前，业界比较主流的竞争无关特性实现方式有基于 MCS（广播光开关）的基于大维度 n×n 光开关两种方案。图 6-70 是一个基于 MCS 实现的八方向方向无关和竞争无关 ROADM 设备的上下路模块部分结构示意图，它提供了 384 个端口，可以实现 8 个方向、96 波、50%波长上下路。图 6-71 给出了一个基于 n×n 光开关实现的与方向无关和竞争无关 ROADM 设备结构示意图，上路和下路各使用了一个 960×960 的大规模光开关，可以实现所有 10 个方向、96 波、100%波长上下路。这两种结构均能够实现波长无关、方向无关、竞争无关的同时支持，即所谓的 C&D&C ROADM。

从目前来看，完全意义的方向无关和竞争无关仅具备技术可行性，过于复杂的结构不仅意味着更高的成本，也意味着性能的劣化和可靠性的下降，所以目前还没有成为商用 ROADM 设备的主流。

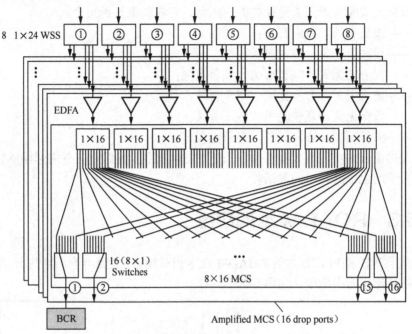

图 6-70 基于 MCS 的方向无关/竞争无关上下路模块结构示意

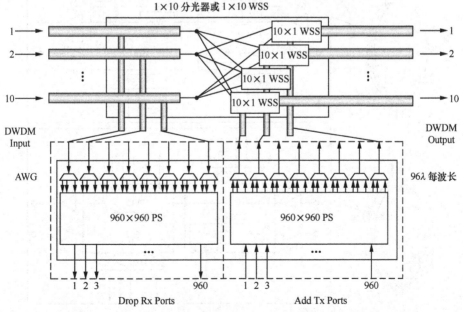

图 6-71 基于 *n×n* 光开关的方向无关/竞争无关 ROADM 设备结构示意

（4）波长无关、方向无关、竞争无关特性的组合

在波长无关、方向无关和竞争无关 3 种特性中，波长无关特性是相对独立的，方向无关和竞争无关是伴生的，因此，存在如下几种组合：

——波长有关、方向有关；

——仅波长无关，方向有关；

——仅方向无关，波长有关，竞争有关；

——波长无关，方向无关，竞争有关；

——方向无关，竞争无关，波长有关；

——波长无关，方向无关，竞争无关。

上述组合的实现方式参考本章描述，实际应用应根据业务需求和网络拓扑，选择合适的上下路端口的灵活性。

6.5.3 ROADM 组网应用

基于 WB 和 PLC 技术的 ROADM 成本相对较低，主要用于二维站点，因此，一般在环形组网中应用，如图 6-72 所示。

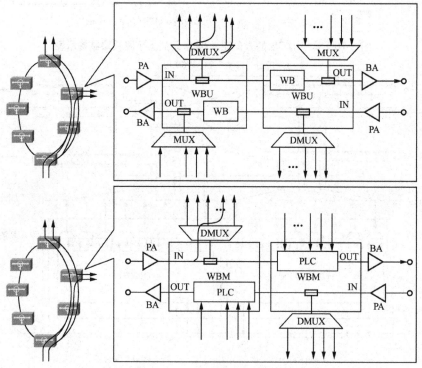

图 6-72 基于 WB/PLC 的 ROADM 在环网的应用

对于环形组网，所有站点均只有两个光方向，采用二维 ROADM 技术后，波长可以在任意节点间自由调度。这样，相比于传统的 OADM 环网，在开通业务时仅需要在源宿站点人工连纤，其他站点不需要人工干预，仅需要在网管上进行设置，降低了维护工作量，缩短了业务开通时间。另外，二维 ROADM 与 OADM 环网相比，由于上下路波长可重构，也降低了规划难度，增加了规划的灵活性，节省了预留波道资源，提高了网络的利用率。

基于 WSS 的 ROADM 具有更高的灵活性，可用于二维到多维站点，因此，可以应用于环、多环、网状网等各种复杂组网，图 6-73 是四维 WSS ROADM 用于田字形组网的典型例子。

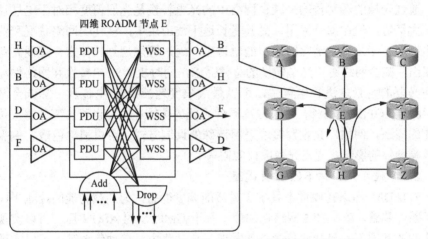

图 6-73 基于 WSS 的多维 ROADM 在网状网中的应用

在网状网应用中，采用多维 ROADM 可以实现波长在各个方向上的调度，对于核心站点 E 来说，经过其的任何波长均可在远端实现灵活的调度，配合本地上下路单元的灵活设计和上下路资源的规划和预留，就可以在远端实现全网的资源重构。

1. ROADM 组网的限制因素

ROADM 组网具备波长级业务重构的灵活性，但由于 ROADM 是一种全光的技术，在应用中也面临着一些挑战。

首先，ROADM 只能以波长为单位调度业务，对网络中大量存在的 GE 等子波长业务的处理效率较低；其次，ROADM 对波长在光域透传，需要面对系统光信噪比、色散、偏振模色散、非线性效应、滤波器损伤等光域的损伤对系统性能的影响；最后，ROADM 如要对业务进行完全无阻的调度，还需要面对波长冲突的问题。

因此，为了提高 ROADM 组网的效率、扩大 ROADM 的应用范围，可以在

ROADM 的应用中引入电层交叉、智能规划、智能控制等功能。

在城域网应用中，往往会出现较多的小颗粒业务，基于 ODUk 的电层交叉可以高效地处理 GE 等颗粒的子波长业务的调度问题，但与 ROADM 的光层调度相比，存在着成本和功耗较高、交叉容量难以做大的问题，比较适合于小规模的交叉调度组网，但难于满足网络大规模重构的需求。因此，同时引入 ROADM 和电交叉的光电混合架构，对于大容量的波长级业务通过 ROADM 调度，对于小颗粒的子波长级业务采用电层调度，可以很好地满足复杂网络的调度需求。

对于光域的传输损伤和波长冲突问题，则主要通过网络的规划和控制来规避。通过光域的透明传输来减少网络中的光电转换是光层调度相对于电层调度的一大优势，但在部分应用，尤其是长途干线应用中，往往受网络状况和业务路由所限，无法完全消除网络中的电再生。通过智能规划软件来合理规划业务的路由，减少网络对于光电转换的总体需求，同时权衡光/电转换和网络性能，仅在必要的场景才进行电再生，可以最大限度地减少光/电转换，降低全网的 CAPEX 和 OPEX。另外，通过提高硬件系统的传输性能，也可以部分解决传输损伤的问题，例如，光收发模块采用特殊的调制方式，可以消除色散、偏振模色散等参数的影响，提高光信噪比容限等。

2. 加载 ASON 的 ROADM 网络

ROADM 网络在硬件上具备了灵活的调度能力，为加载智能的控制平面提供了硬件基础。ROADM 网络在加载了基于 GMPLS 的 ASON 后，可以实现自动化的业务调度，包括业务的自动发现、自动路由、自动信令等；可以实现快速的业务自动配置和智能化的业务疏导；可以提供多层次的业务服务等级和抗击多点失效的业务自动恢复和保护；可以提供流量工程和负载均衡等自动化的功能，进一步简化网络的管理和运维。

在前期采用智能的规划软件进行网络规划，加载智能控制平面，同时具备电交叉能力的 ROADM 网络具备非常高的智能性和灵活性，基本可以满足相当长一段时间内的智能组网需求。

6.6　100Gbit/s OTN 技术

随着云计算、物联网、新型互联网等未来宽带传送需求的强力驱动，100Gbit/s 技术已经逐渐从幕后的技术研究走向了商用前台，尤其是最近两年国内发展更为迅速。从 100Gbit/s 标准化进展来看，国内标准化组织中国通信标准化协会（CCSA）、国际电信联盟（ITU-T）、国际电气电子工程师学会（IEEE）、光互联论坛（OIF）等均有明显进展。100Gbit/s 技术和标准最新进展进一步推动了 100Gbit/s 技术步入商用化的进程，如何合理部署 100Gbit/s 成为业界关注的焦点。

6.6.1　100Gbit/s 标准化现状

100Gbit/s 技术的国内标准化工作主要由 CCSA 的传送网与接入网工作委员会（TC6）的传送网工作组（WG1）和光器件工作组（WG4）来制定。最近取得的主要标准进展包括：WG1 完成了"$N×100$Gbit/s 光波分复用（WDM）系统技术要求"的报批稿，以及"$N×100$Gbit/s 光波分复用（WDM）系统测试方法"的报批稿，同时 WG4 已开始开展 100Gbit/s 光模块及组件的标准参数研究。其中"$N×100$Gbit/s 光波分复用（WDM）系统技术要求"中主要规范了 $N×22$dB传输模型在 G.655 和 G.652 光纤上的关键传输参数规范，同时考虑了系统技术实现的差异性，采用背靠背 OSNR 容限、系统传输距离规则、FEC 纠错前误码率等多种参数量化，目前规范的最远传输能力达到 $18×22$dB（$18×80$km，适用 G.652光纤）和 $16×22$dB（$16×80$km，适用 G.655 光纤）。

100Gbit/s 的国际标准主要由 ITU-T、IEEE 和 OIF 等标准组织制定。其中ITU-T 的 SG15 主要负责光传送网及接入网的标准化工作，其中 Q6 主要负责物理层传输标准的规范工作，Q11 主要负责逻辑层传送标准的规范工作。目前针对 100Gbit/s 的标准化工作主要在 G.682、G.sup39、G.709 等标准中规范，其中G.682 标准 2013 年已经明确提出进行 100Gbit/s 参数的规范，而 G.sup39 逐步引入 100Gbit/s 技术涉及的一些工程参数考虑，同时 G.709 的 ODUk 容器已经支持基于 100Gbit/s 速率的 ODU4。

IEEE 802.3 主要负责以太网物理层规范的制定，目前相关规范标准已经制定完成。其中，802.3ba 主要研究和规范基于 40GE 和 100GE 的物理层规范；802.3bj 主要研究和规范 100Gbit/s 背板和铜缆标准；802.3bm 主要研究和规范基于 25Gbit/s 速率的低功耗和高集成度单模和多模光接口参数。

OIF 的 PLL 主要负责高速模块及器件的规范制定工作，目前已经完成了100Gbit/s 长距传输模块、相干接收机等实现协议（IA），目前正在进行第二代的100Gbit/s 长距传输模块和相干接收机的 IA、基于城域应用（中距离）的 100Gbit/sDWDM 传输框架，以及基于 28G 的甚短距离传输的通用电接口（CEI-VSR）等IA 的制定工作。

6.6.2　100Gbit/s 产业链发展状况

纵观现有的 100Gbit/s 产业格局，现在已经形成了包括路由器、传输、测试仪表、芯片、光模块在内的端到端的产业链，每个环节都有 3 家以上的公司提供主要产品，且整个产业阵营仍在逐步壮大当中。

思科指出，40GE/100GE 的接口标准化及成本降低优势将替代 POS 成为高速接口的主流选择，思科现已推出了 CRS-3 核心路由器以及多样化的边缘 100Gbit/s 路由器。而阿尔卡特朗讯也加大了在核心路由器领域的研发，并率先推出了 7950XRS 核心路由器，同时其 400Gbit/s 网络处理器也确保了其在 100Gbit/s IP 领域的重要地位。

在系统设备商中，华为、中兴、上海贝尔、烽火等厂商都重点参与了国内电信运营商的 100Gbit/s 系统测试，同时一些领先厂商也承担了多个 100Gbit/s 的现网建设，具备了丰富的 100Gbit/s 应用部署经验。

芯片及光模块方面，Broadcom、高通等厂商都加大了 100Gbit/s 芯片的研发力度，100Gbit/s 的通用芯片已逐步实现流片，而器件及光模块的市场需求也呈现出井喷，JDSU 等器件厂商都已加大了产能投入。

虽然在测试领域，部分性能测试仍未完善，然而 EXFO、思博伦、IXIA、JDSU 等测试厂商都推出了 100Gbit/s 的相关测试仪表，同时加大了对于 OSNR 等技术指标测试的投入力度。

6.6.3　100Gbit/s OTN 关键技术

和 40Gbit/s 技术类似，除了支持现有通路间隔（如 100GHz、50GHz）和尽量提高频谱利用率之外，100Gbit/s ONT 关键技术主要体现在调制编码与复用、色度色散容限、偏振模色散容限、OSNR 容限、非线性效应容限、FEC 等多个方面。

1．调制编码与复用

从实现方式来看，100Gbit/s 的调制格式和复用方式相对 40Gbit/s 而言类型更为丰富，除了基于偏振复用结合多相位调制的调制方式，如偏振复用一（差分）四相相移键控（PDM-（D）QPSK）之外，还包括更多级相位和幅度调制的调制码型，如 8/16 相相移键控（8PSK/16PSK）、16/32/64 级正交幅度调制（16QAM/32QAM/64QAM）等，以及基于低速子波复用的正交频分复用（OFDM）等。这些编码可以和偏振复用技术结合，组合类型非常丰富。另外，从调制编码的解调来看，目前主要可采用两种方式——直接解调和相干解调，其中相干解调主要采用数字信号处理（DSP）技术来实现，这就显著降低了相干通信中对激光器特性的要求。

综合目前系统性能要求、相应功能的实现复杂性和性价比等多种因素考虑，目前对于 100Gbit/s 传输商用设备，业界一般选择的长距传输码型为采用相干接收的 PDM-（D）QPSK。另外，由于模/数转换器（DAC）和 DSP 芯片等处理技术涉及超高速电路处理技术，多个厂商于 2011 年后才普遍实现基于 100Gbit/s 信号的实时相干接收处理（阿尔卡特朗讯公司研发实时处理芯片产品提前实现了 1～2 年）。

2. 色度色散容限

100Gbit/s 技术的色度色散容限主要依赖于两种途径解决：一是采用多级调制降低波特率，从而等效提高色散容限；二是采用数字（电）域的信号处理进行色散均衡，而 40Gbit/s 技术根据调制码型可以选择多种方式解决（也包含 100Gbit/s 技术采用的方式），典型的如采用传统色散补偿结合可调色散的方式。传统逐段进行色散补偿的方式在 100Gbit/s OTN 基于 DSP 进行色散均衡的系统中并不需要，而且在线路中逐段引入色散补偿将给系统性能造成一定的影响，如图 6-74 所示。

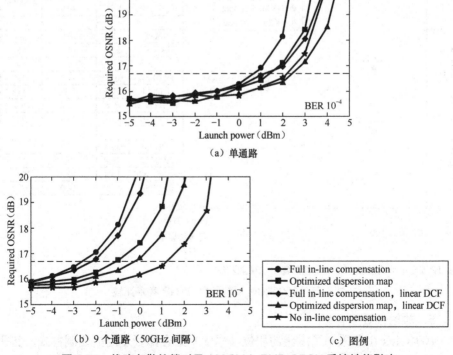

（a）单通路

（b）9 个通路（50GHz 间隔）

（c）图例

Full in-line compensation
Optimized dispersion map
Full in-line compensation, linear DCF
Optimized dispersion map, linear DCF
No in-line compensation

图 6-74 线路色散补偿对于 100Gbit/s PMD-QPSK 系统性能影响

3. 偏振模色散容限

对于 PMD 容限，和 CD 容限提高的解决思路类似，100Gbit/s 技术主要采用多级调制、或者多级调制结合电域的信号处理进行 PMD 均衡，如采用 PM-（D）QPSK 直接检测，差分群时延（DGD）最大值（@1dB OSNR 代价）可达到 10ps 左右，而采用相干检测时可达到 75ps 左右。对于采用其他调制格式的，如 OFDM、16QAM、32QAM 等，则系统支持的差分群时延值更高（由于波特率或子波速率很低）。考虑到实际光纤网络光纤链路的 PMD 特性（实际应用系统 PMD 值一般均小于 75ps），100Gbit/s OTN 信号采用 PM-QPSK 和相干接收技术以后，采用线路直接进行 PMD 补偿的必要性已不复存在。

4. OSNR 容限

OSNR 容限是 100Gbit/s 技术的另外一个关键参数。对于相同的调制格式，100Gbit/s OTN 相对于 40Gbit/s 的 OSNR 容限要求提升 4dB 左右，这对于系统实际研发而言挑战性很大。目前采用不同调制格式的 OSNR 容限差异较大，但相同的调制格式另外采用相干接收后可显著提升 OSNR 容限 1～2dB。几种比较典型的码型 OSNR 容限与频谱效率之间的关系如图 6-75 所示。另外，具体容限值由于不同文献可能采用不同的参考定义和具体物理来实现，因而其相对值仅有参考意义。

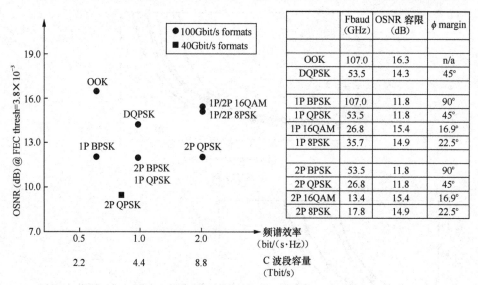

注：1P 表示单个偏振态，2P 表示偏振复用（双偏振态）。

图 6-75　100Gbit/s 调制码型 OSNR 容限比较

5. 非线性效应容限

100Gbit/s 由于采用了多级的相位（幅度）结合偏振复用的调制方式，其非线性效应不但包括自相位调制（SPM）和交叉相位调制（XPM）等效应，同时也包括偏振态变化的非线性效应（光纤双折射效应引起）。另外，由于 100Gbit/s 速率相对于 40Gbit/s 而言，在采用相同调制格式时，比特率和波特率均提高 2.5 倍，其相对于非线性效应的容忍特性与 40Gbit/s 有所差异，如图 6-76 所示。另外，对于不同相邻通路的速率的 XPM 效应，100Gbit/s 相对于 40Gbit/s 而言非线性容限要高一些，如图 6-77 所示。

6. FEC

FEC 技术引入到高速传输系统后可显著增加系统传输距离，但编码增益与增加 FEC 开销后所带来的代价两者之间需要平衡，同时 FEC 技术还需要考虑现有芯片实现技术的可行性和兼容性等因素。由于具体实现软硬件技术差异、市场竞争需要等多种因素，目前对于 100Gbit/s 技术仅在域间接口规范采用基于 ITU-T G.709 的 RS（255，239）编码，对于其他更复杂且编码增益更高的编码，目前，国内外研发机构正在研究，ITU-T 和 OIF 等标准组织也正在进一步地讨论规范化的可能性。

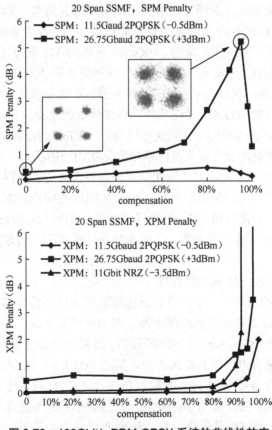

图 6-76　100Gbit/s PDM-QPSK 系统的非线性效应

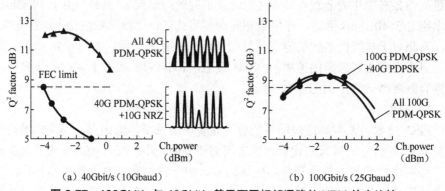

（a）40Gbit/s（10Gbaud）　　　　　　（b）100Gbit/s（25Gbaud）

图 6-77　100Gbit/s 与 40Gbit/s 基于不同相邻通路的 XPM 效应比较

6.6.4　100Gbit/s OTN 组网应用

　　数据业务和宽带业务的爆发式增长，消耗了大量带宽，承载网面临着严峻的挑战，现有的 10/40Gbit/s 波分系统将不能满足骨干网对大量数据传输的需求。由于调制模式不统一等问题的限制，40Gbit/s 系统的成本下降缓慢，产业链的发展状况也不尽如人意。而随着 100Gbit/s 标准的完备和 100Gbit/s 技术的逐步成熟，业界普遍更看好 100Gbit/s 系统的发展前景，认为其在未来将得到广泛的部署和应用，并且会像 10Gbit/s 系统那样，具备较长的生命周期。

　　相对于 10Gbit/s、40Gbit/s 线路速率而言，100Gbit/s 线路速率能更好地解决电信运营商日益面临的业务流量及网络带宽持续增长的压力。如图 6-78 所示，100Gbit/s WDM/OTN 系统通常部署在干线网络以及大型本地网或城域网的核心层，用于核心路由器之间的接口互联、大型数据中心间的数据交互、城域网络业务流量汇聚和长距离传输，以及海缆通信系统的大容量长距离传输。100Gbit/s WDM/OTN 系统所具备的大容量、长距离传送特性有利于传送网络的层次进一步扁平化。

　　（1）核心路由器之间的接口互联

　　随着全 IP 化的进展，骨干网络数据流量主要由核心路由器产生，一般采用 IP over WDM 的方式来完成核心路由器之间的长距离互联。目前核心路由器已支持 IEEE 定义的 10GE、40GE、100GE 接口。现网中核心路由器主要采用 10GE 接口与 WDM 设备互联实现长距离传输。随着 100Gbit/s WDM/OTN 技术的成熟，核心路由器可直接采用 100GE 接口与 WDM/OTN 设备连接，或将此前已大规模部署的 10GE 接口采用 10×10GE 汇聚到 100Gbit/s 的方式进行承载。采用 100Gbit/s WDM/OTN 设备进行核心路由器业务的传输不仅可提供数据业务普遍需要的大容量高带宽，而且可进一步降低客户侧接口数量，满足数据业务带宽高速持续增长的需求。

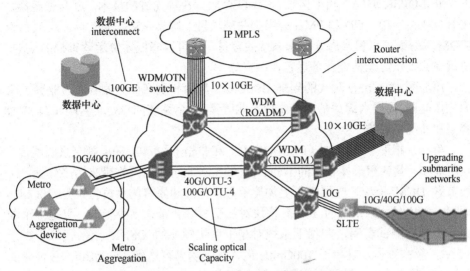

图 6-78 100G 传输应用场景（来源：OVUM）

（2）大型数据中心间的数据交互

近年来互联网、云计算等业务蓬勃兴起，此类业务不仅对带宽的实时要求较高，而且对传输时延较为敏感，一般采用数据中心来支持内容的分发。数据中心将数量众多的服务器集中在一起来满足用户需求，采用 100Gbit/s 传输可满足数据中心互联的海量带宽需求，而且可减少接口数量，降低机房占地面积、设备功耗。由于 100Gbit/s WDM/OTN 设备采用相干接收技术，无须配置色散补偿模块，有效降低了传输时延，可以为金融、政府、医疗等对时延较为敏感的用户提供低时延解决方案。

（3）城域网络业务流量汇聚及长距离传输

随着 LTE 网络的部署，以及移动宽带业务、IPTV、视频点播、大客户专线业务的开展，城域网络的带宽压力日趋增长。就移动回传网络而言，LTE 时代不仅基站数量众多，而且单基站出口带宽高达 1Gbit/s，固网宽带用户的带宽也将由 10Mbit/s 逐步升级至 100Mbit/s 甚至更高，城域网络的接入、汇聚层单环容量会迅速提升至 10Gbit/s、40Gbit/s。接入、汇聚层节点数量及带宽的攀升促使在城域核心层部署 100Gbit/s WDM/OTN 设备进行大带宽业务的流量汇聚并与长途传输设备接口。

（4）海缆通信系统的大容量长距离传输

由于海缆传输的投资成本较高，用户希望采用单波提速的方式提升系统传送容量。目前全球已建设的海缆系统包括 10Gbit/s 和部分 40Gbit/s WDM 系统。100Gbit/s WDM 系统不仅可在 C 波段提供 80×100Gbit/s 的传输容量，而且由于采用 PM-QPSK 编码、相干接收、SD-FEC 软判决等先进的技术，在传输距离、B2B OSNR 容限、CD 和 PMD 容限等关键项目上均具有较好的指标。100Gbit/s WDM 系统既可以提高海缆传输系统的容量，又可以降低系统运营维护的成本，普遍受到提供海缆传输业务运营商的青睐。

而随着 100Gbit/s 时代的到来，100Gbit/s 传输和现网如何兼容成为业界关注的焦点问题，需要考虑评估几个主要影响因素，包括系统的 OSNR 容限、CD/PMD 容限和非线性影响。

第一，相干 100Gbit/s（PDM-QPSK）和非相干 10/40Gbit/s 既有系统混传。众所周知，具备相干接收端的 100Gbit/s 解决方案可以给网络带来诸多好处，比如节省 DCM 模块，光层规划更加简单等，然而和原有的系统特别是 10Gbit/s 非相干混传时，原系统的 DCM 模块对相干系统会带来多少影响一直是一个顾虑。实验室测试表明，非相干系统对相干系统额外的 OSNR 上的代价不高于 0.5dB，影响较小，且相干 100Gbit/s 的入纤光功率可达到 1~2dBm，和现有的 10Gbit/s 系统接近，只需 OSNR 参数能同时满足 100Gbit/s 和 10Gbit/s 的设计要求，即可实现兼容混传。

第二，相干 100Gbit/s 和相干 40Gbit/s 系统的混传。对于 40Gbit/s 相干系统，目前业界有两种主流编码技术，一种采用 2 相位调制 PDM-BPSK，码速率为 21.5Gbit/s，入纤功率和 100Gbit/s 相干、10Gbit/s 系统接近，是最容易平滑混传的解决方案；另一种 40Gbit/s 相干采用 4 相位调制 PDM-QPSK，码速率为 11.25Gbit/s，抗非线性较弱，入纤功率较低，和 100Gbit/s 相干兼容混传代价较大，在混传场景时需要慎重设计。

第三，非相干 100Gbit/s（OPFDM）和非相干 10/40Gbit/s 混传。非相干 100Gbit/s 的光层设计参数和既有 10/40Gbit/s 系统接近，影响代价较小，只要在 OSNR 同时满足设计的前提下即可实现混传。

6.7　OTN 系统参考点

OTN 设备有 4 种形态，分别为 OTN 终端复用设备、OTN 电交叉设备、OTN 光交叉设备、OTN 光电混合交叉设备，各种形态的 OTN 设备系统参考点定义如图 6-79 至图 6-82 所示。

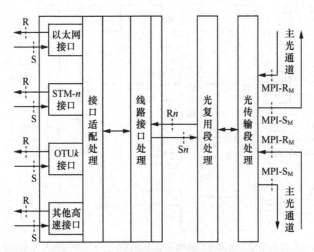

注：图中虚框的含义是部分设备实现方式可采用将接口适配处理、线路接口处理合一的方式完成。

图 6-79　OTN 终端复用设备系统参考点

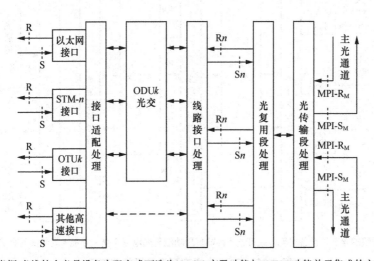

注：图中虚框/虚线的含义是设备实现方式可选为 ODUk 交叉功能与 WDM 功能单元集成的方式。

图 6-80　OTN 电交叉设备系统参考点

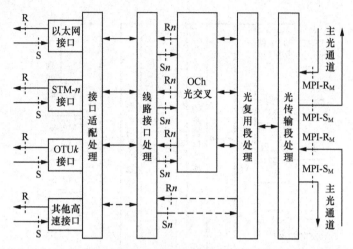

注：图中虚线的含义是设备实现方式可选为终端复用功能与光交叉功能功能单元集成的方式。

图 6-81　OTN 光交叉设备系统参考点

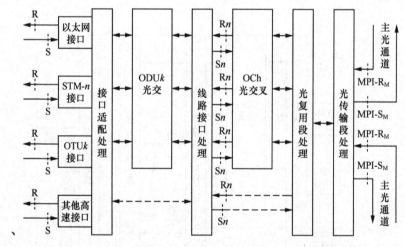

注：图中虚线的含义是设备实现方式可选为终端复用功能与光电混合交叉功能单元集成的方式。

图 6-82　OTN 光电交叉设备系统参考点

图 6-83 中参考点定义如下：

S（单通路）参考点位于用户网元发射机光连接器之后；

R（单通路）参考点位于用户网元接收机光连接器之前；

MPI-S_M（多通路）参考点位于光网元传送输出接口光连接器之后；

MPI-R$_M$（多通路）参考点位于光网元传送输入接口光连接器之前；

SM 参考点位于多通路线路 OA 输出光连接器之后；

RM 参考点位于多通路线路 OA 输入光连接器之前。

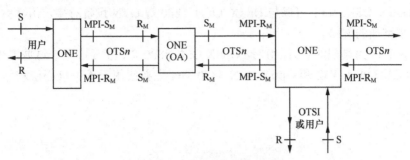

图 6-83 OTN 系统通用参考点

6.8 典型设备组网

如今，OTN 设备已经实现了在国内和海外的主流电信运营商的规模部署，其稳定性、可靠性得到了较充分地验证。

表 6-1 是华为 OptiX OSN 8800 的产品外观图，华为 OptiX OSN 8800 智能光传送平台（以下简称"OptiX OSN 8800"）是华为新一代智能化的 MS-OTN 产品，可应用于长途干线、区域干线、本地网、城域汇聚层和城域核心层。

表 6-1 OptiX OSN 8800 的产品外观图和亮点

指标	OptiX OSN 8800 T16	OptiX OSN 8800 T32	OptiX OSN 8800 T64
产品外观			

6.8.1 典型 OTN 组网

OptiX OSN 8800 可以与 OptiX OSN 1800 等 OTN 设备对接，组建完整的 OTN 端到端的网络。

图 6-84 为典型的 OTN 组网。OptiX OSN 8800 T16 主要应用于城域汇聚层。OptiX OSN 8800 T32 和 OptiX OSN 8800 T64 主要应用于骨干核心层和城域核心层。

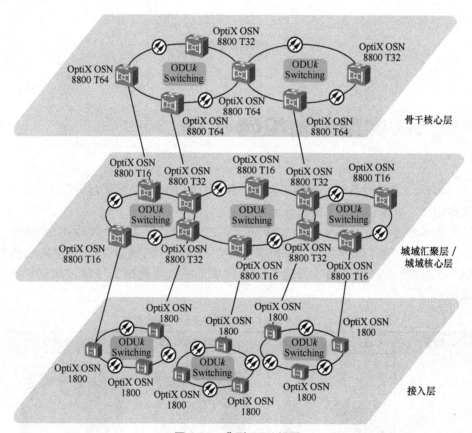

图 6-84 典型 OTN 组网

OptiX OSN 8800 T32/T16 支持 ODUk、VC 和分组的统一交换和控制，通过 MS-OTN（Multi Service Optical Transport Network）平台实现不同业务的统一交换和传输。图 6-85 为典型的 MS-OTN 组网。

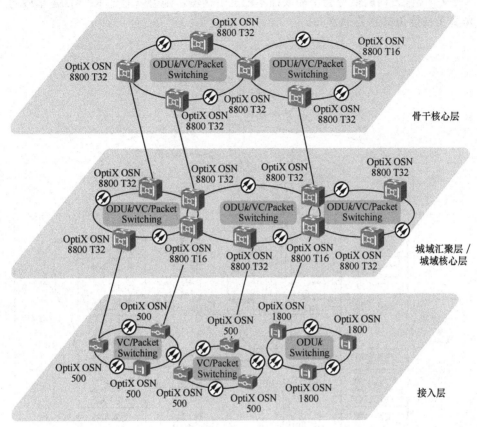

图 6-85　典型 MS-OTN 组网

6.8.2　OTN+ROADM 特性

采用 OTN+ROADM 特性，任意客户侧业务可交叉调度到任意方向，提高带宽利用率。

OTN+ROADM 可以有效地传输客户侧业务，如图 6-86 所示。

- 任意速率的客户侧业务通过支路单板接入，经过 OTN 封装后，在电层实现 ODU*k* 颗粒的灵活调度，共享带宽，然后经线路单板采用不同的波长输出。

- 通过 ROADM 单板的光层交叉，不同波长的信号可以传输到不同的方向。

● 不同方向的信号若不需要在本地上下传输，则可以通过 ROADM 单板的光交叉直接传输到其他方向。

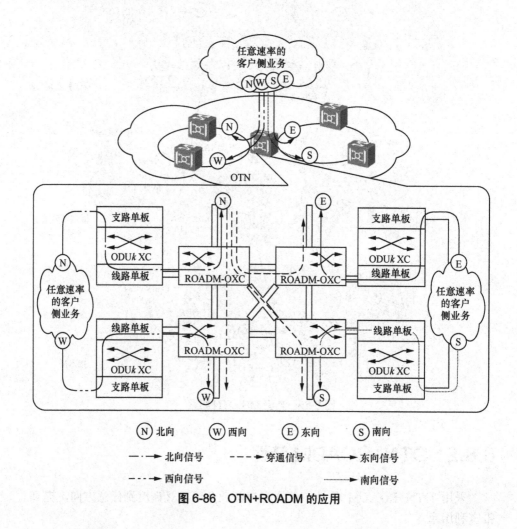

图 6-86 OTN+ROADM 的应用

6.8.3 备份和保护

OptiX OSN 8800 提供丰富的设备级保护和网络级保护，典型应用见图 6-87。

1. 网络级保护

如表 6-2 所示，OptiX OSN 8800 支持以下几种网络级保护。

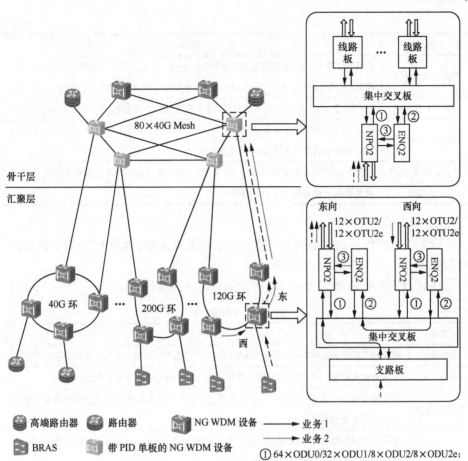

图 6-87 典型应用

表 6-2 网络级保护

保护	描述
光线路保护	光线路保护运用 OLP 单板的双发选收功能,在相邻站点间利用分离路由对线路光纤提供保护
板内 1+1 保护	板内 1+1 保护运用 OTU/OLP/DCP 单板的双发选收功能,利用分离路由对业务进行保护
客户侧 1+1 保护	客户侧 1+1 保护通过运用 OLP/DCP 单板的双发选收或 SCS 单板的双发双收功能,对 OTU 单板及其 OCh 光纤进行保护
ODUk SNCP 保护	ODUk SNCP 利用电层交叉的双发选收功能对线路板,PID 单板和 OCh 光纤上传输的业务进行保护;OptiX OSN 8800 支持交叉粒度为 ODUk 信号的 SNCP 保护

保护	描述
支路 SNCP 保护	支路 SNCP 保护运用电层交叉的双发选收功能，对支路接入的客户侧 SDH/SONET 或 OTN 业务进行保护；OptiX OSN 8800 支持交叉粒度为 ODUk 信号的 SNCP 保护
SW SNCP 保护	SW SNCP 运用 TOM 单板的板内交叉来实现业务的双发选收，对 OCh 通道进行保护
ODUk 环网保护	ODUk 环网保护用于配置分布式业务的环型组网，通过占用两个不同的 ODUk 通道实现对所有站点间多条分布式业务的保护
光波长共享保护（OWSP）	OWSP 保护用于配置分布式业务的环型组网，通过占用两个不同的波长实现对所有站点间一路分布式业务的保护

2. 设备级保护

设备级保护包括电源备份、风扇冗余、交叉板备份、系统控制通信板备份、时钟板备份、AUX 单板 1+1 备份。

OptiX OSN 8800 提供如表 6-3 所示的设备级冗余保护。

表 6-3　设备级保护

类型	描述
电源备份	两块 PIU 单板采用热备份的方式为系统供电，当一块 PIU 单板故障时，系统仍能正常工作
风扇冗余	当风机盒中任意一个风扇坏掉时，系统可在 0℃～45℃环境下正常运转 96 小时
交叉板备份	交叉板采用 1+1 备份，主用交叉板和备用交叉板通过背板总线同时连接到业务交叉槽位对交叉业务进行保护
系统控制通信板备份	系统控制通信板采用 1+1 备份，主用 SCC 单板和备用 SCC 单板通过背板总线同时连接到所有通用槽位，对如下功能进行保护： ● 网元数据库管理； ● 单板间通信； ● 子架间通信； ● 开销管理
时钟板备份	时钟板采用 1+1 备份，主用 STG 单板和备用 STG 单板通过背板总线同时连接到所有业务槽位，对如下功能进行保护： ● 网元时钟管理； ● 同步时钟下发
AUX 单板 1+1 备份	主用 AUX 单板和备用 AUX 单板通过背板总线同时连接到所有通用槽位，对如下功能进行保护： ● 单板间通信； ● 子架间通信

6.8.4 ASON 特性

华为公司提供的 ASON 软件可以应用在 OptiX OSN 8800 上，以支持传统网络向 ASON 网络的演进。ASON 软件符合 ITU-T 和 IETF ASON/GMPLS 系列标准。

如图 6-88 所示，ASON 技术在传输网中引入了信令，并通过增加控制平面，增强了网络连接管理和故障恢复能力。ASON 技术在光层提供波长级别的 ASON 业务，在电层提供 ODUk 级别 ASON 业务，它支持端到端业务配置和 SLA。

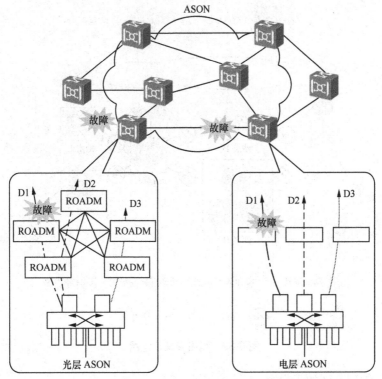

图 6-88 ASON 特性

ASON 具备以下特点：

- 支持重路由和优化时波长自动调整，有效解决波长冲突问题；
- 新建业务可自动分配波长；
- 支持端到端的业务自动配置；
- 支持拓扑自动发现；
- 支持 Mesh 组网保护，增强网络的可生存性；

● 支持差异化服务，根据客户层信号的业务等级决定所需要的保护等级；

● 支持流量工程控制，网络根据客户层的业务需求，实时动态调整网络的逻辑拓扑，实现网络资源的最佳配置。

6.8.5 网络管理

网络管理包括网络管理系统、网元间通信管理和网元内通信管理等内容。华为设备的网络管理示意图如图 6-89 所示，站点 A 内一个网元为 3 个子架组成（一个主子架连接两个从子架）。

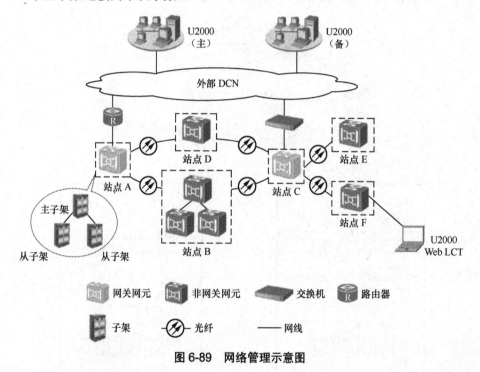

图 6-89 网络管理示意图

网络管理包括如下内容。

● 网络管理系统：U2000 和 U2000 Web LCT。

● 网元间通信管理。

站点 A～F 之间的网元通过光纤相连，使用 HWECC、IP over DCC 或 OSI over DCC 协议在 ESC/OSC 通道上实现网元间通信。

站点 A～F 内的部分网元（如站点 B）通过网线相连（一般应用于光电网元分离场景），使用 HWECC、IP over DCC 或 OSI over DCC 协议在以太网通道（各网元相关单板的 NM_ETH 口）上实现网元间通信。

站点 A 和站点 C 内的网元作为网关网元（GNE），通过交换机或路由器接入外部 DCN 和网管通信。其他网元作为非网关网元（non-GNE）通过网关网元和网管通信。

- 网元内通信管理：站点 A～F 内的网元通过主从子架进行网元内通信，如图 6-89 所示。

第 7 章

传送网规划与设计

当前通信网业务的主体已经由传统的 TDM 业务转为 IP 业务，为了更好地承载 IP 数据业务，光传送网技术一直在发展各种 IP 承载技术，如 PTN、IPRAN 等。而在干线传输网层面传统的 DWDM 在组网能力和波长业务调度方面均比较固定，灵活性远不能真正高效地承载 IP 业务，OTN 技术则可以较好地解决大颗粒 IP 业务的灵活承载问题。

7.1 规划基本要素

随着人类社会信息化速度的加快，对通信的需求也呈高速增长的趋势；由于光纤传输技术的不断发展，在传输领域中光传输已占主导地位。光纤存在巨大的频带资源和优异的传输性能，是实现高速率、大容量传输的最理想的传输媒质。光纤通信是传输技术的革命性进步，其诞生至今已有近 30 年的历史，直到今天还没有任何一种新的技术能够取而代之。据统计，目前 80% 以上的信息是通过光通信系统传递的。

光纤通信系统问世以来，一直朝着两个目标不断发展。一是延长中继（再生）距离，二是提高系统容量，也就是所谓的向超高容量和超长距离两个方向发展。从技术角度来看，限制高速率、大容量光信号长距离传输的主要因素是光纤衰减、光信噪比、色散和非线性效应。

20 世纪 80 年代，1550nm 波段光传输系统处于初始发展阶段，传输速率为 2.5Gbit/s 及以下，无电中继距离主要受链路损耗限制，典型长度为 40～50km。从 20 世纪 90 年代开始，随着掺铒光纤放大器（EDFA）的研制成功和光中继站的应用，人们成功地克服了链路损耗问题，使得 2.5Gbit/s 光信号的无电中继距离提高到 1000km，但同时链路色散成为限制传输距离和调制速率增加的主要因素。对于 10Gbit/s 信号而言，色散受限长度仅为 60km 左右。色散补偿概念的提出和色散补偿光纤的成功应用，将 10Gbit/s 光信号的无电中继距离进一步提升到 640km 左右。此时，光信号的 OSNR 受限问题（主要由光放大器的噪声及传输链路损耗引起），以及光纤非线性效应对长途传输系统性能的危害性又暴露了出来。采用低噪声光放大技术（如分布式拉曼放大器）和新型编码技术（RZ 码），可有效控制上述受限因素的危害，并进一步将无电中继传输距离提高到 4000km。但是，随着传输距离的进一步提高，偏振模色散（PMD）的影响又凸显出来，并成为 40Gbit/s 传输系统设计中非常重要的一个限制因素。

总体来说，对于传输距离为 640km 及以上的 WDM/OTN 光传输系统，目前对系统性能和传输距离造成限制的主要物理因素有光纤衰减、光信噪比（OSNR）、色散效应和光纤非线性效应，这些因素同时也是我们在进行 OTN 规划时必须要考虑的基本要素。

7.1.1　光信噪比

光信噪比（OSNR）是光纤信号与噪声的比值。在 WDM 系统中，OSNR 能够较准确地反映传输信号的质量。一般对于 10Gbit/s 信号接收端要求 OSNR 在 25dB 以上（没有 FEC 时），光信噪比 OSNR 在 WDM 系统发送端一般为 35～40dB，但是经过第一个放大器后，OSNR 将会有比较明显的下降，以后每经过一个光放大器 EDFA，OSNR 都将继续下降，但下降的幅度会越来越小。OSNR 劣化的原因在于光放大器在放大信号、噪声的同时，还引入了新的 ASE 噪声，也就是放大器的自发辐射噪声，从而使得总噪声水平提高，OSNR 下降。

在 WDM 系统中，噪声的主要来源是光纤放大器。对掺铒光纤放大器而言，噪声的主要来源是放大的自发辐射噪声（ASE）。光纤放大器在对光信号进行放大时，伴随着对自发辐射光的放大，它不仅会消耗大量反转粒子数，限制光放大器的增益和输出功率，而且构成了掺铒光纤放大器的附加噪声源。因此，有效地抑制 ASE 噪声成为实现高性能掺铒光纤放大器的关键。

所有的光放大器都会带来额外的噪声。在 EDFA 中，铒离子周围的电子从基态被泵浦到激发态。在光信号穿过掺铒光纤时，前者从受激发的电子中抽取能量，信号也随之通过受激辐射放大。但是，电子会自发地回落到基态，同时随机辐射出光子。掺铒光纤的前端随机辐射生成的光子可在光纤的后部分获得放大。这种额外噪声可以由噪声系数（NF）描述，由于光放大器不但能对输入的光信号和 ASE 噪声进行相同增益的放大，而且会额外增加一部分 ASE 噪声功率，这种噪声还会沿着传输光纤路径积累起来。显然，沿着传输光纤路径，OSNR 值是逐步降低的。

另一种噪声来源于信号的反射，由于存在双重瑞利散射，以及光纤连接器、熔接头对信号有反射效应，因此，应使用拉曼放大器系统，对这些效应严格控制。

在超长距离 WDM 系统中，级联的光放大器的个数可能会达到几十个甚至上百个，而产生于光放大器的 ASE 噪声将同信号光一样重复一个衰减和放大周期。进来的 ASE 噪声在每个放大器中均经过放大，并且叠加在本地放大器所产生的 ASE 噪声上，所以总 ASE 噪声功率就随着光放大器数目的增多且大致成比例增大，使光放进入饱和状态，信号功率则随之减小。如果不加以控制，噪声功率可能超过信号功率。

对于一个带光放大的传输链路，作为衡量系统性能最终手段的接收端比特误码率（BER）直接与接收端的 OSNR 有关，其他条件不变，OSNR 越大，则 BER 越低。以 10Gbit/s 接收机为例，在背靠背（无传输）配置下接收消光比 10dB

的光信号，为获得 10^{-12} 的 BER 所要求的最小 OSNR 的典型值为 14～15dB，因此 10Gbit/s 传输系统接收机处的 OSNR 必须大于这一数值，以保证 BER 小于 10^{-12}。这一 OSNR 的数值成为传输系统的 OSNR 容限。在 WDM 传输系统中 OSNR 容限是衡量系统性能最重要的光学指标之一。其他条件不变的情况下，传输系统的 OSNR 容限越低，系统性能越优异。图 7-1 所示为 10Gbit/s 光信号 OSNR 与背靠背原始 BER 特性曲线比较。

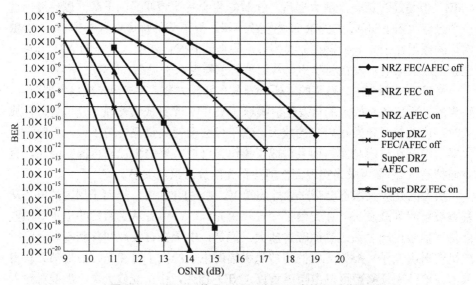

图 7-1　10Gbit/s 信号 OSNR 与误码率的关系曲线

　　显然，OSNR 最终也会对传输距离造成限制。利用一个简单公式可以估计典型的带光放大的传输链路的 OSNR。假设每段光纤的损耗相同，每段光纤使用的光放大器增益和噪声指数也相同，则在经过 n 段光纤传输后，光信号的 OSNR 为：

OSNR=58dB+入纤光功率－NF－每跨段损耗－10lg（跨段数目）

　　假设单信道入纤光功率 0dBm，每个放大器的噪声指数为 6dB，每个 80km 光纤跨段损耗为 22dB，一个 8 跨段光放大传输链路给出的接收端 OSNR 约为 21dB。考虑到 10Gbit/s 收发机在背靠背配置中的典型 OSNR 容限为 14～15dB，因此，在不计入传输代价时，上例中的传输系统具有大于 6dB 的系统余量。

　　从上面的公式可以看出，为使传输距离更长，同时保持足够的 OSNR，我们可增加入纤光功率，入纤光功率增加 3dB 可将传输距离延长一倍。然而，一味地提高入纤光功率会引发较大的非线性效应，反而不利于超长距离的传输。

　　延长传输距离可采用两种方法：降低 OSNR 容限，如采用前向纠错（FEC）技术、码型技术等，或采用低噪声光放大器，延缓 OSNR 的劣化，如拉曼放大技术等。

对于不同的网络，OSNR 的要求不同，我国国家通信行业标准 YD/T 5092-2010 规定了各种情况下的 OSNR 标准。在 DWDM 工程设计时，我们应以通信行业标准规定的指标作为衡量 DWDM 系统 OSNR 的标准，当然必要时也可以要求得更为严格一些。具体来说，DWDM 系统工程各光放段及复用段在测试带宽为 0.1nm 时，各光通路在 MPI-RM 点的光信噪比，应符合表 7-1 至表 7-4 的要求。

表 7-1　32/40×10Gbit/s WDM 系统光通道信噪比指标

跨段损耗	8×22dB	6×22dB	3×33dB	3×27dB
光通路信噪比（dB）	22	25	20	25

注：8×22dB、3×33dB 参数仅适用于采用常规带外 FEC 的 WDM 系统。

表 7-2　80×10Gbit/s WDM 系统光通道信噪比指标

跨段损耗	N×22dB	M×30dB
光通路信噪比（dB）	20（18）	20（18）

注：该数值是采用带外 FEC 的 WDM，括号内数值为采用超强带外 FEC 的 WDM 系统。

表 7-3　40/80×40Gbit/s WDM 系统光通道信噪比指标

跨段损耗	N×W（dB）	8×22	16×22	8×22	12×22		16×22
通路数	个		40		80		
调制格式	——	ODB/PSBT	RZ-AMI	NRZ-DPSK	ODB/PSBT	P-DPSK1	RZ-DQPSK	P-DPSK	DP-QPSK
光通路信噪比[注1,注2]	dB	21	19.5	18.5	21	19	18.5	19	15.5

注 1：大于 12×22dB 跨段的 MPI-RM 点每通路最小光信噪比为接收机光信噪比容限（EOL）加上 5dB OSNR 系统代价和余量；跨段数小于或等于 12×22dB 跨段则加上 4.5dB OSNR 系统代价和余量。

2：实际工程中如果部分波长通道不满足 MPI-R$_M$ 点每通路最小光信噪比要求，可采用接收机光信噪比容限（EOL）（实际测试的 BTB OSNR BOL 值加上 0.5dB）加上 4.5dB 或者 5dB OSNR 系统代价和余量进行系统设计。

表 7-4　80×100Gbit/s WDM 系统光通道信噪比指标（无 DCM）

应用代码	——	M80.100G50-18A-0-652（C）	M80.100G50-14A-0-652（C）	M80.100G50-16A-0-655（C）	M80.100G50-10A-0-655（C）
跨段损耗	N×W（dB）	18×22	14×22	16×22	10×22
通路数	个		80		
调制格式	——	偏振复用（差分）正交相移键控			
光通路信噪比[注]	dB	18	19.5	18	19

注：小于或等于 12×22dB 的系统 OSNR 裕量指标为 4.5dB，大于 12×22dB 的系统 OSNR 裕量指标为 5dB。

7.1.2 开局光功率调测

1. 光放调测要求

（1）光功率调测要求

- 调节输入、输出的各波平均功率达到或最接近单波标称输入、输出功率。
- 调节各波大于平均单波功率的波数和小于平均单波功率的波数基本相等。
- 调节各单波光功率平坦，使收端信噪比平坦且满足设计要求，在保证光功率平坦度满足指标要求的情况下可牺牲光功率平坦度保证信噪比。

（2）单波标准光功率的定义

- 单波标准光功率指调测单波到此值能保证最好的性能，此值基于信噪比和非线性的平衡而得出，是光放允许的最大输入、输出单波光功率。
- 光功率过高会导致非线性，入纤光功率越低，非线性影响越小。
- 可以根据最大光功率指标来计算标准单波光功率。

（3）光放板单波标准光功率的计算

- 假设单波标准光功率为 S（mW），$10\lg S$（dBm）；假设光放最大上下 N 波，各波光功率一样，则：总光功率 $10\lg NS = 10\lg S + 10\lg N =$ 最大输入、输出光功率。

单波标准输入、输出光功率 $10\lg S =$ 最大输入、输出光功率 $-10\lg N$，N 为光放板满波输入的波长数。

- 以某光放大板的输入光功率范围为 $-32\sim-3$ dBm，最大输出 20dBm 为例，则：40 波的单波标准输入光功率为：$-3-10\lg40 = -19$ dBm，40 波的单波标准输出光功率为：$20-10\lg40 = 4$ dBm。
- 问题：系统满波波长数和光放满波波长数是相同的吗？

答案：不是，在一些系统上，光放的满波波长数不等于系统满波波长数，如 C+L 波段，不同波段对应不同的光放板。

2. 光放单波光功率调测平坦度要求

（1）光放单波光功率平坦度要求

- 调节各波光功率在单波平均光功率 $-2\sim+2$ dB 的范围内，特殊情况下如 RAMAN/ROP/ULH 等信噪比较差的情况可放宽到指标要求；
- 在保证光功率平坦度满足指标要求的情况下可牺牲光功率平坦度保证信噪比的平坦度。

（2）光放单波光功率平坦度调节方法

- "看收端，调发端"，即监视收端的情况调节发端，使收端光功率平坦。
- 调节各单波光功率平坦的目的是使收端信噪比平坦且满足设计要求，因此如果不满足设计信噪比要求，还需要进一步进行信噪比平坦度调节。

● 调测光放前要保证调节各波的衰减器的可调范围足够，需要根据上下可调的范围预设初始值。

3．光放单波光功率的调测方法（以华为设备为例）

（1）输入单波光功率调测方法

● 如果输入单波平均光功率未加光衰前比单波标准输入光功率高，则调节可调衰减器使输入单波平均光功率到标准。

● 如果输入单波平均光功率无法达到单波标称输入光功率，则去掉放大器输入端的可调衰减器，使输入单波平均光功率保持最大光功率。

（2）输出单波光功率调测方法

● 输出光功率除 OAU 外不需要调节，按固定增益输出单波光功率即为标准；

● E2OAU 的情况，设置 EVOA 衰减使单波平均输出光功率达到标准；

● E3OAU 和 C6OAU 有 EVOA 的情况，设置增益=单波标准输出光功率－调测单波平均输入光功率；

● 无 EVOA 的 OAU 调节 TDC/RDC 的可调衰减器使单波平均输出光功率达到标准值。

（3）E3OAU 调测举例

● E3OAUC03E 的输入光功率范围-32～-4dBm，增益范围 24～36dB，最大输出光功率 20dBm。使用在 1600G Ⅲ型系统，如图 7-2 所示，如果输入可调衰减器前的测试单波平均输入光功率为-15dBm 怎样调测？-25dBm 又怎样调测？

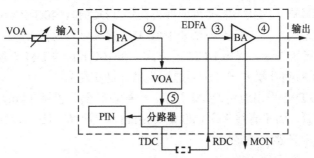

图 7-2　有 VOA 的 OAU 内部结构图

● 1600G Ⅲ型系统为 40×10G 系统，计算单波标准输入、输出光功率为-20dBm、+4dBm。

当未接入可调衰减器前的单波平均输入光功率为-15dBm 时，调节可调衰减器使单波平均输入光功率达到标准，此时单波平均输入光功率=-20dBm，设置增益=4–（–20）=24dB。

当未接入可调衰减器前的单波平均输入光功率为–25dBm时，去掉可调衰减器使单波平均输入光功率最高达，此时单波平均输入光功率=–25dBm，设置增益=4–（–25）=29dB。

4．总光功率调测方法

按衰减调节光放光功率调测方法

- 首端 OTM 的发送光放的输入光功率因为噪声较小，可以直接计算输入总输入标准光功率=单波标准光功率+10lg$N$，N 为波长数。
- 调测下游光放总标准输入光功率=上游光放输出查询总光功率–（上游光放单波标准光功率–下游光放单波标准输入光功率），调节可调衰减器使下游总输入光功率为总标准输入光功率，如果不能调到标准值，去掉可调衰减器，使输入光功率保持最大值。调测后我们可以查询到下游的输入总光功率。
- 下游光放单波调测输入光功率=上游输出单波标准光功率–（上游光放查询输出总光功率–下游光放查询输入总光功率）。
- 设置下游 OAU 增益=下游光放单波标准输出光功率–下游光放单波调测输入光功率=下游光放单波标准输出光功率–上游输出单波标准光功率＋（上游光放查询输出总光功率–下游光放查询输入总光功率）。

7.1.3　色散补偿

100Gbit/s 和超 100Gbit/s WDM/OTN 使用相干技术，相干接收技术使得光传输系统具有足够的色散容限和偏振模容限，无须考虑线路传输上的色度色散和偏振模色散的影响，因此不需要色散补偿模块（DCM）。40Gbit/s WDM 主要采用两级补偿的方式，即 DCM 补偿和电域 TDCM（可调色散补偿）补偿相结合的方式。第一级粗补偿，采用 DCM 的方式，和 10G bit/s WDM 系统类似；第二级采用 TDCM 精确补偿方式（主要通过光纤光栅实现）。

10Gbit/s WDM 采用线路 DCM 补偿。一般以补偿公里数（km）来计算色散补偿模块的配置，而不直接采用色散量（ps/nm）的计算方法。OTU 的色散容限是由发送机（激光器）决定的。

工程计算一般取值：

G.652 单模长波长光纤（SMF）的典型色散系数为 17ps/（nm·km）（注：在将 OTU 色散容限转换为色散受限距离时需取光纤的色散值 20ps/（nm·km），如色散容限为 800ps/nm，转换为距离为 40km），G.655 单模长波长光纤的典型色散系数为 4.5ps/（nm·km）（注：在将 OTU 色散容限转换为色散受限距离时需取光纤的色散值 6ps/（nm·km））。

若在 G.652 光纤中传输单波 10Gbit/s 速率波长，则其色散受限距离为：800/20=40km，而不是 800/17=47km，一般单跨都超过 40km，因此需要进行色散补偿。若在 G.655 光纤中传输，其色散受限距离为：800/6=130km，因此长距离需要进行色散补偿。

在进行色散补偿时，我们只需要考虑以下几点：

- OTU 色散容限；
- 工程余量（G.652 光纤：10～30km；G.655 光纤：38～113km）。

计算公式：L（DCM）色散补偿距离=传输距离（L）–OTU 色散受限距离+工程余量

例如，一段光纤长度为 100km 的 G.652 光纤，我们需要补偿的距离为：

$$L(DCM)=传输距离–OTU 色散受限距离+工程余量$$
$$=100km–40km+（10～30km）=70～90（km）$$

所以，我们只需要配置一个 80km 的 DCM 进行补偿。

7.2　光纤光缆测试

随着光通信技术的飞速发展，光纤传输系统的容量也在迅速提高，目前在国内的一级、二级干线传输网及部分专网中大量采用以 10Gbit/s、40Gbit/s、100Gbit/s 为基础速率的密集波分复用（DWDM）系统。

对于光通信系统来说，传输介质影响单波长速率为 10Gbit/s 及以上的 DWDM 系统的参数主要有 3 个：衰减、色度色散和偏振模色散。因此，在组建 10Gbit/s 及以上速率的 DWDM 波分系统时，我们必须对光缆纤芯上述三个指标进行精确地测试。高速波分系统建设离不开光纤基础数据的测试，这对于整个光纤通信网络的规划和设计具有重要的意义。实际光纤测试方法有采用光纤光功率计和光接收器的双端测试方法，也有采用光时域分析仪（OTDR）的单端测试方法。虽然光纤光功率计和光接收器测试方法可以迅速得知光纤的衰耗信息，但其在测试时所记录的光纤信息较简单，所以实际波分系统设计时为了更为全面地获得光缆纤芯的信息常采用 OTDR 作为光纤测试的主要工具。

7.2.1　光纤测试需求

针对实际 10Gbit/s、40Gbit/s 和 100Gbit/s 高速波分系统建设时对光纤测试指标的不同需求，结合实际商用产品的特点，表 7-5 总结了这 3 种高速率波分系统工程建设时对光纤衰耗要求、光纤残余色散要求、光纤偏振模色散要求和光纤非线性容忍的要求程度（其中，10Gbit/s 为直接接收系统，40Gbit/s 为非相干和相干系统，100Gbit/s 为相干接收系统）。

表 7-5　10Gbit/s、40Gbit/s 和 100Gbit/s 不同高速波分系统对光纤指标的不同需求

	10Gbit/s（非相干）	40Gbit/s（非相干）	40Gbit/s（相干）	100Gbit/s（相干）
光纤衰耗要求	高	高	高	较高
光纤残余色散要求（ps/nm）	（±）1200～1600	（±）400～800	（±）5000～8000	（±）29000～120000
光纤偏振模色散容限（ps）	约 10	2.5～6	约 18	20～90
光纤非线性容忍性	较高	较高	高	良好

由表 7-3 可知，40Gbit/s（非相干）高速率波分系统对光纤残余色散和光纤偏振模色散的要求很高，这符合实际 40Gbit/s（非相干）波分系统建设时采用色散补偿模块总体补偿后对每个信道再分别进行电域上的光纤色散补偿的特点。同时，40Gbit/s（非相干）波分系统也对光纤偏振模色散的要求很高，导致我们必须在系统设计时考虑。然而，40Gbit/s（相干）、100Gbit/s（相干）由于在接收端采用了 DSP 算法技术使得光纤色散和偏振模色散可以得到较好的补偿，所以在相干波分系统建设时可以不考虑光纤色散和偏振模的影响。因此，在波分系统前期建设论证时，光缆的光纤测试指标显得尤为重要。

7.2.2　光纤测试内容

在实际工程中，我们需要对影响传输系统设计的光纤各项性能指标都进行精确地测试。由于现有大部分传输系统的工作波长都是 1550nm 窗口，因此一般工程中光纤的测试选定光纤工作波长为 1550nm 窗口，测试内容包括：

① 中继段光纤长度；

② 中继段光纤衰减；

③ 中继段光纤色度色散（CD）；

④ 中继段光纤偏振模色散（PMD）。

7.2.3　光纤测试方法

1．中继段光纤长度的测试

图 7-3 是光纤中继段长度及衰减的测试示意图。

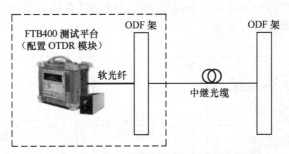

图 7-3　光纤中继段长度及衰减测试示意图

测试时，利用带有连接器（FC/PC）的光纤连接 OTDR 和光纤。

光纤折射率是影响中继段长度测试准确性的重要参数，测试时使用光纤厂商提供的数值。测试完成后从 OTDR 的事件列表（Event Table）中得到光纤的中继段长度，测试所使用的软光纤长度为 3～5m，此长度对测试的影响可忽略不计。

2．中继段衰减的测试

一般光纤衰减测试采用 OTDR 法，所测中继段衰减包含中间段 ODF 上连接器插入损耗；不包含仪表近端 ODF 上连接器的插入损耗。

OTDR 法测试光纤中继段衰减的测试示意图与光纤中继段长度的测试示意图相同。

测试完成后从 OTDR 的事件列表（Event Table）中可直接得到线路中光缆的衰减，此衰减包含中间段 ODF 上连接器插入损耗，不包含仪表近端 ODF 上连接器的插入损耗。

3．中继段色度色散的测试

光纤的色度色散简称色散（CD），指光脉冲在光纤中传输过程中，不同频率（或波长）的光的传输速度（称为群速度）不同，导致时延产生，从而出现脉冲展宽的现象。

目前，进行 CD 测试的方法包括时延法及相移法。时延法测试的准确性依赖于脉冲的波形，由于短脉冲的展开和畸变，使我们难于确定其确切的到达时刻，因此采用时延法测试 CD 相对来讲不够精确。而相移法是通过高度精确的相移得到时延，这种技术比脉冲时延测量方法要精确得多。本文使用的 EXFO FTB400 综合测试平台及 EXFO FTB-5800B CD 测试模块采用相移法进行 CD 测试。

图 7-4 为光纤中继段色度色散的测试示意图，图中的发送端为 EXFO FLS-5834 高功率宽带光源（C、L 或 C+L 波带）；接收端为 EXFO FTB400 综合测试

平台及 EXFO FTB-5800B CD 测试模块构成的测试系统。测试模块以及宽带光源与 ODF 之间用软光纤连接。

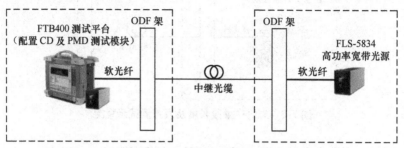

图 7-4　光纤中继段色度色散和偏振模色散测试示意图

测试中两端软光纤长度均为 3～5m，其 CD 值相当小，因此它对测试的影响可以忽略不计。

4．中继段偏振模色散的测试

在单模光纤中传输的光脉冲由两个相互正交的极化模构成，在理想状态下，这两个极化模的传输速度相同，但实际上它们的速度有细小的差别，这就是 PMD（Polarization Mode Dispersion）。速度的差异表现在传输时间上，又被称为差分群时延（DGD，Differential Group Delay）。

PMD 的存在会使光脉冲信号展宽，这与色散的特性有些类似，但 PMD 是一个随时间变化的统计变量；PMD 会使接收的眼图信号变窄，使系统的误码率（BER）变大，从而影响传输信号的质量。

目前，测试 PMD 的方法包括：固定分析法（Fixed Analyzer），测试方法可以使用一台光谱仪加宽谱光源；干涉法，其中包括传统的干涉法（TINTY）和扩展干涉法（GINTY）；斯托克斯（Stokes）参数分析法（SPE），包括琼斯矩阵法（JME）和邦加球法（PSA），上述几种方法在实际工程中都得到应用，经过大量的试验证明，特别是架空光缆，采用扩展干涉法进行光纤测试，测试数据重复性较好。本书使用的 EXFO FTB400 综合测试平台及 EXFO FTB-5500B PMD测试模块采用扩展干涉法进行 PMD 测试。

图 7-10 为光纤中继段偏振模色散的测试示意，图中的发送端 EXFO FLS-5834 高功率宽带光源（C、L 或 C+L 波带）；接收端为 EXFO FTB400 综合测试平台及 EXFO FTB-5500B PMD 测试模块构成的测试系统。测试模块以及宽带光源与 ODF 之间用软光纤连接。

测试中两端软光纤长度均为 3～5m，其 DGD 值相当小，因此它对测试的影响可以忽略不计。

7.3 OTN 设计

7.3.1 系统制式

1. 网络模型与结构

假设参考光通道（如图 7-5 所示）最长为 27500km，跨越 8 个域，包括 4 个骨干运营商域（BOD）（每个中继一个）和两个本地运营商域（LOD）—区域运营商域（ROD）对。LOD 和 ROD 关联于国内部分，BOD 关联于国际部分。域之间的边界为电信运营商网关（OG）。

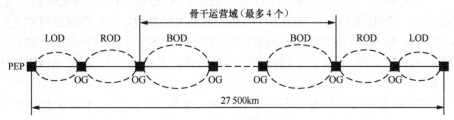

图 7-5　假设参考光通道

OTN 分为传送层、管理层和控制层（可选）3 个层面。OTN 的控制层为可选项，通过控制层提供网络的智能特性，根据业务服务等级，实现基于控制层的自动恢复和保护。当 OTN 不配置控制层时，在传送层提供业务的保护。

OTN 传送层网络从垂直方向可分为光通路（OCh）层网络、光复用段（OMS）层网络和光传输段（OTS）层网络 3 层，相邻层之间是客户/服务者关系（见图 7-6）。

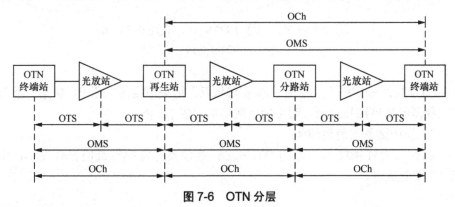

图 7-6　OTN 分层

光通路层（OCh）网络通过光通路路径实现接入点之间的数字客户信号的传送，其特征信息包括与光通路连接相关联并定义了带宽及信噪比的光信号和实现通路外开销的数据流，均为逻辑信号。OCh 层可以被划分为 3 个子层网络：光通路子层网络、光通路传送单元（OTUk，k=1,2,3,4）子层网络和光通路数据单元（ODUk，k=0,1,2,2e,3,4）子层网络，其中 OTUk 和 ODUk 子层采用数字封装技术实现，相邻子层之间具有客户/服务者关系，ODUk 子层若支持复用功能，可继续递归进行子层划分。

光复用段（OMS）层网络通过 OMS 路径实现光通路在接入点之间的传送，其特征信息包括 OCh 层适配信息的数据流和复用段路径终端开销的数据流，均为逻辑信号，采用 n 级光复用单元（OMU-n）表示，其中 n 为光通路个数。光复用段中的光通路可以承载业务，也可以不承载业务，不承载业务的光通路可以配置或不配置光信号。

光传输段（OTS）层网络通过 OTS 路径实现光复用段在接入点之间的传送。OTS 定义了物理接口，包括频率、功率和信噪比等参数，其特征信息可由逻辑信号描述，即 OMS 层适配信息和特定的 OTS 路径终端管理/维护开销，也可由物理信号描述，即 n 级光复用段和光监控通路，具体表示为 n 级光传输模块（OTM-n）。

OTN 从水平方向可分为不同的管理域（见图 7-7），其中单个管理域可以由单个设备商的 OTN 设备组成，也可由运营商的某个网络或子网组成。不同域之间的物理连接采用域间接口（IrDI），域内的物理连接采用域内接口（IaDI）。

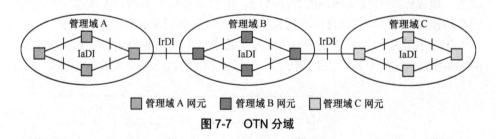

图 7-7　OTN 分域

OTN 技术可应用于长途网和本地/城域网，可采用线形、环形、树形、星形和网状型等多种拓扑组网。常见的组网结构如图 7-8 所示。

2. 系统速率与复用结构

OTN 信号在网络节点处的 OTU/ODU 类型及比特率等级应符合表 7-6 和表 7-7 中的规定。

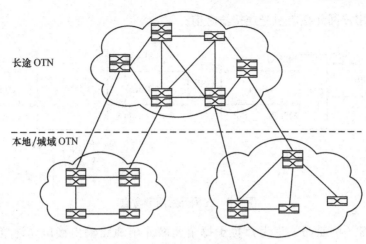

长途 OTN

本地/城域 OTN

图 7-8 OTN 组网结构

表 7-6 OTU 类型和比特率等级

OTU 类型	OTU 标称比特速率（kbit/s）	OTU 比特速率容差
OTU1	255/238×2488320	
OTU2	255/237×9953280	
OTU3	255/236×39813120	$\pm 20 \times 10^{-6}$
OTU4	255/227×99532800	

表 7-7 ODU 类型和比特率等级

ODU 类型	ODU 标称比特速率（kbit/s）	ODU 比特速率容差
ODU0	1244160	
ODU1	239/238×2488320	
ODU2	239/237×9953280	$\pm 20 \times 10^{-6}$
ODU3	239/236×39813120	
ODU4	239/227×99532800	
ODU2e	239/227×10312500	$\pm 100 \times 10^{-6}$

OTN 信号基本复用结构的要求详见第 3 章，OTN 客户信号应包括 STM16/64/256、OTUk（k=1,2,3）、GE/10GE WAN/10GE LAN 等，客户信号的映射应满足 YD/T 1990-2009《光传送网（OTN）网络总体技术要求》。

3. 网络参考点及网络接口

OTN 中光网元（ONE）通用参考点的定义应符合图 7-9 的要求。

图中参考点定义如下：

S_S（单通路）参考点位于用户网元发射机光连接器之后；R_S（单通路）参

考点位于用户网元接收机光连接器之前；

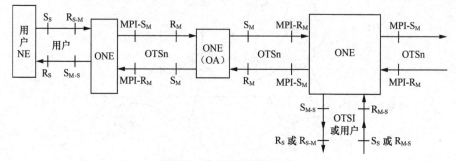

图 7-9　光网元通用参考点

MPI-S（单通路）参考点位于每个光网元单通路输出接口光连接器之后（"M-S"表示从多通路系统中出来的单通路信号）；

MPI-R（单通路）参考点位于每个光网元单通路输入接口光连接器之前（"S-M"表示从单通路信号进入多通路系统中）；

$MPI-S_M$（多通路）参考点位于光网元传送输出接口光连接器之后；$MPI-R_M$（多通路）参考点位于光网元传送输入接口光连接器之前；S_M 参考点位于多通路线路 OA 输出光连接器之后；R_M 参考点位于多通路线路 OA 输入光连接器之前。

网络接口主要包括网络节点接口、网管接口、公务接口、外同步接口（可选）和用户使用者接口（可选）。

网络节点接口包括域内接口（IaDI）和域间接口（IrDI）。IrDI 接口在每个接口终端应具有 3R 处理功能。

网管接口应符合下列要求。

（1）北向接口：OTN 网管系统应提供与上层网管系统之间的接口功能，通过该接口与上层网管系统相连。北向接口应符合 CORBA 或 CMISE 的规范。

（2）南向接口：OTN 网管系统应提供与被管理网元之间的接口功能，通过该接口网管系统可对网元实施管理。

外同步接口（包括输入和输出）可选择 2048kHz 和 2048kbit/s，应优先选用 2048kbit/s，具体接口要求应符合 ITU-T G.703 建议，帧结构应符合 ITU-T G.704 建议要求。

OTN 域间光接口分为单通路和多通路域间光接口，域间单通路和多通路域间光接口分类及参数应满足 YD/T 5208-2014《光传送网（OTN）设计暂行规定》。

7.3.2　传送平面网络规划

（1）业务路由规划应确定业务的保护恢复方式，设置网络中所有业务的工作路由和保护路由，计算网络链路的占用和空闲容量。

（2）网络波长规划应根据业务需要对波道进行规划，设置业务路由的波长。

（3）网络性能规划应根据光纤类型、光缆长度、光交叉节点的设置等条件，对所有可能路由的光传输性能（OSNR、残余色散、纠错前误码率等）进行仿真计算，结果应满足 WDM 系统的传输性能要求。

（4）网络统计分析应对各节点配置信息进行分析，分析节点端口资源占用情况；统计分析各光放段长度、衰减、色散和 DGD 值，各复用段 OSNR 值、残余色散和 DGD 值，各复用段工作波道、保护波道和空闲容量情况，各链路容量及利用率情况。

7.3.3 传输系统设计

1. 规模容量的确定

OTN 在本地网和干线网的应用一方面是满足业务对带宽不断增加的需求，一方面是满足业务安全的需求。虽然网络上有不少 2.5Gbit/s 速率业务需求，但以 2.5Gbit/s 速率作为 OTN 的线路侧速率在满足上述两方面的需求上带宽明显不足。因此 OTN 系统线路侧单波速率应以 10Gbit/s 及以上为主。

波道容量：长途传输网宜以 80 波及以上为主，本地传输网宜以 80 或 40 波为主。

系统上各个节点交叉容量的选取应结合其应用场景、业务需求预测以及网络冗余的需要进行选择和配置。

OTN 系统应用在长途传输网时，电交叉连接设备应支持 ODU0/1/2/3 的交叉连接，应用在本地/城域网时，电交叉连接设备应至少支持 ODU0/1/2 的交叉连接，在有业务需求的情况下，也应支持 ODU3 的交叉连接。

2. 光纤光缆选择

光纤光缆选择作为光传输网络物理平台基础的光缆在网络的建设成本（CAPEX）和维护成本（OPEX）中具有举足轻重的地位，特别是其中光纤的选择对于未来传输系统的升级和扩容更是具有决定性的影响。在新技术飞速发展的今天，WDM 及 OTN 系统的传输速率不断增长，波长间隔不断加密，使用光纤的带宽不断扩大，无电中继传输距离不断增长，这些都对光纤参数提出了更高的要求。因此，对于网络运营者来说，光纤光缆的选择是一项十分慎重的任务。光纤的选择不仅要考虑当前的应用情况，更要考虑未来技术的发展。在 OTN 系统设计时，光纤的选择要遵循以下原则。

OTN 传输系统可选用 G.652 光纤或 G.655 光纤。OTN 传输系统中，同一光放段内应使用同类型的光纤，同一个光复用段内宜使用同类型的光纤。

OTN 系统应用在长途传输网时，在资源允许的情况下，宜配置同缆备用纤芯。

3. 网络组织

OTN 管理域

同一电信运营商内部不同厂商的 OTN 设备应被单独组织 OTN 管理域，多厂家 OTN 管理域间应通过具有 3R 功能的 IrDI 接口互通。

OTN 传输网的网络拓扑

（1）OTN 传输网的基本拓扑类型为线形、环形和网状网 3 种，网络拓扑应根据网络覆盖区域光缆网络结构、节点数量、节点间的业务关系确定。

（2）网络节点的设置应根据网络覆盖范围的地域关系、传输需求综合考虑。

OTN 传输系统组成

（1）OTN 传输系统主要由终端复用设备、电交叉连接设备、光交叉连接设备、光电混合交叉连接设备、光线路放大设备组成，可根据系统设计需要选择。

（2）OTN 中每个光复用段间线路传输系统的设计应符合《YD/T 5092-2010 光缆波分复用传输系统工程设计规范》中的相关规定。

4. 局站设置

OTN 传输系统包括终端站、再生站、分路站、光放站 4 种类型。

局站设置应根据网络拓扑、网络组织、维护体制和维护条件、系统设备性能、光纤性能情况合理选择并设定站型。

5. 波道及电路组织

波道组织应根据业务预测和网络结构，结合网络现状及发展规划进行编制。

波道组织在编制过程中应遵循以下原则。

（1）波道组织应以满足近期业务需求为主，并考虑一定的冗余，用于网络保护和维护的需要。

（2）波道的使用宜从小序号开始向上排列顺序使用。

（3）不同光复用段的波道配置宜采用同序号的波道。

（4）当采用不同速率的波道在线路侧混传时，不同速率的波道宜安排在不同的波段。

电路组织应根据业务预测和波道组织，结合网络现状及发展规划进行编制。

电路组织在编制过程中应遵循以下原则。

（1）电路组织应以满足近期业务需求为主，并考虑一定冗余，用于网络维护的需要。

（2）电路组织可根据系统中不同速率级别的光通道波道的终端和转接情况做出具体安排。

（3）同一环内不同复用段的电路配置宜采用同序号的波道和时隙。

（4）两点间的电路安排应优先选用最短路径，同时兼顾各段波道截面的均匀性。

（5）在不影响网络灵活调度的前提下，应尽量组织较高速率的通道转接。

（6）电路组织应根据电信运营商要求考虑安全性要求。

（7）电路转接宜采用 OTN 接口格式。

6. 交叉连接设备配置

OTN 交叉连接设备配置包括电交叉连接设备配置和光交叉连接设备配置。

（1）电交叉连接设备配置原则

设备配置应考虑维护使用和扩容的需要。

设备数量应按传输系统及波道组织进行配置。设备的交叉连接容量应适当考虑业务发展的需要。

OTN 电交叉连接设备应以子架为单元配置保护和恢复用的冗余波道，并适当预留一定数量的业务槽位以备网络调整等使用；应尽量避免或减少一个局站或节点内不同子架间的业务调度，在必须跨子架进行业务调度时，子架间的互联宜采用客户侧接口，在客户侧接口不支持 ODUk 的复用功能时，也可采用线路侧接口，接口速率应采用设备支持的最高速率以简化互联链路的管理。

OTN 电交叉连接设备一般采用支线路分离的 OTU，客户侧接口的配置数量和类型应根据业务需求确定，并考虑适当冗余。

客户侧业务板卡的配置应在满足各类业务需要的基础上，种类尽量少，以简化网络配置和减少维护备品备件的数量。

各速率业务和线路板光模块宜采用可热插拔的光模块。

维护备件的配置应满足日常维护的基本需要，原则上应保证重要单元盘不缺品种。

（2）光交叉连接设备配置原则

设备配置应考虑维护使用和扩容的需要。

设备数量应按传输系统及波道组织进行配置。

OTN 光交叉连接设备的维度数应根据当期预测的光线路方向数配置。

同一维度的板卡应适当集中排列。

维护备件的配置应满足日常维护的基本需要，原则上应保证重要单元盘不缺品种。

7.3.4 网络保护

（1）OTN 保护可选用以下方式

线性保护包括基于 ODUk 的 SNC 保护和基于 OCh 的 1+1 或 1:n 保护，可用于各种类型的网络结构中。

环网保护包括 ODUk 环网保护（ODUk SPRing）和光波长共享保护（OCh SPRing）。

在 OTN 中，除了上述保护方式外，也可在光线路系统上采用基于光放段的 OLP 和基于光复用段的 OMSP 保护方式，但在应用中应注意线路保护和 OTN 保护的协调和波道组织上的差异。

（2）OTN 倒换性能要求

对于 1+1 保护类型，一旦检测到启动倒换事件，保护倒换应在 50ms 内完成。对于环网保护类型，在同时满足如下条件的基础上，一旦检测到启动倒换事件，保护倒换应在 50ms 内完成。

① 单跨段故障，且节点处于空闲状态；

② 光纤长度小于 1200km，节点数少于等于 16 个；

③ 没有额外业务。

（3）线性保护不受网络拓扑结构的限制，可用于各种类型的网络结构中，环网保护适用于环网和网状网拓扑结构中。

（4）在选择保护方式时，要综合考虑 OTN 网络拓扑、业务颗粒度和业务的可靠性要求选择合适的保护方式，通过对各种保护方式的比较分析，并结合工程设计实践经验，建议在选择 OTN 保护方式时应遵循以下基本原则。

① 网络拓扑结构：不同的保护方式适用于不同的网络拓扑结构。应根据网络的实际拓扑结构选择适宜的保护方式。

② 业务颗粒度：不同的保护方式适用于不同的业务颗粒度。根据目前的 OTN 设备水平，ODUk SPRing 方式主要适用于 2.5Gbit/s 及其以下颗粒业务的保护。随着 OTN 设备水平的不断提高，其电交叉矩阵容量将越来越大。届时 ODUk SPRing 方式可能适用于更大颗粒业务的保护。

③ 可靠性要求：不同保护方式的保护效果是不同的，我们应根据业务的可靠性要求选择适宜的保护方式。

④ 保护成本：在网络拓扑、业务颗粒度和可靠性要求确定的条件下，我们应尽量选择保护成本相对较低的保护方式。

7.3.5 辅助系统设计

OTN 辅助系统的设计目前主要包括网络管理系统的设计和公务联络系统的设计。OTN 本身为非同步网络，但随着 OTN 的广泛应用和 SDH 技术逐步退出应用，OTN 传送时钟频率和时间同步信息的功能是必需的，但目前对 OTN 传送时钟频率和时间同步信息的功能和实现方式尚在研究当中。

（1）网管系统

OTN 的网络管理系统应符合 YD/T 5113-2005《WDM 光缆通信工程网管系统设计规范》和 YD/T 1990-2009《光传送网（OTN）网络总体要求》第 12 章网络管理的相关规定。

（2）DCN 组织

在 OTN 中，DCN 的具体实现有光监控通道（OSC）、电监控通道（ESC）和带外 DCN 3 种可选方式，建议优先选用 OSC 方式。

在没有光放站的 OTN 中，我们可考虑使用 ESC 方式组织 DCN。

在网络规模较大，网元数量太多，OSC、ESC 通道带宽不够的情况下，我们可考虑采用带外 DCN 方式。

带外 DCN 必须与业务网络本身相互独立，以提高网络的安全性。

带外 DCN 设备应采用支持 VLAN 功能的以太网交换机、具有 3 层功能的以太网交换机或路由器。

（3）公务联络系统

工程的站间公务联络系统设置，应符合下列规定：一般设置一个公务联络系统，用于所有局站间的公务联络；在网络规模大、覆盖区域广、管理层级多的情况下，可设置两个公务联络系统，一个用于终端站、再生站、分路站间的公务联络；另一个用于所有局站间的公务联络。同一站点的两个公务系统应能够通过一部公务话机实现；对于设置有网元管理系统及子网管理系统的局站，公务联络信道应延伸至网管室。

公务联络系统应具备选址呼叫方式、群址呼叫方式和广播呼叫方式。

7.3.6 控制平面设计

（1）控制平面基本结构和功能要求应满足 GB/T 21645.1-2008《自动交换光网络（ASON）技术要求》。

（2）控制平面应有执行保护和恢复功能。

对于光层（OCh 层）的 SPC 和 SC 连接，应支持以下保护恢复类型：

- OCh 1+1 保护；
- OCh 1：n 保护；
- OCh 1+1 保护与恢复的结合；
- OCh 1：n 保护与恢复的结合（可选）；
- OCh SPRing 保护与恢复的结合（可选）；
- OCh 永久 1+1 保护；
- 预置重路由恢复；

- 动态重路由恢复。

对于电层（ODUk层）的 SPC 和 SC 连接，应支持以下保护恢复类型：

- ODUk 1+1 保护；
- ODUk m∶n 保护（可选）；
- ODUk 1+1 保护与恢复的结合；
- ODUk m∶n 保护与恢复的结合（可选）；
- ODUk SPRing 保护与恢复的结合（可选）；
- ODUk 永久 1+1 保护；
- 预置重路由恢复；
- 动态重路由恢复。

在一个光电混合网络中，当其中的传输线路或节点出现故障时，两层各自的保护和恢复机制必然都会有所响应和动作，此时需要一个良好的机制加以协调和控制，可以采用以下 3 种协调机制。

① 自下而上：首先在光层进行恢复，若光层无法恢复再转由上层电层进行处理。

② 自上而下：首先在电层进行恢复，若电层无法恢复再转由光层进行处理。

③ 混合机制：将上述两种机制进行优化组合以获取最佳的恢复方案。

（3）控制平面自动发现功能应满足下列要求。

① 应具有发现连接两个节点间光纤的能力。

② 应具备波长资源的自动发现功能，包括：各网元各线路光口已使用的波长资源、可供使用的波长资源。

③ 应具有 OTUk/ODUk 的层邻接发现功能。

④ 应支持基于 GCC 开销的 LMP 自动发现和端口校验功能。

⑤ 除了应支持自动发现功能外，控制平面同时应支持手工配置。

（4）控制平面应支持以下几种交换能力：时分交换（TDM）、波长交换（LSC），控制平面在提供波长交换时应具有波长冲突管理能力。

（5）控制平面协议的选取应满足 GB/T 21645.1-2008《自动交换光网络（ASON）技术要求》。

7.3.7　光传输距离计算

OTN 的传输距离计算可参照 WDM 传输系统工程的再生段/光放段距离的计算方法。

1. WDM 传输系统工程的再生段/光放段距离的计算

在工程的实际应用中，各种情况不一，有的光放段段落长度比较均匀，有的光放段长度不会很固定且不均匀，同时可能在局部中继段落略微超长，或光复用段中的光放段数量也稍有增加。因此，在工程系统设计中，我们应按以下3个步骤进行。

第一步：按规则设计法，即直接套用 WDM 传输系统的光接口应用代码，此时实际的光放段数量及光放段损耗不超过应用代码所规定的数值。

第二步：采用简单信噪比计算法，当实际的光放段比较均匀，但光复用段中的光放段数量比应用代码要求的数量略有增加，或在限定的光放段数量内，个别段落的线路衰耗超过应用代码所要求的衰耗范围时，将采用简易的信噪比计算公式进行系统计算，以保证系统性能。

第三步：在上述两种计算方法均不符合系统信噪比性能的情况下，如光复用段中某一光放段的衰耗比较大，要采用专用系统计算工具计算 OSNR 来确定。

以上3种计算方法应在工程实施前通过模拟仿真系统来验证。

（1）规则设计法（又称固定衰耗法）

规则设计法适用于段落比较均匀的情况，即利用色散受限式（7-1）及保证系统信噪比的衰耗受限式（7-2），分别计算这两式后，取其较小值。

$$L = \frac{D_{sys}}{D} \tag{7-1}$$

式中：L——色散受限的再生段长度（km）；

D_{sys}——MPI-S、MPI-R 点之间光通道允许的最大色散值（ps/nm）；

D——光纤线路光纤色散系数（ps/（nm·km））。

$$L = \sum_{i=0}^{n} [(A_{span} - \sum A_{c}) \div (A_{f} + A_{mc})] \tag{7-2}$$

式中：L——保证信噪比的衰减受限的再生段长度（km）；

n——WDM 系统应用的应用代码所限制的光放段数量；

A_{span}——最大光放段衰耗，其值应小于等于 WDM 系统采用的应用代码所限制的段落衰耗（dB）；

$\sum A_{c}$——MPI-S、MPI-R′点或 S′、R′或 S′、MPI-R 间所有连接器衰减之和（dB），一般按 0.5dB/个考虑；

A_{f}——光纤线路光纤衰减常数（dB/km，含光纤熔接衰减）；

A_{mc}——光纤线路维护每千米余量（dB/km）。当光放段/再生段长度为 75～125km 时，按 0.04dB/km 计算；再生段长度<75km 时，mc 取 3dB；再生段长度 >75km 时，mc 取 5dB。

（2）简易的信噪比计算法

当规则设计法不能满足实际应用的要求时，我们可采用色散受限式（5-1）及简易的信噪比计算式（7-3）进行系统设计，即利用保证色散受限和系统的信噪比来确定再生段/光放段的长度。此方法适用光放段衰耗差别不太大的情况。

$$ONSR_N = 58 + (P_{out总} - 10\log M) - N_f - A_{span} - 10\lg N \qquad (7-3)$$

式中：$OSNR_N$——N个光放段后的每通路光信噪比（dB）；

$(P_{out总} - 10\log M)$——在 MPI-S 点每通路的平均输出功率（dBm）；

$P_{out总}$——在 MPI-S 点总的平均输出功率（dBm）；

M——通道数量；

N_f——光放大器的噪声系数；

A_{span}——最大光放段损耗（dB）；

N——光放段的数量。

在光信噪比（OSNR）的计算中，取光滤波器带宽 0.1nm，在每个光放段 R′ 点及 MPI-R 点的各个通路的 OSNR 满足指标的情况下，由光放段损耗决定光放段的长度，确定通过几个 OA 级联的再生段长度。

（3）专用系统计算工具计算

在上述两种均不能满足系统 OSNR 的情况下，我们可采用专用系统计算工具计算 OSNR 来确定。上述三种计算方法都应在工程实施前通过模拟仿真系统来验证。

2. 工程系统设计时的其他注意事项

工程系统设计还应考虑的技术措施及注意事项如下。

① 拉曼放大器可以用于个别站段间距超长或衰耗过大、加站困难的特殊段落。

② 常规 FEC 或超强 FEC 的使用。

③ 工程初期的光放大器配置和局站设置，应按系统终期传输容量考虑，为系统升级扩容提供方便条件。

④ WDM 传输系统应能够适应一定程度的线路衰减变化，当线路衰减变化时自动调整光放大器的输出功率使得系统工作在最佳状态。

⑤ WDM 传输系统的波道分配和应用应根据设备技术特点和电信业务经营者的情况，遵循一定的规律。

⑥ 在光终端复用设备和光放大器上，主光通道应有用于不中断业务检测的接口（仪表可以接入），允许在不中断业务的情况下，对主光通道进行实时检测。

⑦ 光终端复用设备和光放大器能获得每个光通路的光功率和光信噪比数据，并可将相应数据送到网管系统中，在网管系统中可以查看相应的物理量。

7.4 *n*×100Gbit/s OTN 干线传输规划与设计

OTN 系统可以说是 DWDM 的发展与面向全光网技术的过渡技术，在产品形态上 OTN 以 DWDM 为基础平台，增加了 OTH 交换模块和 G.709 接口。在工程应用中，早期的 OTN 设备主要应用于本地网、城域网。近年来，随着 OTN 设备在电交叉能力上的提升，在干线中也开始使用具备电交叉能力的 OTN 设备。

7.4.1 OTN 干线传送网的规划

干线传输网的主要作用就是完成各业务节点的业务在长途网络中传送需求，为了实现 OTN 在干线传输网的合理规划，主要考虑的因素包括中继段设计、网络容量选择、设备选用、保护方式选择和波长分配。各因素的规划思路简要阐述如下。

1. OTN 中继段的设计

OTN 源于 DWDM 的技术体制，在光域上 OTN 与 DWDM 基本没有什么差异，所以 OTN 在中继段的设计上完全可以照搬 DWDM 成熟的经验，重点需要考虑的是线路的衰减、色散，系统的非线性效应、OSNR 预算，以及不同波长速率的系统容限等，同时要结合实际的线路条件和各节点的机房条件。当然，由于 OTH 电交叉单元的加入，OTN 中大量的业务在 OTN 节点上完成了天然的电再生过程，所以 OTN 干线的中继段设计往往比传统的 DWDM 更简单。

2. 网络容量选择

网络容量一方面要确定波长数，另一方面要确定单波长的速率。用一句话来概括，"网络容量的选择，要结合现有业务的速率、网络中最大复用段的波长数量，以及面向未来的可扩展能力进行多方面考虑"。

3. 节点 OTN 设备带宽需求

采用大容量 OTN 技术构建海量带宽资源池，可以很好地满足海量增长的业务需求。OTN 海量带宽资源池涉及支线路分离的系统架构、太比特 OTN、单波100G、光电集成 PID、WSON 等多种技术。简言之，其通过支线路分离的架构，实现了业务和波长的解耦，解决了网络规划难的问题；通过太比特的大容量电层调度和 WSON，实现了快速响应和端到端的安全可靠；通过单波 100G 技术，实现了超大容量和低比特成本；通过引入丰富的开销和提供完善的保护，减轻了维护的压力。

4. 保护方式选择

OTN 的保护方式非常丰富，在工程应用中，最主要采用的保护方式有基于业务层的保护、基于光层的 OCh（1+1）、OMSP 和 OLP（1：1、1+1）保护，以及基于电层 ODU*k* SNC（1+1）和 ODU*k* SPRing 保护。不同的保护方式特点不同，我们在选择 OTN 的保护方式时，一定要分析业务对于保护的需求是什么。一般的规律是：SDH 业务（如 10G、2.5G 环网业务）采用基于业务层的保护，集中式专线业务（如 GE、10GE、2.5G 专线业务）采用电层 ODU*k* SNC（1+1）保护，分布式专线业务采用电层 ODU*k* SPRing 保护。当然，考虑到电交叉单元容量的问题，我们也可以适当的选用光层的 OCh 和 OMSP 保护。

5. 波长规划思路

OTN 的波长规划思路与 DWDM 相类似，但有所不同，总之，OTN 波长规划综合了 DWDM 波长规划和 SDH 时隙规划两者的特点。笔者通过多个工程设计的实践经验，总结了一套较为容易掌握的规划思路。

OTN 波长规划可以从速率的级别、保护方式和是否跨环业务 3 个维度来逐级规划各类业务在 OTN 的分布。基本的规律如下：

速率的级别：按由高到低的顺序，即既有 100G 又有 40G 或者 10G 波道的时候，则先规划 100G 业务波道；

保护方式：按业务层保护、复用段环保护（如 ODU*k* SPRing）和子网连接保护（如 ODU*k* SNC（1+1））顺序；

是否跨环业务：按先环内业务再跨环业务顺序进行规划。

通过以上思路进行的波道规划不论是在设计环节，还是在工程应用环节均较为清晰，不易出现波长混乱的问题。同时由于一个工程往往是分多期建设，在实际工程设计中可以考虑给不同的业务类型按波长编号先进行预留式规划，比如省干应用时，1~10 号波长规划为 10G SDH 业务，11~15 号波长规划为 10GE 业务，16~20 号波长规划为 2.5G 波长租用业务，其余波道规划为 GE 业务。

6. ROADM 应用

干线容量较大，节点方向较多，目前电信运营商绝大多数采用传统 WDM 和 OTN。局站设置和管理维护等不宜做较大调整，目前 ROADM 应用存在规划困难、设计复杂的问题，而且当前容量也不能满足需求，建议在小范围或者规模较小的省内干线使用。以电交叉为基础的 OTN 有较大优势，电信运营商在新建 WDM 时可以采用完全兼容传统 WDM 的 OTN 设备，通过白光口解决不同厂商之间和与现有 WDM 系统的互联互通问题。

7.4.2　100Gbit/s OTN 干线传输工程设计

从第 6 章 100Gbit/s OTN 关键技术分析来看，PM-QPSK 调制技术、相干接收技术与软、硬判决技术的结合，能够将系统背靠背 OSNR 容限降低至与 10Gbit/s、40Gbit/s 系统相当的程度；同时，采用基于电域的 DSP 方法，可在 100Gbit/s 系统上实现高达 40000～60000ps/nm 的色散容限，以及 25～30ps 的 PMD 容限，色散（CD/PMD）效应也不再成为限制系统传输距离的因素。

因此，从某种程度上讲，100Gbit/s WDM 系统是一个衰耗受限系统，如何在系统设计中妥善解决光纤及设备器件衰耗并尽可能降低由此引入的系统代价，从而提高系统 OSNR 及 Q 值余量，将成为工程设计的关键。

1. 光放段衰减取定

通常情况下，系统中的衰减包含光纤衰减、光纤熔接衰减、光纤富余度及 ODF 连接器衰减等。其中，每光放段光缆衰减富余度按 3～5dB 计取。除此之外，在系统设计时，我们还应考虑 OLP 及 OMSP 应用引入的插损及设备侧连接器引入的插损。

2. 系统设计指标要求

100Gbit/s WDM 系统设计时，限制系统传输距离主要有三个因素：系统 MPI-R_m 点的通道最小 OSNR、系统 PMD 和系统残余色散。MPI-R_m 点的系统通道最小 OSNR 值需要根据单通道波长进入光纤的光功率值大小来预算。100Gbit/s WDM 系统由于采用的是相干检测的 PM-QPSK 调制码型，从前文可以看出，系统的 PMD 容限和系统残余色散容限很大，基本不会限制目前 100G WDM 系统的传输距离。因此，对于 100G 系统来说，限制系统传输距离的主要因素就只有线路衰减。

为解决系统衰耗受限，常用的方法有增加发射机光功率、提高接收机灵敏度、改善光放大器性能等，但受器件水平及非线性代价影响，应结合光复用段局（站）设置、光纤衰耗情况，采用不同判决方式的 OTU 板卡，结合《$N×$100Gbit/s 光波分复用（WDM）系统技术要求》，系统设计指标要求如下。

（1）系统 OSNR。小于等于 12 跨段时，如采用硬判决，则最小 OSNR 值大于 18.5dB；如采用软判决，则最小 OSNR 值大于 16.5dB。大于 12 跨段时，如采用硬判决，则最小 OSNR 值大于 19dB；如采用软判决，则最小 OSNR 值大于 17dB。

（2）纠错前误码率。如采用硬判决，光通道最大纠前误码率小于 $7×10^{-5}$；如采用软判决，光通道最大纠前误码率小于 10^{-3}。

（3）入纤光功率。为避免入纤光功率过大而产生非线性代价，对于 G.652 光纤要求系统单波入纤功率小于或等于+1dBm，对于 G.655 光纤要求系统单波入纤功率小于或等于 0dBm。

（4）放大器噪声系数。为提高系统 OSNR 值，要求光放板噪声系统 NF 小于 5.5dB。

3. 保护方式的确定

常用的光层面保护分为基于光放段的光线路保护（OLP）和基于光复用段的保护（OMSP）两种，它们都要求提供不同路由的光纤对 WDM 的线路进行保护。虽然色散对于 100Gbit/s WDM 系统已不再是受限因素，但由于 OLP 系统在同一光放段的主备用路由上共用光放板卡，对主备用光缆的衰耗差仍有一定限制。而光复用段（OMSP）保护是在两条线路上建设两套系统平台，引入的信号衰减可根据需要灵活配置光放板卡，系统实现相对比较简单。

因此，在主备用光缆衰耗差不大的情况下，我们可灵活选择 OLP 或 OMSP；否则，为了降低系统实现难度，建议使用 OMSP 保护。

第8章

传送网技术演进

如今，国内传输网络的带宽需求以及网络业务量达到甚至超过了 200% 的年增长率。对光纤通信而言，超高速度、超大容量和超长距离传输一直是人们追求的目标，而全光网络也是人们不懈追求的梦想。

8.1 传送网发展需求

近年来，数据业务发展非常迅速，特别是宽带、IPTV、视频业务的发展对骨干传送网络提出了新的要求。一方面要求骨干传送网络能够提供海量带宽以适应业务增长，另一方面要求大容量大颗粒的传送网络必须具备高生存性高可靠性，可以进行快速灵活的业务调度和完善便捷的网络维护管理（OAM 功能）。

这样，OTN 作为骨干传送技术重新被人们所关注。在实现了优化承载 IP 业务及和现网的互通融合之后，OTN 有望焕发新的活力，成为未来传送网的主流技术之一。

相对于传统 OTN，未来传送网的发展要满足宽带化、分组化、扁平化以及智能化的需求。

1. 宽带化需求

随着互联网的快速发展，互联网用户数、应用种类、带宽需求等都呈现出爆炸式的增长，以中国为例，未来四五年内干线网流量的年增长率预计会高达 60%～70%，骨干传输网总带宽将从 64Tbit/s 增加到 150Tbit/s 左右，甚至 200Tbit/s 以上。随着"宽带中国·光网城市"计划的实施，以及移动互联网、物联网和云计算等新型带宽应用的强力驱动，迫切需要传送网络具有更高的容量。

OTN 标准正不断成熟，支持的业务种类不断丰富，从最初的只能支持 SDH（同步数字体系）业务传送，发展为支持各种速率的以太网信号的透明传送，甚至能够支持灵活的弹性分组数据流业务，为此 OTN 标准引入了诸多技术改进，包括：引入 1.25Gbit/s 级别的光数据单元 ODU0 颗粒以及时钟透明的编码压缩技术支持 GE 业务时钟透明传送；引入 ODU2e 颗粒支持 10GE 业务完全透明传送；引入 ODU4 颗粒支持 100GE 业务完全透明传送；以及基于现有的 ODU3，引入时钟透明的编码压缩技术支持 40GE 业务时钟透明传送；与此同时，引入灵活的 ODUflex 颗粒，支持未来可能的各种客户业务以及分组数据流业务，所有这些标准增强特性很好地适应了客户业务的发展，大大提升了光传送网的业务适配性。

2. 分组化需求

所谓分组 OTN，指的是分组和光网络互相融合并统一管理的交换平台，其基于通用信元交叉平台实现，通过通用交叉技术，在业务板卡中将分组、OTN 等各种业务切成信元，通用交叉矩阵对信元进行交换，可以实现分组和 OTN 在

同一交叉矩阵中的灵活交叉。分组 OTN 设备
的功能模型如图 8-1 所示。

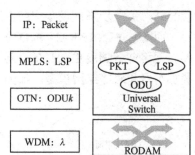

　　传统的 OTN 设备基于电路交换平台实现，
只能对业务进行刚性的汇聚和调度，如果客户
侧为非满速率业务状态，将对网络资源造成一
定程度的浪费，而分组 OTN 设备可以认为是
对传统 OTN 设备的增强，具备了更强的灵活
性，除了对业务进行刚性的汇聚和调度（OTN
功能），还可以对客户侧非满速率的业务进行弹
性的汇聚和调度（基于分组功能、统计复用特性）。

图 8-1　分组 OTN 设备功能模型

　　对于 OTN 业务，在接入分组 OTN 设备后，先在客户侧 OTN 板卡中进行
OTN 成帧处理，之后将 ODU 进行信元切片。客户侧 OTN 板卡产生的信元经
过背板送到通用交叉矩阵统一进行信元交换，之后通过背板送往线路侧单板。
在线路侧单板中，由信元恢复到 ODU，最后进行 OTN 的成帧处理和封装。

　　对于分组业务，接入分组 OTN 设备后，先在客户侧 PTN 板卡中进行分组处
理，例如伪线仿真（PW）处理、LSP 处理等，之后进行信元切片。客户侧 PTN 板
卡产生的信元经过背板送到通用交叉矩阵统一进行信元交换，通过背板送往线路侧
单板。在线路侧单板中，由信元恢复到分组数据，最后进行分组处理，然后完成分
组业务到 OTN 的封装。

　　分组 OTN 的线路侧板卡可以有 3 种：一种是线路侧分组板卡，这种单板只
能处理分组业务，分组业务处理后直接封装到高阶 ODU，再封装到 OTUk 上线
路传输；另一种是线路侧混合板卡，这种单板既可以处理分组业务也可以处理
OTN 业务，分组业务可以封装到低阶 ODU，再与 OTN 业务一起映射到高阶
ODU，再封装到 OTUk 上线路传输；第三种则是线路侧 OTN 板卡，只处理 OTN
业务。

　　分组业务在网络中以 ODU 传输，在不需要下路进行分组处理的站点，直接
进行 OTN 交叉，此时中间站点可采用线路侧 OTN 单板；在需要分组处理的站
点，需要在线路侧分组板卡或混合板卡中将分组业务从 ODU 解出，之后进行分
组处理和分组交换。

3．扁平化需求

　　随着宽带业务的进一步发展和 LTE 的部署，核心、汇聚层带宽需要进一步
提升，PTN/IP RAN 核心、汇聚层线路速率向 40GE 发展、接入层线路速率向 10GE
发展，以满足 LTE 基站的带宽需求。业务发展也对 OTN 线路单波速率提出了
更高的要求，40G、100G 系统可以有效利用现有网络基础设施和已经部署的优

质光纤，进一步降低设备空间占用和功耗。

而随着 PTN/IP RAN 和 OTN 在城域网的进一步部署，网络层次向扁平化发展，网络业务调度更加高效，运维更加便捷，大致可以划分为两种组网方式：叠加组网和对等组网模型，如图 8-2 所示。

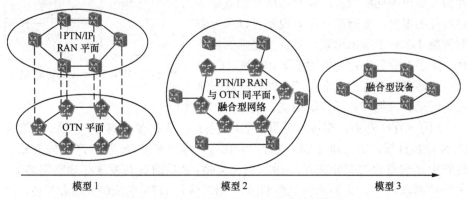

图 8-2 PTN/IPRAN 与 OTN 混合组网模式

模型 1：目前 OTN 和 PTN/IP RAN 完全独立，属于两层网络，采用 PTN/IP RAN Over OTN 的叠加组网模型，并不是融合型的网络，网络资源利用效率和调度效率相对较低。

模型 2：OTN 和 PTN/IP RAN 网络功能和定位上融合，PTN/IP RAN 和 OTN 采用对等组网模型（对接为 NNI 方式），而不再是 PTN/IP RAN over OTN 的叠加模型（对接为 UNI 方式），实现 PTN/IP RAN 和 OTN 的全网端到端的运维管理。网络真正实现扁平化的目标，使得 OTN 和 PTN/IP RAN 可以相互协同，资源做到统一规划和调度，借助设备网关的功能达到业务端到端配置、资源统一协调。网关设备完成 PTN/IP RAN 的 PW 与 OTN 的 ODUk/ODUflex 的业务转换，实现 PTN/IP RAN 与 OTN 的无缝融合、业务跨域互通、网管互通、端到端 OAM 和保护功能，提升网络快速运维能力和电信级网络可用性。

模型 3：采用 PTN/IP RAN 和 OTN 的融合型设备进行组网，在融合的平台上同时传送 TDM、Packet 和波长业务，而不再采用 OTN、PTN/IP RAN 两款设备组网，使得网络更加精简、高效。目前，业界融合型设备发展趋势分为两种：在城域 OTN 设备上增强分组化能力或者在 PTN/IP RAN 设备上增强大颗粒业务与光层业务调度能力，从而实现业务的统一承载。

大容量、分组化已经成为城域传送网当前最为突出的两大需求，城域网的分组传送网、OTN、城域数据网分别有着不同的功能定位，但随着 OTN 在城域网的进一步部署，不可避免地会涉及与 PTN/IP RAN 传送网的网络层次重叠和功能重合的问题。OTN 与 PTN/IP RAN 的融合型网络必将成为未来城域传送网的发展趋势。网络层次扁平化，网络调度效率的提升，将会直接降低网络投资，提升运维效率，并提升业务服务质量。

4. 智能化需求

传统 SDH 传输网业务调度颗粒小，传送容量有限，对于大颗粒宽带业务的传送需求显得力不从心。传统 WDM 只解决了传输容量，没有解决节点业务调度问题；同时，作为点到点扩展容量和距离的工具，WDM 组网及业务的保护功能较弱，无法满足大颗粒宽带业务高效、可靠、灵活、动态的传送需要。为了摆脱这一困境，新一代基于 OTN 的智能光网络（OTN-based ASON）应运而生。

OTN 是继 PDH、SDH 之后的新一代数字光传送技术体制，它能解决传统 WDM 网络无波长/子波长业务调度能力弱、组网能力弱、保护能力弱等问题。从 1999 年至今，经过 19 年的发展，OTN 标准体系已日趋完善。OTN 以多波长传送（单波长传送为其特例）、大颗粒调度为基础，综合了 SDH 的优点及 WDM 的优点，可在光层及电层实现波长及子波长业务的交叉调度，并实现业务的接入、封装、映射、复用、级联、保护/恢复、管理及维护，形成一个以大颗粒宽带业务传送为特征的大容量传送网络。

在 OTN 中采用 ASON/GMPLS 控制平面（λ/ODUk/GE 调度颗粒），即构成基于 OTN 的 ASON。基于 SDH 的 ASON 与基于 OTN 的 ASON 采用同一控制平面，可实现端到端、多层次的智能光网络。

基于 OTN 的智能光网络可通过控制平面自动实现 OCh/ODUk 连接配置管理，从而使光传送网可动态分配和灵活控制带宽资源、快速生成业务、提供 Mesh 网的保护与恢复、提供网络动态扩展扩容能力、提供多种服务等级，并最终使光传送网成为一个可运营的业务网络。目前，有公司在 GE/10GE 的 G.709 映射机制的基础上，提出了 GE 交叉调度及 GEADM/ GEMADM 的概念，从而使 OTN 设备具备多层面的调度能力，包括波长调度、ODUk 调度、GE 调度，同时，还具备对以太帧的二层处理能力，实现基于 VLAN/MAC 的二层汇聚/交换。具体到设备上，多层调度平面—ODUk-GE 是可裁减组合，如 λ-ODU1、λ-GE、ODU1-GE、ODU1、GE 等，都可按需要进行组合，以满足不同的应用需求。

多层面调度的互相配合与统一控制，使 OTN 实现更加精细的带宽管理，提高调度效率及网络带宽利用率，满足客户不同容量的带宽需求，增强网络带宽运营能力，同时，可实现不同层面的通道保护或共享保护。目前，基于 OTN 的智能光网络将为大颗粒宽带业务的传送提供非常理想的解决方案，主要包括国家干线光传送网、省内/区域干线光传送网、城域/本地光传送网等应用领域。

总之，OTN 的主要优点是完全的向后兼容，它可以建立在现有 SONET/SDH

管理功能的基础上。另外，提供的通信协议完全透明，例如 IP、PoS 和 GFP，特别是 FEC 的实现，使网络运营商的网络运营既经济又高效。构筑面向全 IP 的宽带传送网（BTN），需要集成多种新技术（如 WDM、ROADM、40G/100G 线路传送、ASON/GMPLS、集成的以太网汇聚能力等），而 OTN 成为整合多种技术的最优化的框架技术。OTN 为 WDM 提供端到端的连接和组网能力；为 ROADM 提供光层互联的规范并补充子波长汇聚和疏导能力；OTN 有能力支持 40Gbit/s 和未来的 100Gbit/s 线路传送能力，是真正面向未来的网络；为 GMPLS 的实现提供物理基础，扩展 ASON 到波长领域；成为以太网传输的良好平台，是使电信级以太网有竞争力的方案之一。可以预计，在不久的将来，光传送网技术会得到广泛应用，成为电信运营商营造优异的网络平台、拓展业务市场的首选技术。

8.2 传送网发展趋势

目前，全光网络稳步发展，已显示出了良好的发展前景。其发展趋势总的来说是以 OTN 为骨干的网络结构逐步发展成为以 ASON 为主体的网络结构，以光节点代替电节点，信息始终以光的形式进行传输和交换，交换机对用户信息的处理不再是比特，而是按波长来决定路由，并最终发展为"一网承送多重业务"的形态。随着业务的全 IP 化趋势，未来的"一网"将会是以分组为核心的承载传送网络。可以看出，今后的传输网络仍将以现有的技术为出发点，继续突破，发展成一个既灵活又有超大容量的全光网络。

近年来，随着云计算应用的逐步推广，对 IP 承载网和传送网提出了更高的带宽需求。同时，为了承接智能管道的整体发展思路，需要积极推进 100G WDM 和 40GE/100GE/OTN 等高速接口的应用部署，研究 IP+OTN 联合组网的应用，以优化承载网的组网结构，降低承载网的整体建设成本。目前，中国电信运营商的骨干光传送网的单波道带宽已经达到 100Gbit/s，单纤传输容量达到 8Tbit/s。传送网技术的核心也已经从传统的只支持时分复用（TDM）业务的同步光数字系列（SDH）技术演进到支持多业务承载的多业务传送平台（MSTP）、分组传送网（PTN）和光传送网（OTN）技术。未来的高速宽带光网络的发展趋势之一是单波长速率为 100Gbit/s、400Gbit/s 乃至 1Tbit/s 的超高速率大容量 WDM 光传输技术；之二是满足以分组业务为主的多业务统一承载和交叉调度需求的大容量分组化光交换网络技术。

具体而言，传送网的发展趋势包括高速率大容量长距传输、大容量 OTN 光电交叉、融合的多业务传送、智能化网络管理和控制。

① 高速率大容量长距传输。以 80×100Gbit/s WDM 为主的骨干传输技术快速发展，以满足 IP 业务的爆炸式增长需求。在后 100Gbit/s 的超高速率光网络时代，业界主要关注单波长 400Gbit/s 和 1Tbit/s 两种速率。

② 大容量 OTN 光电交叉。从 640Gbit/s 的 SDH VC4 交叉向数个 Tbit/s 级的 OTN ODU0/1/2/3/4 交叉发展，并结合 ROADM 灵活光交叉的能力，满足大颗粒电路的调度和保护需求，目前最大交叉容量可达 25Tbit/s，下一步将开发交叉容量达 50Tbit/s 左右的大容量 OTN 设备。

③ 融合的多业务传送。从 MSTP 向基于 MPLS-TP&PTN 的分组传送技术发展，同时开发融合集以太网、PTN 和 OTN 为一体的多业务传送设备，以适应业务分组化的发展趋势；基于统一信元交换（ODUk、PKT、VC）的 POTN 取得迅猛发展。

④ 智能化网络管理和控制。从网管静态配置向基于 GMPLS 和 ASON 控制的动态配置发展，实现对 SDH、OTN、PTN 和全光网络的智能化控制和管理，满足业务动态调配的需求；后期将引入 PCE 技术，完善 ASON 功能，并逐步向 SDN 演进。

1. 超 100Gbit/s 传输技术

当前 100Gbit/s 技术及产业链已完善成熟，全球各大电信运营商均已开始 100Gbit/s 网络的规模部署。随着 100Gbit/s 干线网络正在如火如荼地敷设，速率更高的超 100Gbit/s 技术逐渐成为业界关注的热点。国内外科研机构几年前就已启动基于 400Gbit/s、1Tbit/s 甚至更高速率的超 100Gbit/s 传输技术研究，在 100Gbit/s 刚刚迈入黄金发展期之时，超 100Gbit/s 技术曙光已经初现，并于 2014 年在全球范围内开始商用部署。

当前业内综合考虑 400Gbit/s 各种调制码型的频谱效率，并且传输距离倾向于未来 400Gbit/s 采用 4SC-PM-QPSK 支持干线长距离传输（≤2000km），2SC-PM-16QAM 支持城域传输（≤700km）。图 1-5 为 2SC-PM-16QAM 发射机、接收机结构示意图，如图所示，该方式采用两路 200Gbit/s 子载波传输 400Gbit/s 信号，该方式下子载波间隔约为 37.5GHz，整个超级信道谱宽约为 75GHz。该方式在 C 波段系统传输容量的提升较为明显，但由于 200Gbit/s PM-16QAM 方案理论上相对现有 100Gbit/s PM-QPSK OSNR 需求提高了约 6.7dB，因此仅支持中等距离城域传输。

如图 8-3 所示，业界相关公司对超 100Gbit/s 技术研究及开发除了码型调制技术外，还包括 Flex Grid ROADM、OTN 电交叉、传送层 SDN 实现等关键技术。

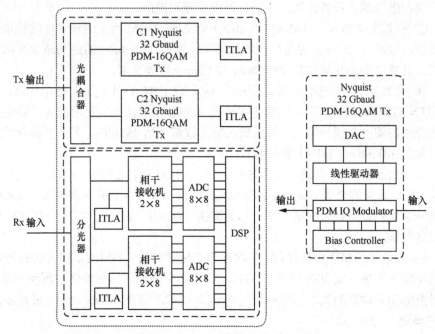

图 8-3　2SC-PM-16QAM 发射机、接收机结构示意图

2. T-SDN

为了能在竞争激烈的市场中提供按需分配带宽、波长出租、支持 OVPN 等个性化业务，提高网络可靠性、利用率和智能化控制能力，光传输系统正在从基于 OADM 的环形网向扁平化、网状化、智能化的传输网 SDN（T-SDN，Transmission SDN）发展，T-SDN 技术开始被用在城域网和广域网中优化云承载。2006 年，为了改变当时设计已凸显不合时宜、且难以进化发展的网络基础架构，斯坦福大学的以 Nick McKeown 教授为首的团队在 Clean Slate 项目中提出了转发面开放流量协议（OpenFlow）的概念用于校园网络的试验创新，OpenFlow 通过将网络设备控制平面与数据平面分离开来，实现网络流量的灵活控制，为核心网络及应用的创新提供了良好的平台。之后基于 OpenFlow 给网络带来可编程的特性，他们进一步提出了软件定义网络（SDN，Software Defined Network）的概念。目前，业内各界讨论的 SDN 大致可分为广义和狭义两种：广义 SDN 泛指向上层应用开放资源接口，可实现软件编程控制的各类基础网络架构；狭义 SDN 则专指符合开放网络基金会（ONF，Open Networking Foundation）组织定义的开放架构，基于标准 OpenFlow 实现的软件定义网络。SDN 是网络架构新的变革，它将控制功能从网络设备中分离出来，可运行在通用的服务器上，电信运营商可随时、直接对设备的控制功能进行编程，不再局限于只有设备厂商才能够编程和定义，极大提升了网络的灵活性，在新的产业格局和网络环境下，SDN 的引入驱动力十分显著。SDN 最初只是被用来虚拟化和自动化数据中心网络，现在 T-SDN 技术开始被用在城域网和广域网中优化云承载。业界已普遍认识到，一个完整的 SDN 解决方案，必须是跨越多层（L0～L3）的 SDN 构架，这样才能拥有全网视图和统一控制能力，才能优化路由网络和传输能力，才能满足云时代城域网和广域网对网络灵活性、扩展性和高效率的要求。可以看出，T-SDN 有着不少优势，首先通过 T-SDN，电信运营商可以轻松地决定网络功能和传送管道的自定义，实现管道的动态调整，构建真正的"弹性"光网络，实现网络资源的高效利用；其次通过 T-SDN 的集中管理和协同控制，电信运营商能够实现 IP+光和 MS-OTN 多层融合设备的协同管理，提升网络效率，降低每比特成本，同时大幅降低运维成本。最后通过 T-SDN 开放的控制与数据平面接口，电信运营商可以构筑一张"开放"的传送网，在灵活性、敏捷性以及虚拟化等方面更具主动性，可以实现新技术的快速应用，实现快速业务创新。通过网络资源虚拟化，实现客户定制化网络。整体而言，T-SDN 能使电信运营商降低网络的单比特成本，加速网络创新，快速适应新业务，把握市场先机。

3. 硅光子集成

硅光子学将在整个电子行业得到广泛应用。未来的数据中心或超级计算机的零部件可放置在整个建筑物甚至整个园区的各个角落，相互之间以极高速度连接，不受铜线缆的束缚。这将使数据中心用户如搜索引擎公司、云计算供应商或金融数据中心提高性能、增加功能和节省能源和空间，或帮助科学家建造更强大的超级计算机来解决世界上最困难的问题。目前的电子器件基本都是使用电路板的铜线或印痕相互连接。由于使用铜等金属传输数据，存在信号衰减问题，这些线的最大长度受到限制，也大大影响了电子器件的开发与设计。目前的研究成果则用非常细和轻的光纤代替这些连接，将硅光子芯片部署在高速信号传输系统中，从根本上改变了未来电子器件的设计方式，改变了未来数据中心的结构。与当前的铜线技术相比，该技术可在更长距离传输大很多倍的数据，最高传输速率可达 50Gbit/s，这是在更长的距离传输更多的数据所迈出的重要一步。随着硅光子学的发展，芯片会变得更复杂，可以预期该技术将应用在多任务处理芯片内部连接多个核心，提高访问共享高速缓存和总线的速率。最终硅光子可能投入更实际与广泛的应用，甚至能替代半导体晶体管等光学芯片，获得更高的计算性能。

4. 超低损光纤

光纤将会对整个传输系统有较大影响。光纤研究如果只依靠提高有效面积，光纤功率改善的可能性会非常小。光纤功率改善必须基于光纤低损耗，对于低损耗光纤，产业成熟度较高，其制棒工艺与传统的 G.652 光纤相差不大，可以直接投产，并且已在三大电信运营商的干线网络及电力网中得到应用，可以有效降低网络传输损耗；而对于超低损耗光纤，其制棒工艺与传统光纤完全不同，虽然国内各大光纤厂商在超低损耗光纤研制领域已取得突破性进展，但距离大规模投放市场尚待时日。中国移动主干网目前主要采用 G.652 光纤，低损耗光纤在主干网得以部分应用，目前还未大面积使用超低损耗光纤，在适应超高速长距离传送网络的发展需要方面已暴露出力不从心的态势。新一代光纤的研究和开发可以说是当务之急，当前，IP 业务量在迅猛增长，通信行业中的三网之一电信网正向新的目标发展以满足不同用户的不同需求。开发新型光纤已成为开发下一代网络基础设施的重要组成部分。系统测试结果显示更低损耗光纤可有效延伸传输距离达一倍以上。100Gbit/s 技术之后，系统容量越高，低损耗、超低损耗光纤能节约的再生站数量越多，而 400Gbit/s 时代，相比普通光纤，低损耗光纤可减少 20% 的再生站；而超低损耗光纤则可减少 40% 的再生站。随着400Gbit/s 时代的来临，超低损耗光纤带来的巨额成本优势必将越来越引人注目。随着产业链的不断完整，超低损耗光纤必将迎来大规模商用时代，超低损耗光纤技术的成熟也将成为促进 400Gbit/s 时代早日到来的重要因素。目前，为了适应干线网和城域网的不同发展需要，两种不同的新型光纤被研制出，即非零色散光纤（G.655 光纤）和无水吸收峰光纤。

8.3 超 100Gbit/s 技术

随着社会信息化进程的不断推进，以视频传输为代表的新兴业务对带宽的需求剧增，现有的骨干光传输系统无法满足日益增长的互联容量需求，迫切要求进一步提升传输容量。基于成本和兼容性等方面的考虑，充分利用已敷设的光纤光缆，在现有光传输系统上通过升级和改造光收发单元以提高单个波长通道传输数据率的方式来提升系统容量，具有最优的性价比和可行性。

DWDM 光传输系统其单通道传输速率经历了从 2.5Gbit/s→10Gbit/s→40Gbit/s 的提升，实现了从 40Gbit/s→100Gbit/s 的跨越，正在酝酿下一代的超 100Gbit/s 光传输系统。目前的 100Gbit/s DWDM 光传输主流方案一般采用相干接收 PM-QPSK 技术，相对于以往的传输速率，其跨越性主要体现在实现技术的一系列重大变革，诸如相位调制、偏振复用、数字相干接收等。

超 100Gbit/s 光传输旨在可用频带资源不变的情况下进一步提升单根光纤的传输容量，其关键在于提高频谱资源的利用率和频谱效率。超 100Gbit/s 光传输将继承 100Gbit/s 光传输系统的设计思想,采用偏振复用、多级调制提高频谱效率,采用 OFDM 技术规避目前光电子器件带宽和开关速度的限制,采用数字相干接收提高接收机灵敏度和信道均衡能力。关于下一代超 100Gbit/s 的传输速率有两种提法,分别为 400Gbit/s 和 1Tbit/s,但从光传输技术和器件工艺水平来看,400Gbit/s 的可行性更大一些。

8.3.1 超 100Gbit/s 标准化进展

* 400GE 以太网接口标准已在 IEEE 获得正式立项,按照 IEEE 802.3 一般标准制定进程,在 2016—2017 年完成正式化标准。

* ITU-T 在超 100Gbit/s 标准方面主要涵盖 OTN 帧结构以及 Flex Grid ROADM 两个方面,其中超 100Gbit/s OTN 帧结构相关标准规范当前并未正式发布,但业内倾向采用 Flex OTN 帧结构(将来线路侧支持 OTUflex 信号,速率为 100Gbit/s 整数倍;ODUflex 则会被定义成高阶容器);Flex Grid ROADM 相关标准则在 2011 年 12 月 ITU-T 全会讨论时对 G.694.1 标准进行修订获得通过。

* OIF 主要对 400Gbit/s 线路侧调制技术、光模块的封装以及模块内部高速电接口展开研究;当前相关技术仍在讨论进行中,综合考虑 400Gbit/s 各种调制码型的频谱效率以及传输距离,400Gbit/s 未来会采用 4SC-PM-QPSK 或 2SC-PM-16QAM;模块内部高速电接口的研究也由 28Gbit/s VSR 转向 56Gbit/s VSR。

* 国内主要由 CCSA 牵头超 100Gbit/s 技术及标准进展的研究,CCSA 已于 2012 年 10 月发布"400Gbit/s/400GE 承载和传输技术研究"相关报告。

在云计算、新型互联网等宽带业务发展的推动下,100Gbit/s 光传输技术国内商用部署节奏明显加快。从 2012 年年底开始,中国电信、中国移动、中国联通三大电信运营商已启动或准备启动 100Gbit/s 光传输商用工程招标建设,这标志着我国 100Gbit/s 技术从 2013 年起已正式步入初步规模商用阶段,而速率更高的超 100Gbit/s 技术已逐渐成为业界关注的热点。借鉴高速传输速率以往按照 4 倍或 10 倍增长的历史经验,国内外科研机构几年前就已启动基于 400Gbit/s、1Tbit/s 甚至更高速率的超 100Gbit/s 传输技术研究,伴随着 2013 年 3 月 IEEE 802.3 400GE 标准成功立项,400Gbit/s 已成为近期业界高度聚焦的超 100Gbit/s 技术。

1. 业界共推,设备研发及标准均已启动

在 100Gbit/s 正式商用之前,业界主要关注点集中在 100Gbit/s 设备研制、传输性能提升、集成度和功耗进一步优化等方面。伴随着 100Gbit/s 设备商用节奏加快,业界逐渐把超高速光传输技术攻关和新产品研制的重点聚焦在超

100Gbit/s（由于长距离传输线路具体速率暂未确定，因此采用超 100Gbit/s 笼统表示）的未来发展上。国内的三大光传输设备商从 2012 年左右开始逐步发布了 400Gbit/s、1Tbit/s 等速率实验室样机或正在开展产品研制，部分国外电信运营商进行了现网试验，阿朗公司甚至推出了基于 2 载波、400Gbit/s 速率、传输距离可达 500km 量级的超高速传输板卡，同时在法国电信 Orange 进行商用试验。另外，中国电信、中国移动等国内电信运营商后期均有在实验室或现网进行 400Gbit/s 技术测试验证的计划。从目前公开报道的信息来看，国内外主要光传输设备商现阶段主研的超 100Gbit/s 商用样机主要集中在 400Gbit/s 速率，设备研制难题包括调制格式、复用方式、子载波选择、数字信号处理算法及实现、前向纠错等，力求研制成功低单位成本及能耗、高集成度并满足实际应用需求（包括传输距离、谱效等）的商用化产品，而更高速率的超 100Gbit/s 设备尚处于实验室研究或模型样机研制阶段。

在各厂商研制超 100Gbit/s 设备以争取未来市场先机的同时，高速传输相关标准组织，例如国际电联（ITU-T）、电气与电子工程师学会（IEEE）、光互联论坛（OIF）以及国内的中国通信标准化协会（CCSA）等非常关注并已启动相应标准工作。ITU-T 的 SG15 的 Q11 和 Q6 组分别开展超 100Gbit/s OTN 帧结构和超 100Gbit/s 物理层标准研究工作。

IEEE 802.3 主要负责高速光以太网的标准化制定工作，2013 年 3 月 400GE 标准项目立项成功，预计 2016—2017 年 400GE 标准化完成。OIF 最近两年也推动多种超高速率接口规范制定，典型包括 56Gbit/s 的多种应用电接口以及 400Gbit/s 长距传输用光模块方案等。

另外，我国的 CCSATC6 技术委员会的 WG1 和 WG4 分别负责光传送设备和光模块标准化工作，近两年分别开展了基于超 100Gbit/s 传输技术及光模块的标准类研究课题，目前整体上都在开展之中。

2. 超 100Gbit/s 技术路线多样，性能和成本平衡至关重要

超 100Gbit/s 技术主要涉及短距离互联（客户侧）和长距离传输（线路侧）。客户侧技术方面，鉴于 IEEE 已经把速率定位于 400GE，超 100Gbit/s 客户侧的技术选择主要围绕 400Gbit/s 进行，截至 2014 年年底，IEEE 802.3 400GE 项目组已召开了多次会议，讨论的重点依然是关键技术路线的选择，典型如电层通道速率、光层通道速率、FEC 选择等。参考 100Gbit/s 低成本实现讨论方案（802.3bm 项目，单模光纤方案目前暂未获通过）并结合未来可预见技术发展等，400GE 接口有多种实现方案，包括 25Gbit/s、50/56Gbit/s 不同的电接口速率、脉冲幅度调制（PAM-n）和离散多载波（DMT）等多种基于不同波特率的光接口调制复用方式等。

在线路侧技术方面，高速传输技术经历了 40Gbit/s 速率多方争优、多种并存的时期后，在 100Gbit/s 速率上又在偏振复用—正交相移键控（DP-QPSK）和相干接收等关键技术路线上趋于统一，而超 100Gbit/s 目前在技术路线选择上又面临 40Gbit/s 当年类似的情形，而且技术路线的选择更为复杂，典型包括正交幅度调制（n-QAM）等调制格式、载波个数，以及基于奈奎斯特 WDM、电/光域的正交频分复用（OFDM）线路传输复用方式等。从目前整体发展来看，线路侧近两年可支持商用化产品的 400Gbit/s 技术路线主要重点落在 4 载波的 QPSK（传输距离 1000km 量级）或者 2 载波的 16QAM（传输距离 500km 量级）上，但这并不排除其他方案后来居上的情形出现。

无论是超 100Gbit/s 客户侧还是线路侧，在最终技术路线选择时面临的关键问题，就是如何让性能和成本尽可能在特定阶段接近某种平衡，譬如超 100Gbit/s 客户侧接口就是应用需求要求低成本实现的最明显例子。客户侧传输距离短因而存在多种实现方案，这将导致出现评估哪种方案成本更低的难题，IEEE 802.3bm 项目中 100GE 单模光纤的多种低成本方案没有达成共识就是例证。另外，线路侧技术选择主要面临的就是如何权衡传输距离和频谱效率的取舍，但同时频谱效率又会变相地转化到比特成本上，因此实际上也是性能与成本之间的平衡问题。

3．面临诸多挑战，信号处理最为突出

虽然 40Gbit/s 和 100Gbit/s 尤其是 100Gbit/s 的技术研究及最终商用实现方案选择经验为超 100Gbit/s 技术的未来发展提供了很好的参考，但由于超 100Gbit/s 传输速率一般至少要提升 4 倍或 10 倍，相应参与光电信号处理的光学器件和微电子器件工作带宽显著提升，超 100Gbit/s 在后续发展方面还面临诸多挑战。

第一，多技术路线选择整体上不利于超 100Gbit/s 未来发展。无论是客户侧还是线路侧，超 100Gbit/s 的技术路线都面临多样化竞争方案选择，不像在 100Gbit/s 发展阶段中技术优势明显的 DP-QPSK 和基于数字信号处理（DSP）的相干接收等，目前超 100Gbit/s 技术方案中暂时没有哪种方案明显占优，这种方案多样性在有利于通过竞争来攻克技术难题，在探索技术新方向的同时，将产生诸多业内互相竞争的产业链条，在一定程度上会影响超 100Gbit/s 整体产业的成熟进度，类似现象在40Gbit/s 发展过程中也曾出现。因此，尽快推动超100Gbit/s 标准化进程至关重要。

第二，超高速光电处理及芯片实现面临瓶颈。无论是客户侧还是线路侧，超 100Gbit/s 速率相对于 100Gbit/s 而言至少增加 4 倍或更高，采用现有技术和芯片工艺在功耗、集成度和成本等方面优势不大，而采用新技术和新工艺等将

在调制和编码、系统传输、解调和数字信号相干接收处理等方面面临技术挑战，典型如客户侧高速率（如 50/56Gbit/s）电接口、线路侧高采样率数模/模数转换器（64Gbit/s 以上）、更低功耗超大规模电路 DSP 处理电路、优化线路损伤提升传输距离的 DSP 算法、更高增益 FEC 等。由于超高速光电处理及相关芯片涉及光学和微电子等基础领域，超 100Gbit/s 在频谱效率、传输距离、集成度、成本和功耗等方面还需要大量的技术和工艺创新，才能达到商用化要求水平，这是超 100Gbit/s 发展目前面临的最突出障碍。

4. 尚处于发展初期，未来演进存在多种可能

虽然目前 400Gbit/s 已经出现了商用试验案例，但纵观应用需求、技术路线、标准规范、设备研制等多方因素，超 100Gbit/s 整体上尚处发展初期，后续演进存在多种可能。第一，从客户侧应用需求来看，由于传输速率标准已经确定为400GE，目前国外大量的 400GE 超高速光互联驱动主要来源于大型和超大型数据中心建设，而我国超 100Gbit/s 首要应用需求则可能出现在干线网络，因此400GE 超高速技术将同时面临 100～500m、2～10km、40km 等多种应用需求，这将导致后续标准方案更多、方案间竞争更为激烈，最终接口目标距离和传输技术选择有待业界共同推动。第二，从线路侧速率选择来看，目前客户侧选择400GE 意味着线路侧速率至少是 400Gbit/s 或者更高（包括速率灵活可配置方式）。由于现有方案实现的线路侧 400Gbit/s 技术在传输距离和频谱效率上尚未达成有效平衡，最终线路侧速率的选择将由带宽需求驱动的节奏（如带宽增速快、应用需求周期短等）、应用场景（如干线或城域等）、技术突破（如出现重大技术创新等）多种因素确定，但近两三年的设备样机研制或现网试验则将主要以 400Gbit/s 为主。第三，从线路侧技术选择来看，除了继承 100Gbit/s 关键技术本质之外，采用基于奈奎斯特和 OFDM 等多子载波进行反向复用是目前看到可能使用的新技术点，但超 100Gbit/s 具体调制格式（如 DP-16QAM、DP-QPSK以及其他更复杂的混合调制等）与具体线路传输技术的选择目前尚未明晰，有待业界后续进一步推动。

未来潜在的超宽带应用和技术革新等驱动超 100Gbit/s 成为高速光传输研究热点。从整体发展来看，超 100Gbit/s 尚处于发展初期，目前尚未确定关键技术特性，但未来两三年传输产品研制以 400Gbit/s 速率为主，后续演进存在多种可能性，这对于我国而言也是进一步提升超高速光通信技术及产品国际竞争力的绝佳机会。

8.3.2　超 100Gbit/s 关键技术

当 100Gbit/s 传输技术规模部署后，具有更高速率的超 100Gbit/s 波分系统

必将成为下一阶段的研究热点。超 100Gbit/s 的关键技术包括灵活调制、相干检测和灵活栅格等重要技术,下面将进一步阐述。

1. 灵活调制与相干检测技术

在 10Gbit/s 系统出现之前,光纤传输系统普遍采用的是二进制 OOK 直接调制方式。随着系统速率的提高,双二进制调制、DBPSK 和 DQPSK 等技术得到了广泛应用,从而极大地提高系统的抗噪性和频谱效率。而在未来的超 100Gbit/s 系统中,随着相干接收的引入,基于多载波调制的 OFDM 技术已趋于成熟。下一代传输系统中的各种先进调制技术如图 8-4 所示。

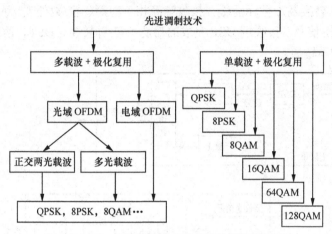

图 8-4　下一代传输系统中的各种先进调制技术

由图 8-4 可知,高阶调制手段(如 M 维 PSK 或 M 维 QAM)并与偏振复用技术相配合可有效地提高频谱利用率。就 100Gbit/s 系统而言,目前普遍采用的是偏振复用正交相移键控(PM-QPSK)调制方式。该方式具有较高的频谱效率,能将传输符号的波特率降低为二进制调制的 1/4,并能使光信噪比得到极大的改善,可用强大的 DSP 来处理极化模复用信号。PM-QPSK 信号在接收侧采用相干检测技术,可实现高性能的信号解调。相干检测技术指信号的解调机制,具体来说就是利用调制信号的载波与接收到的已调信号相乘,然后再通过低通滤波得到调制信号的检测方式。与直接解调、差分解调方式相比,由于相干检测方式所使用的本地激光器的功率要远大于输入光信号的光功率,因此光信噪比可以极大地改善。特别是相干检测技术能充分地利用强大的 DSP 技术来处理极化模复用信号,可通过后续的数字信号处理补偿并进行信号重构,可还原被传输的信号特性(极化模、幅度、相位)、大幅消除光纤带来的传输损伤,如偏振模色散(PMD)容忍度可达 30ps,无须线路色散补偿就可容忍几万 ps/nm。除了 PM-QPSK 以外,备选的调制技术还有双载波 PM-QPSK、双载波直接检测

DQPSK 及 PM-16QAM 等。但考虑到光纤非线性效应、双载波间的频率间隔和直接检测的 OSNR 门限等因素影响，PM-QPSK 还是 100Gbit/s WDM 系统最适宜的调制格式。

在高速波分系统中引入正交频分复用（OFDM）技术，采用多个正交的子载波来承载超 100Gbit/s 速率数据，不需对大色散进行复杂的补偿就能方便地改变信号的调制格式。相干接收 OFDM-QPSK 系统原理示意如图 8-5 所示。OFDM 的实现流程包括发射端 DSP 产生的 OFDM 数字信号、经数/模处理（DAC）后的调制光电调制器。发射端 DSP 完成的功能有信号串/并转换、星座映射、IDFT、并/串转换及加循环前缀。接收端经相干检测、模/数处理（ADC）、DSP 处理后恢复出信号。接收端 DSP 完成的功能有串/并转换、DFT、信道估计、信号判决及并/串转换。

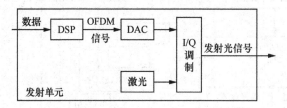

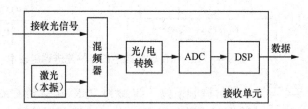

图 8-5　相干接收 OFDM-QPSK 系统原理示意图

就 100Gbit/s WDM 系统而言，PM-QPSK 技术无须线路色散补偿就可容忍几万 ps/nm，相比 OFDM，PM-QPSK 结合相干检测提供了最优化的解决方案，因此是更为合适的传输技术。在超 100Gbit/s 时代，由于 OFDM 相比单载波的 PM-QPSK 增加了循环前缀、训练序列等信息，因此能提供更高的信号波特速率。而对于 OFDM 中每个载波的调制方式，16QAM 和 QPSK 均可选用，但考虑到前者的 OSNR 容忍门限比后者差，所以在长途干线传输中还是应优选 OFDM+PM-QPSK 方案。即使这样，由于光纤非线性效应的影响，其 OSNR 容限还是低于单载波的 PM-QPSK，这直接影响了光信号的传输距离。另外，相干解调需要的高速 DSP，也是 OFDM 技术走向应用的现实障碍。

2．灵活栅格技术

随着 100Gbit/s 商用时代的到来，科技人员开始转而研究超 100Gbit/s 网络的关键技术。其中首先遇到的问题就是由于频谱效率的提升和 OSNR 的限制，传统的 WDM 网络 50GHz 或 100GHz 的固定信道间隔已无法满足超 100G 信号的传输要求。高速率调制频谱效率对比如表 8-1 所示。由表 8-1 可知，在 400Gbit/s 和 1Tbit/s 速率要求下，必须对现有定义的固定栅格格式做出扩展。

表 8-1 高速率调制频谱效率对比

比特速率（Gbit/s）	频谱宽度（GHz）	调制格式（灵活栅格）	固定栅格调制格式（间隔 50GHz）	灵活栅格较固定栅格频谱效率的提升
40	25	DP-QPSK	DP-QPSK	33%
100	37.5	DP-QPSK	DP-QPSK	0%
100	25	PDM-16QAM	PDM-16QAM	33%
400	75	PDM-16QAM	4×100Gbit/s	128%
			2×200Gbit/s	14%
1000	187.5	PDM-16QAM	10×100Gbit/s	150%
			5×200Gbit/s	25%

因此，2011 年更新的 ITU-T G.694.1 规范提出了信道中心频率和频宽的可调谐以及灵活控制能力，致力于实现频谱的按需分配。其具体定义为，波分系统的各个光信道的中心频率为 193.1THz（波长为 1552.52nm）+n×0.00625THz，相邻信道间隔范围为 12.5～100GHz。固定栅格 50GHz 频谱格式和 ITU-T G.694.1 定义的灵活栅格频谱格式分别如图 8-6 和图 8-7 所示。

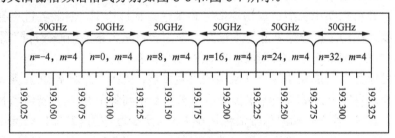

图 8-6 固定栅格 50GHz 频谱格式

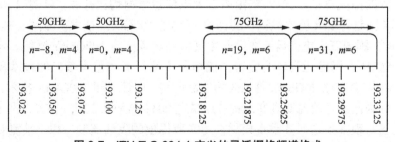

图 8-7 ITU-T G.694.1 定义的灵活栅格频谱格式

灵活栅格技术的引入，使信道频谱宽度脱离了传统 DWDM 网络固定栅格的约束，更适合超 100Gbit/s 信号的传输。信道中心频率和频宽可动态调谐则实现了频谱的按需提供，且更适宜于未来超 100Gbit/s 和 100Gbit/s 信号的混传场景，可有效地兼顾频谱效率和传输距离间的关系。当然，灵活栅格概念才刚刚提出，还涉及许多技术细节问题。近期 ITU-T Q6 和 Q12 工作组正在从传输和网络架构两方面对灵活栅格技术进行完善。正在研究的问题包括基于灵活栅格的载波频谱分配和路由与调制格式的选择等。

超 100Gbit/s 系统引入 OFDM 多载波调制技术后，就会涉及载波频谱的分配问题。目前在载波频谱分配上有连续频谱分配、离散频谱分配和 50GHz 固定栅格 3 种方案。其中，连续频谱分配方案指给多载波分配一块连续的频谱资源。这样做的好处是子载波间不需要保护间隔，方便于相干接收与解调，具有很高的频谱效率，且目前传输层物理设备较易实现，但可能带来的问题有产生频谱碎片、降低网络资源利用率及提高阻塞率等；离散频谱分配方案指给各个子载波频率分配多个不连续的频谱块，一个频谱块承载一个或多个载波，不同频谱块间需要保护间隔。该方案的好处是有效地利用了频谱碎片，提高了网络资源利用率，但对传输层光器件要求较高，实现相对困难；50GHz 固定栅格方案指每个 50GHz 信道放置一个高阶调制、低谱宽子载波，采用反向复用方式。这样可暂不涉及灵活栅格技术，但仍需要每个子载波间具备保护间隔，且从长期来看难以满足传输系统的要求。

引入灵活栅格技术后，还可根据路由的约束条件引入调制格式可调谐的收发信机，并根据路由长度、损伤等情况和频谱一致性原则，对业务进行智能控制和调度，但动态拆建路不能过于频繁，否则会带来大量的频谱碎片问题。

3. 100Gbit/s 与超 100Gbit/s 技术的引入策略

数据业务特别是视频和 P2P 应用的迅猛发展，正在引发网络 IP 业务流量的急剧增长。中国电信最新预测报告显示，未来 5 年其骨干 IP 网带宽年增长率将达 40%～50%，骨干传输网总带宽将从 64Tbit/s 至少增加到 120～155Tbit/s 甚至 200Tbit/s 以上。由于长途干线网持续扩容的压力，100Gbit/s 技术已受到国内电信运营商的高度重视。2012 年国内三大电信运营商均已开展了针对 100Gbit/s 实际部署而进行的实验室测试，2013 年启动了 100Gbit/s 技术在国内的试商用，到 2014 年国内三大电信运营商已开始规模部署各自的 100Gbit/s 网络。考虑到 100Gbit/s 技术标准化已较为完善，国内外主流厂商也已有多年的技术积累，100Gbit/s 将会有比 40Gbit/s 更长久的生命周期。而针对超 100Gbit/s 技术，国内外学术机构已经开始前期研究，相关成果在 2011 年和 2012 年的 OFC 及 ECOC 会议上已有很多报道。其重点聚焦在上文所提出的灵活调制、相干检测和灵活栅格等技术方面。

对于超 100Gbit/s 的引入场景，目前主要集中在以下两个方面：第一是 100Gbit/s 在干线网部署后的扩容需求。综合实现难度、投资成本等方面的影响，400Gbit/s 技术会先在部分带宽压力较大的热点线路上进行小规模部署，而 1Tbit/s 技术的应用则相对遥远些；第二是新一代大容量数据中心特别是运营商数据基地的连接需求。由于云计算业务逐步落地，运营商数据中心正在由提供实体的机架、服务器资源向提供虚拟网络资源方向转型，而虚拟资源的分布往往不局限在同一个甚至同一地区的数据中心内部，因此虚拟资源间的交互就对数据中心网络提出了大容量、低延时、高可靠的要求。运营商数据中心基地互联方案如图 8-8 所示。在数据中心内部，未来存储网络与服务器间的数据交互需要超 100GE 的客户侧接口提供支持。而在数据中心外部，大型数据中心基地间的光纤直连则优选 100Gbit/s 或超 100Gbit/s 技术，为传输海量数据提供大容量、低延时管道。

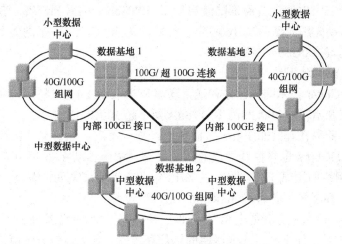

图 8-8　运营商数据中心基地互联方案

8.3.3　超 100Gbit/s 产业化进程

Informa Telecoms and Media 发布的相关报告指出，到 2015 年，超过 55%的网络流量会基于视频业务，而随着 LTE 网络的不断普及，智能设备的增长将呈爆发趋势。为了应对网络流量激增和传输速率需求的大幅增长，100Gbit/s 设备的市场需求和出货量在 2013 年出现井喷式增长。与此同时，400Gbit/s 技术在全球由多个电信运营商开始部署，更为高速的 1Tbit/s 技术也从实验室走向试点测试。

1. 100Gbit/s 普及

云计算、流媒体、移动宽带正在深刻地改变着人们的生活，而所有的这些业务都依赖于光网络的高速传送，带宽洪流与日俱增。在此趋势下，越来越多的电信运营商选择部署更高速率的 100Gbit/s 网络。

Infonetics Research 最新发布的光网络研究报告显示，2013 年第三季度全球光网络设备市场（WDM 和 SONET/SDH）收入为 30.8 亿美元，环比下降 7%、同比下降 1%；但波分环比增长 4%，保持较高水平，其中 100Gbit/s 的收入逼近整体市场的 15%，这超出了 Infonetics 之前较为乐观的 10% 市场预测。

报告显示，整体光网络市场依然由华为、阿朗、Ciena、烽火、中兴 5 家企业引领，受益于北美波分市场增长，Ciena 在厂商中增长最高，达 9%。同时，报告预计华为将从第四季度中国市场 100Gbit/s 大规模采购中获益。

10Gbit/s 技术主导了光网络 15 年之久，100Gbit/s 成为传送网最新的速率，100Gbit/s 产业快速发展，走向高度成熟，毫无争议地将成为通信史新的 10 年。国内方面，三大电信运营商都陆续启动了 100Gbit/s 的系列部署。其中，2013 年，中国移动先后启动两次 100Gbit/s 集采，其 100Gbit/s 骨干网的主要应用场景就是端到端 100Gbit/s 专线需求。

2. 400Gbit/s 起步

超 100Gbit/s 技术曙光已经初现，随着全球 100Gbit/s 系统的规模部署，业界的关注点开始转向 400Gbit/s 和 1Tbit/s 两个超 100Gbit/s 速率。

目前，业界在超 100Gbit/s 方面也已经展开了广泛的研究，在可以预见的几年内，400Gbit/s 也将拉开规模商用的帷幕。中国移动在 2013 年年底启动了 400Gbit/s 网络的测试工作，同时在 2013 年北京通信展期间，华为、上海贝尔、烽火等企业都展示了各自的 400Gbit/s 光传输设备。

在产业方面，无论是电信运营商还是全球主流的设备商，掌握领先的 400Gbit/s 技术，便掌握了未来网络的格局和方向。各大电信设备巨头纷纷提出了各自的 400Gbit/s 方案，400Gbit/s 领域的竞争，将成为华为、思科、阿朗、烽火未来争夺的制高点。

目前网络建设投入和产出之间的剪刀差越来越大，因此，在 400Gbit/s 的时代，如何提升多载波技术的频谱利用效率，以及怎样通过资源的灵活调整提升网络整体频谱利用效率就显得尤为重要。

3. 1Tbit/s 来临

随着智能终端覆盖率快速增长和网络商业模式的演变，在移动宽带、高清视频和各种云端服务的推动下，给电信运营商骨干网络带来极大冲击，电信运营商急需对其骨干网承载能力进行大幅提升，以满足超宽带业务的发展。

超大容量集群系统已成为高端路由器市场的重要研究方向。在芯片、工艺、网络、应用、产业链的发展与整合等方面深厚的积累下，1Tbit/s 路由器线卡也即将商用。

1Tbit/s 路由线卡能很好地满足电信运营商未来部署超大带宽业务的需要，进一步加速高端路由技术的产业化进程。

8.4　分组增强型 OTN-PeOTN

分组传输网技术将光传送的 OAM、保护、网管技术与 MPLS-TP 数据转发技术进行了融合式的应用创新，在城域层面有效地传送基站和大客户专线等高价值业务，同时可以考虑在骨干层面引入 PTN，承载跨省专线业务。OTN 作为支持波长和 ODUk 大颗粒调度和组网保护的大容量传送节点设备，近年来引入了 ODUk（k=0,1,2,3,4,flex）、G.HAO 和 GMP 等技术来适应以太网等数据业务的灵活映射和复用，并在 IP 网和光网络的联合组网架构下逐步增强分组处理功能。

在干线、城域网，存在 OTN 和 PTN 设备背靠背组网的应用场景，目的是既解决大容量传送又实现分组业务的高效处理，从便于网络运维、减少传送设备种类和降低综合成本的角度出发，需要将 OTN 和 PTN 的功能特性和设备形态进一步有机融合，分组增强型光传送网（PeOTN/POTN，Packetenhanced Optical Transport Network）便应运而生。

8.4.1　POTN 概念

POTN 是深度融合分组传送和光传送技术的一种传送网，它基于统一分组交换平台，可同时支持 L2 交换（Ethernet/MPLS）和 L1 交换（OTN/SDH），使得 POTN 在不同的应用和网络部署场景下，功能可被灵活地进行裁减和增添。

综合来说，POTN 需具备统一分组交换矩阵、分组和光网络的有机融合、统一控制和管理平面 3 个主要功能特征，具体如图 8-9 所示。

（1）POTN 必须基于统一分组交换平台实现 OTN 和 MPLS-TP/Ethernet 的交换融合，分组和 TDM（ODUk/SDH）业务的交换容量必须能任意调配，这样带来的优点如下。

① 可以有效地解决分组业务/SDH 到 ODUk 隧道的汇聚比问题。

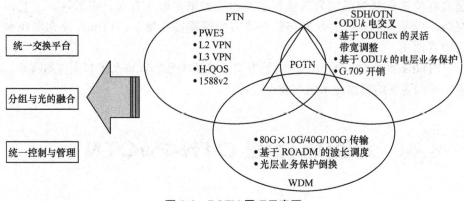

图 8-9　POTN 原理示意图

② 可任意调配分组和 TDM 业务的交换容量，使得 POTN 在不同的应用和网络部署场景下，可灵活地被裁减和增添分组或者 TDM 的功能，比如基于统一分组交换，通过增加或者减少不同交换技术的接口/线路板即可裁减和增添分组或者 TDM（ODUk/SDH）的容量。

③ 在实现大容量 ODUk 交叉调度（交叉容量 10Tbit/s 以上）时，仍能支持 ODU0 颗粒的无阻调度。

④ 可以方便地实现 ODUk/VC4 和分组混合调度，即实现 OTN/PTN/SDH 混合设备，减少设备种类，降低功耗和设备空间占用。

⑤ 传送平面必须支持 L2 交换（Ethernet/MPLS-TP/MPLS）在特定节点上的分/插，必须支持 L2/L3 VPN；必须支持 MS-PW 业务，对于 MPLS-TP 业务，POTN 必须支持 MPLS LSP 和 PW 标签交换；对于以太网业务，POTN 必须支持 C-Tag、S-Tag 交换，可选择地支持 1-Tag 交换，可选择地支持 PW 直接承载在 ODUk 之上，无须中间的 MPLS-TPLSP 层，必须支持点到点和环网保护，可选择地支持共享 MSP 保护。

⑥ 必须支持 L1 交换（OTN/SDH），必须支持点到点和环网保护，可选择地支持共享 Mesh 保护，必须支持在特定节点的 SDH/ODUk 业务的分/插。

⑦ 必须支持 WDM/DWDM 大容量传输（10G/40G/100G）。

⑧ 应该支持 ROADM/WSON，应该支持在特定节点的波长分/插。

⑨ POTN 的线路侧必须支持 OTU 和以太网接口，以太网接口可用于 POTN 与 PTN/Ethernet 网络互联；OTU 接口支持 OTU2（10G）、OTU3（40G）和 OTU4（100G），支持具有 OTU 接口的 MPLS-TP/Ethernet 线路卡，该情况下分组业务必须映射到 OTU 帧上。

⑩ 应该利用 OTN 的映射和复用技术，支持混合线路侧接口，即采用 OTN

结构化的复用方式实现 MPLS-TP/Ethernet 管道和电路传输管道的融合传输，在这种情况下，需要支持 MPLS-TP/Ethernet 到 ODUflex 的映射。

⑪ 必须支持 OTN 的单级映射，可选择地支持多级复用（建议两级复用即可），多级复用可选择地在板级实现，无须设备堆叠支持 ODU0/OUD1/ODU2/ODU3/ODU2e/ODUflex/ODU4 信号类型。

⑫ ODUk 经过 POTN 节点的统一分组交换后，必须从分组中恢复出 ODUk，同时必须恢复出 ODUk 的时钟频率，要求恢复出的时钟频率的效果必须能做到与 OTN 的 AMP 或 GMP 映射相当。

⑬ POTN 必须支持以太网的 E-LINE（EPL/EVPL）业务，可选择地支持 E-LAN（EP-LAN/ EVP-LAN）和 E-TREE（EP-TREE/EV/EVP-TREE）业务。

⑭ POTN 应该支持通过 ODUk 隧道或者波长为以太网提供一个透明的点到点传送通道，POTN 无须知道以太网业务的具体信息和地址或应该在 POTN 节点上支持通过 MPLS-TP 来传送以太网业务。

⑮ POTN 应该支持 IP/MPLS 客户信号到 MPLS-TP 的封装映射方式，采用 Overlay 模式，即将 IP/MPLS 视为一个以太网业务进行映射。

⑯ 对 P 路由器 Bypass 的 POTN 解决方案必须支持通过 VLAN 区分分组流量。由于路由器难以保证 VLAN 的全局性问题，因此应该支持通过 MPLS Label 来区分 Bypass 流量。

⑰ POTN 应该支持三级时钟服务；应该支持通过 OSC 或者 ODUk 带内方式（使用 ODUk 开销字节或者将 1588v2 协议报文作为客户业务承载到 OPUk）传送时间；可选择地支持 1588v2 over PTP LSP/PW。

⑱ 对于电路接口，POTN 应该支持 native 电路方式进行传送，无须 TDM 业务的电路仿真功能。

⑲ 大大提升有效带宽和传输中继距离。

⑳ 具备完善的 QoS 机制、业务层保护能力以及完善的 OAM 手段，方便故障定位及维护。

㉑ 具备现有网络平滑演进的能力，最大限度保护电信运营商的现网资源，节省投资。

（2）必须支持 GMPLS 统一控制平面（MRN/MLN）以及 PWE3 控制平面；可选择地支持通过 GMPLS（OSPF-TE/RSVP-TE）来控制 PW 层。POTN 节点应该支持 IP/MPLS/MPLS-TE 和 GMPLS 双协议栈，前者可用来控制 MPLS-TP 的 LSP 和 PW 层，后者用来控制 ODUk 和 OCH 或者 PBB-TE。

（3）支持通过统一网管来管理 POTN，统一网管应该支持分离的分组和 TDM 网络视图（例如，对于 POTN 节点，分组和 TDM 的交换容量可通过分离的视图呈现）。

目前 POTN 主要涉及 ITU-T SG15 WP3 的多个工作组，包括 Q9、Q10、Q11、Q12、Q13 和 Q14，主要涵盖了 PTN 和 OTN 的传送平面技术、OAM 和保护以及网络管理和控制。IETF 主要拥有 MPLS-TP 转发平面技术知识产权，涵盖了 MPLS 转发平面技术，MPLS-TP 的 OAM、保护和相关协议。IEEE 802.1 涵盖了以太网的各种技术，包括 802.1Q、802.1ad、802.1ah 和 802.1qay 技术。

基于 POTN 的架构，Packet 和 TDM 功能可以进行灵活裁剪和组合，因此 POTN 与 PTN 可以完美融合，令 PTN 持续发展；有助于简化网络层次和设备类型，降低综合成本；同时在 OTN 基础上增加分组功能，可以使得 OTN 应用场景更为丰富。

8.4.2　POTN 设备功能模型

POTN 融合了光层（WDM）、OTN 和 SDH 层（可选）、分组传送层（以太网/MPLS-TP）的网络功能，具有对 TDM（ODUk）、分组（MPLS-TP 和以太网）的交换调度，并支持多层间的层间适配和映射复用，实现对分组、OTN、SDH（可选）等各类业务的统一和灵活传送功能，并具备传送特征的 OAM、保护和管理功能。

在 ITU-T G.798.1 Appendix IV 和 CCSA《分组增强型光传送网总体技术要求》标准中均对 POTN 的网络分层结构进行了定义，两个标准中均定义了客户业务通过 ETH 到 OTN、MPLS-TP 到 OTN、SDH 到 OTN 的不同的分层架构的处理方式，如图 8-10 所示。

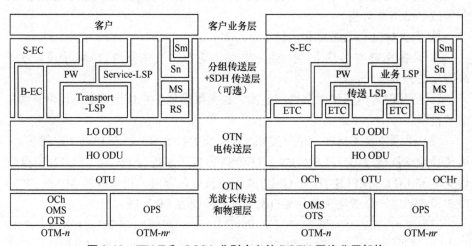

图 8-10　ITU-T 和 CCSA 分别定义的 POTN 网络分层架构

CCSA 定义的 POTN 分层架构相对 ITU-T 定义的标准分层架构，有如下优化。

- 当分组传送层采用以太网技术时，G.798.1 包括 S-EC（PB）和 B-EC（PBB）两种技术，但是在中国电信运营商网络中，无 PBB 的应用，因此进行了简化，不采用 B-EC（PBB）技术。

- SDH+OTN：SDH 功能（Sm、Sn、MS、RS）为可选。

考虑到多层优化、成本、智能等多方面的需求，结合应用场景，POTN 设备架构可进一步优化，更加贴近网络的发展需求，其中 CES/L2 VPN、IP、L1 业务的封装路径分别优化为：

- CES/L2 VPN-PW-LSP-ODU-OTU-OCH/OMS；

- IP-VPN-LSP-ODU-OTU- OCH/OMS；

- L1-ODU-OTU- OCH/OMS。

1. POTN 转发平面架构

根据 POTN 设备的分层架构，可以细化 POTN 设备转发平面的系统方案，POTN 的转发平面由统一信元交换矩阵为内核，提供 Packet 和 OTUk 等多种业务接口类型，支持任意比例的 Packet 和 OTUk 的业务混合传送功能，如图 8-11 所示。

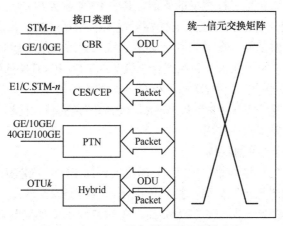

图 8-11　POTN 设备转发平面系统方案

2. POTN 转发平面的统一信元交换

在 POTN 转发平面交换系统的传统设计思路中，存在 TDM（ODUk）/Packet 双平面交换系统设计。双平面交换系统虽然设计简单，易于实现，但分组及 TDM（ODUk）业务通过不同交换平面，业务组织调度非常不灵活，可扩展性差，存在设备功耗大、OPEX 高等缺陷。

统一信元交换的系统设计业务调度灵活、可扩展性高，可以实现 TDM

（ODUk）业务及分组业务任意比例混合接入，组网灵活，且统一交换平面可大幅降低设备功耗和体积，符合绿色节能的理念。

因此，POTN 的转发平面需统一信元交换。POTN 的统一信元交换矩阵，将完成所有的分组业务及 ODUk 子波长业务的统一信元交换，实现系统各线卡间业务的无阻交叉，实现任意比例的分组业务和 ODUk 子波长业务的交换。

为了实现统一信元交换中对于分组业务和 ODUk 业务的任意比例的混合接入，OIF 定义了 OPF 标准接口，定义了 ODUk-to-Packet 接口实现任意颗粒 ODUk 到分组交换网的适配功能，其中 SAR 技术可以有效保序，并去除分组交换网引入的时延抖动。ODUk-to-Packet 接口解决了 OTN 和 PTN 业务在统一分组交换网的交叉调度需求，实现 100% Packet 到 100% OTN 的任意比例业务的交换。采用 OPF 标准接口的统一信元交换系统实现超大容量 ODUk 交叉调度（容量超 10Tbit/s）的同时支持 ODU0 颗粒的无阻调度，获得更加灵活的调度性能。OPF 标准接口更容易实现交换电路的 $m+n$ 的保护方案，提升系统的安全可靠性能。因此，OPF 标准接口为 POTN 的统一信元交换的转发平面提供标准支持。

3．POTN 转发平面的 hybrid 线卡

POTN 转发平面有多种类型的管道，其中 PTN 业务和 ODUk 子波长业务的传送管道既要能分别处理，还需支持各管道间的相互转换，需具备端到端部署的能力，实现整网的统一配置、统一调度、统一管理、统一运维。

POTN 转发平面可配备线路侧混合单板实现 PTN 和 OTN 的融合，线路侧出彩色 $n{\times}$OTUk 光接口信号。PTN 业务和 ODUk 子波长业务到同一个混合线路侧线卡可自由无阻调度，实现 100% Packet 到 100% OTN 的任意比例业务的交换，减少线路侧线卡种类和槽位占用。

4．POTN 控制平面架构

新一代分组化传送网络（POTN）需要具备向 SDN 平滑演进的能力。SDN 的核心理念是控制与转发分离、控制集中化，网络能力开放化。而 POTN 从架构上已经实现了控制与转发、应用分离，在 POTN 上增加控制器及 App 应用就可以实现 SDN，从而实现网络从封闭到开放性的转变，使得网络更加智能，如图 8-12 所示。同时对外提供开放的北向接口，通过集中式网管和控制器提升网络智能化，简化多层网络的运维，解决多厂商设备对接协调等问题。

在 SDN 演进方面，电信运营商现网部署的 PTN 设备，可通过网管集中式控制实现存量设备向 SDN 演进；而对于新建设备，加载 SDN 控制器，使用标准接口进行集中控制。在集中网管和控制器之上，新增协同层进行统一协同，实现 PTN 整网的 SDN 演进。

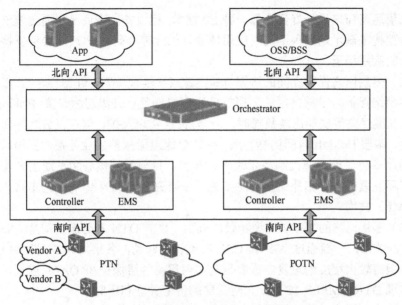

图 8-12　基于 SDN 的 POTN 控制架构

　　SDN 控制逻辑集中的特点，使得 SDN 控制器拥有网络全局拓扑的状态，可实施全局优化，提供网络端到端的部署、保障、检测等手段；同时，SDN 控制器可集中控制不同层次的网络，实现网络的多层多域协同与优化，如分组网络与光网络的联合调度，非常适合 POTN 这种分组和光深度融合的设备。另外，通过集中的 SDN 控制器实现网络资源的统一管理、整合后，可以将网络资源虚拟化，即将大颗粒的 POTN 资源虚拟成按需的网络分片，通过规范化的北向接口为上层应用提供服务。

　　POTN 系统架构分为转发、控制和管理 3 个平面。POTN 在转发平面具备统一交换矩阵，支持 OPF 标准接口，支持混合线卡实现不同种类的管道的互相转换；POTN 在控制平面具备向 SDN 平滑演进的能力；再加上管理平面实现图形化管理和运维，构成了完整的 POTN 系统架构。

8.4.3　POTN 关键技术

　　通过上述的 POTN 应用需求和应用场景分析，可得出 POTN 需要研究如下 5 个方面的关键技术。

　　（1）多层融合的网络协议架构和设备架构：L0/L1 OTN 与 L2 网络技术融合的将涉及 MPLS-TP 和以太网两种分组传送技术，OTN+MPLS-TP 和 OTN+Ethernet 是两种相对独立的应用场景，为了避免网络设备和运维的复杂性，对于一个电信运营商来说最好仅选择一种 L2 技术，但设备制造商希望通过统一灵活的设备架构来满足这两种不同的应用场景，因此需要研究 POTN 如何支持这两种融合的应用场景。

（2）多层网络保护之间的协调机制：POTN 涉及 OTN 和 MPLS-TP/以太网的两层网络保护。目前常用的多层保护协调机制是在分组层面设置 Holdoff 时间，在光缆线路等底层出现故障时，由 OTN 层实现保护，但在仅分组层面出现故障时，该层 Holdoff 时间仍然有效，导致分组层面保护的业务整体受损时间加长，因此多层保护协调机制需要改进。并且，目前城域核心和干线主要是网状网或多环互联的复杂拓扑结构，需要进一步研究在 POTN 中应用共享网状网保护（SMP）技术。

（3）多层网络的 OAM 协调和联动机制：目前 OTN 和分组之间是 Client 和 Server 的关系，一般通过 AIS 和 CSF 实现告警联动，各层均具备完善的 OAM 功能，但有较大程度的重复，需要研究如何避免各层保护和 OAM 重复，以及如何实现 OTN、MPLS-TP、以太网三层的告警关联和压制。

（4）多层网络的统一管控技术：由于 POTN 涉及 L0 波长、L1 的 ODUk、L0 的 LSP 或 VLAN/MAC，因此需要研发统一网管来更便捷有效地管理 POTN；研究应用 GMPLS 的多层多域统一控制技术（MLN/MRN）、集中和分布式结合的路由计算单元（PCE）以及 MPLS LSP 和 PWE3 控制协议。由于 POTN 的一个应用场景是实现与 IP 承载网的协同组网，因此在控制平面可能需要研究 POTN 同时支持 IP/MPLS/MPLS-TE 和 GMPLS 的双协议栈，前者用来控制 MPLS-TP 的 LSP 和 PW 层，后者用来控制 ODUk、OCh 或以太网。

（5）POTN 的同步技术：由于 PTN 和 OTN 的频率同步实现技术不同，IEEE 1588v2 的时间同步传送方式也存在差异，目前在 PTN 和 OTN 进行联合组网实现时间同步时，通常采用 1pps+TOD 的接口进行互通，因此，需要研究 POTN 端到端组网以及 POTN 与 PTN 联合组网时频率同步以及 IEEE 1588v2 的时间同步组网技术。

8.4.4 POTN 应用场景分析

如图 8-13 所示，POTN 从发展趋势上看更像是全网解决方案，从近期的业务需求及网络现状考虑，POTN 会优先应用在干线、城域汇聚（核心）层，未来逐渐下沉以承载 OLT 上行各类普通家庭宽带业务、专线专网业务。

（1）干线

目前干线主要部署的是路由器、OTN、SDH 以及少量分组传送网，POTN 的 O 表示主要完成大容量大颗粒长距离的传送功能，P 表示完成基于 L2/L3 的中小颗粒灵活调度汇聚，因此属于 O 强 P 弱的应用模式。干线集团业务及路由器旁路（Bypass）应用：除满足干线所有 OTN 需求以及传统的 STM-*n*、FE、GE、10GE 等集团业务接口需求外，也必须实现针对部分业务的 L3 VPN 功能，同时具备中转 P 路由器旁路业务的能力。

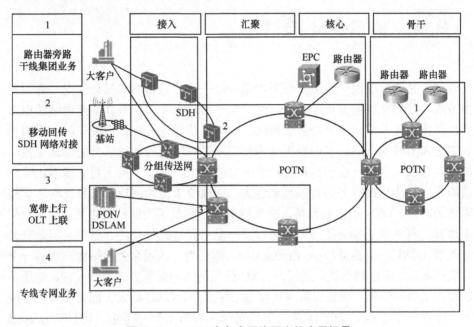

图 8-13　POTN 在各个网络层次的应用场景

（2）城域汇聚（核心）层

城域内的业务及网络情况要比干线复杂，这个层面对各类中小颗粒业务的灵活调度与汇聚能力要求更高，对 P 的需求占据主导，必须具备 L2 VPN、L3 VPN、以太/VLAN、路由等功能以及高密度 P 类端口单板，而 O 主要完成光纤复用及低成本传送的功能，属于 P 强 O 弱的应用模式。移动回传业务及与 SDH 网络对接：完成 2G、3G、LTE 的移动基站回传功能，并具备对各类小颗粒业务如 E1 等精细化调度的能力，同时实现与现有 SDH 网络在接口、保护、时钟、OAM 等方面的全面对接。

（3）承载 OLT 上行各类普通家庭宽带业务

利用 POTN 中 P 的功能实现对 OLT/DSLAM 上行普通家庭宽带业务的收敛整理，同时采用 OUD0、OUD1 或 OUD2 等封装对大带宽进行低成本传送和调度，应用 POTN 中 O 的功能实现对这些业务的大带宽低成本传送和调度。

（4）专线专网业务

承载集团及普通政企客户的专线或专网业务，具备分组传送网低时延、高可靠性、高灵活性特点的同时，拥有 OTN 超大带宽长距传送能力，可依据客户需求快速支持提供刚性或弹性管道。对于专线与专网业务，可同时使用 P 与 O 的功能，并实现两种管道的任意转换。

8.5　WSON 技术

现今光通信的发展趋势是将原本光—电—光的转换方式简化为光—光的转换方式，目的是发展并组建全光网络。全光网是以光节点取代原有网络的电节点，并使各光节点通过光纤组成网络，这样，信号仅在进出该网络时才需要光和电之间的转换，而在其中经历传输和交换过程的信号始终以光的形式存在，例如在光放大器中，信号直接进行光—光的放大，从而节约大量的成本，降低故障率。当前数据业务的规模越来越大，因此要求传输网应具有自行动态调整带宽的能力。OTN 的核心设备，在光域上直接实现了光信号的交叉连接以及路由选择、网络恢复等功能而无须进行光—电—光方式处理的元器件——光交叉连接器（OXC，Optical Cross Connection）即是为了实现全光网络而产生的一个早期产品。之所以这么说，是因为 OXC 虽然网络的配置方式比较灵活，却还是需要人工参与配置。所以在网络规模越来越大后，OXC 的人工配置和维护便成了一个不小的负担，为了改善这个状况，互联网工程任务组（IETF，Internet Engineering Task Force）提出了波长交换光网络（WSON，Wavelength Switched Optical Network），即基于 WDM 传输网的 ASON 技术的概念。它除了具备传统 ASON 的功能外，主要解决波分网络中光纤/波长自动发现、在线波长路由选择、基于损伤模型的路由选择等问题。

WSON 控制技术实现了光波长的动态分配。WSON 是将控制平面引入到波长网络中，实现波长路径的动态调度。通过光层自身自动完成波长路由计算和波长分配，而无须管理平面的参与，使波长调度更智能化，提高了 WDM 网络调度的灵活性和网络管理的效率。目前 WSON 可实现的智能控制功能主要包括以下几方面。

① 光层资源的自动发现：光层波长资源发现，主要包括各网元各线路光口已使用的波长资源、可供使用的波长资源等信息。

② 波长业务提供：自动、半自动或手工分配波长通道，并确定波长调度节点，避免波长冲突问题。路由计算时智能考虑波长转换约束、可调激光器、物理损伤和其他光层限制。

③ 波长保护恢复：支持抗多点故障，可提供 OCh 1+1/1：n 保护和永久 1+1

保护等，满足 50ms 倒换要求；可实现波长动态/预置重路由恢复功能，目前恢复时间可实现秒级。

目前，WSON 是 ASON 控制技术的一个研究方向，WSON 架构和需求以及支持 WSON 的协议扩展等标准化工作已经完成。虽然 WSON 还属于正在标准化的技术，其成熟和应用还需要一定的时间，但它的应用给网络带来的增加值是值得肯定的。首先，提供自动创建端到端波长业务，路由计算时自动考虑各种光学参数的物理损伤和约束条件，一方面大大降低了人工开通的复杂度，另一方面路由计算更加合理优化，有效提高了网络资源的利用率。其次，提供较高的生存能力，可以抗多次故障，在网络运行中，降低了故障抢通时间的要求，大大缓解了日常故障抢修给维护人员带来的压力。

8.6　IPRAN 技术发展

IPRAN 技术在当前阶段承载了 2G、3G、4G 移动回传和大客户专线业务的承载，很好地完成了历史赋予它的使命，并继续发挥着作用。但随着用户需求的不断提高和业务网技术的不断演进，对底层承载网络要求也越来越高。

此外，由于业务的智能化的要求，需要底层承载网向业务层开放更多的能力，使业务层的变化能够得到网络层的支撑。这一切都需要承载网技术的革命和变迁。为满足上述网络的需求，SDN 技术应运而生，通过对网络架构的重新定义，来实现网络的开放性和灵活性，并面向未来做了一系列的变化以适应业务的需求。

8.6.1　SDN 在 IPRAN 中的应用

对电信运营商而言，SDN 的核心价值是将网络的控制与转发相分离，一方面根据转发能力要求迅速实现硬件的标准化以降低 CAPEX（资本性支出），另一方面通过独立控制器能力提升与能力开放使网络更加智能化、精细化，从而降低 OPEX（运营成本）。与 SDN 技术在其他许多领域的应用价值类似，该技术也为 IPRAN 网络解决发展中面临的实际问题提供了许多有益的参考。

1. IPRAN 网络引入 SDN 的需求

目前来看，IPRAN 网络引入 SDN 的需求主要有以下 4 点。

（1）接入层简化运维

随着 3G/LTE 网络的发展，电信运营商需要部署海量的接入层 IP/MPLS 设备，对于基站规模大约为一万端的典型大型城域网，往往也需要配套部署相应数量的 IP/MPLS 设备，并且这些设备的组网形态多样，这将对网络管理带来空前的复杂性。同时，IP 网的运行维护还不能完全摆脱命令行手工输入的方式，这就需要了解和记忆大量的协议信息和网络组网信息，进一步加剧了网络管理的复杂性。

通过引入 SDN 技术，可以实现汇聚设备对其所在的接入环集中统一的管理。由于移除了大部分控制功能，接入设备自身功能将简单化，还可以虚拟成为汇聚设备的板卡，此时，无须在海量接入设备上线时进行烦琐的路由配置、TE 配置等工作，这些都可以通过控制器自动完成，如图 8-14 所示。此外，针对 L2/L3 VPN 的配置也将由于接入设备协议的简化而得以简化，往往通过几步图形化配置即可完成。除了设备上线之外，在进行网络割接操作时，破环加点不用重新配置与网络状态更新相关的协议，只需要对新加入接入环的节点进行 SDN 归属性配置，其余工作可通过控制器自动下发完成。目前，中国联通已经开始了基于 SDN 的 IPRAN 接入层白盒设备的研究和试验工作。

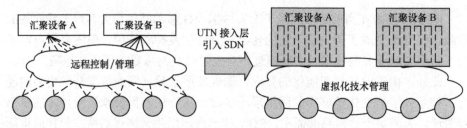

图 8-14　SDN 技术对接入层运营的简化

（2）路由策略集中控制

在 IPRAN 网络的汇聚和接入层均实现了 SDN 化之后，业务转发路径的计算不需要由设备之间协商完成，而是通过控制器根据全网拓扑信息统一计算和分配，能够规避很多由于节点信息获取不全面而导致的网络路由粗糙问题。由于控制器独立于转发设备本身，可以采取服务器集群等方式构建，因此具备了几乎无限可扩展的计算能力，能够在路由计算时引入更多的变量作为权重因子加以考虑。例如，控制器可以根据网络的全局负载状况与资源利用率，对新建立的业务选择最优的转发路径，也可以在实现负载均衡的基础上，结合居民区和商务区一天话务量的潮汐变化情况，通过 SDN 集中控制，将带宽资源调度到最迫切需要的场合，同时避开路由热点区域，保证业务带宽需求。

（3）全网虚拟化，网络切片

由于 IPRAN 将立足打造电信运营商的综合业务承载网，因此未来将考虑承载移动回传、集客专线、固网/移动话音、IMS 等多种业务类型。对网络的运维人员而言，虽然面对的是一张相同的 IPRAN 物理网络，但实际上业务需求的多样性导致了运维要求的差异。基于 SDN 技术的 IPRAN 网络通过控制器的虚拟化可以较好满足该需求。如图 8-15 所示，在同一台服务器中可以运行若干虚拟机作为不同的网络控制器，分别控制网络在移动回传、集客专线等不同场景下的业务转发行为。运维人员管理网络时，可以通过不同的账户登录网络，看到与业务相关的不同网络拓扑，操作相对应的控制器完成对业务的配置和管理。除按照运营业务不同对网络进行虚拟化之外，也可以按照管理网络的对象不同引入类型更加丰富的 App（Application）应用。例如，对集客专线业务而言，运营商 App 和用户 App 面向的功能是不同的，具体要求可见表 8-2。

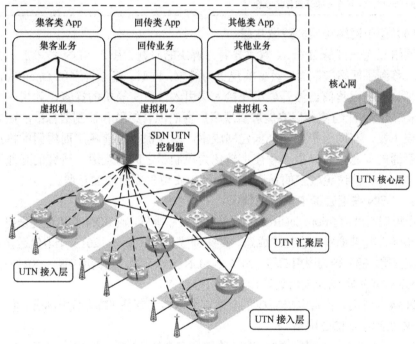

图 8-15　基于 SDN 技术的 IPRAN 网络运维切片功能

表 8-2　面向运营商和集客用户的 App 功能需求统计

一般性需求	运营商 App 需求	集客用户 App 需求
➤ App 接入网络前需要经过认证组织的认证； ➤ App 需要有自验证机制，避免程序本身被修改，确保 App 自身是安全的；	➤ 支持端对端的业务发放、调整，包括移动承载业务和集客业务； ➤ 支持查询业务 SLA，后期支持查询丢包率、时延抖动；	➤ 支持租户按需的业务发放、调整； ➤ 支持查询租户业务的 SLA，建议支持丢包率、时延抖动等；

一般性需求	运营商 App 需求	集客用户 App 需求
➤ App 接入网络应采用安全机制和安全通道； ➤ App 接入网络应采用安全机制和安全通道； ➤ App 使用网络资源是合理的，要用访问资源的鉴权机制，避免恶意使用而导致整网受到影响； ➤ App 访问网络，需要遵循开放接口规范	➤ 支持查看业务路径； ➤ 支持业务告警监控； ➤ 支持网络资源和流量监控； ➤ 支持不同种类业务的故障定位	➤ 支持租户业务拓扑显示

（4）便于网络跨层、跨域互通

网络互通一直是 IPRAN 网络要着力解决的问题。引入 SDN 技术后，控制协议上移到了网络控制器，设备实现更为简单。同时，基于标准的 OpenFlow 协议，部分电信运营商已经开展了在接入层引入白盒交换机的探索，如果成功的话，未来 IPRAN 的接入层将能够实现多厂商的混合组网和控制器标准的南向接口协议下发，有助于极大地降低建网成本。即使保持目前各厂商组网的格局，设备互通的问题也可以很大程度上转化为控制器之间的互通，研究的互通设备更加单一，目前讨论较多的是通过北向接口实现多厂商域的互通。

2．SDN 在运营商中的应用情况

市场调研机构 Infonetics Research 此前曾发布报告，对 SDN 商用进程做出了预判：2014 年运营商实验室技术成熟，某些领域开始试商用；2015 年电信运营商多领域试商用，部分转为商用部署；2016 年 SDN 全球开始广泛商用部署；2017—2020 年，SDN/NFV 将成为电信运营商基础网络架构。

2014 年 4 月，北京电信完成了全球首个电信运营商 SDN 商用部署，将 SDN 技术成功应用于 IDC 网络。

2014 年 6 月，中国联通将 SDN 落地于 IPRAN 领域，四川联通率先发布了全球首个 SDN IPRAN 的商用网络。通过对无线接入侧的海量网元进行虚拟化，网络功能被收敛至汇聚层的 SDN 控制器的虚拟板卡中，网络管理不再需要对每一台网元设备逐一调整，而是采用集中部署自动下发的方式，由此，网络运维的难度和频次得以大幅度降低。2015 年 11 月 27 日，全球首个基于 ONOS（Open Network Operating System）开源架构的 SDN IPRAN 企业专线业务在天津联通成功开通，这是中国联通、华为公司和 ONOS 开源社区在 SDN 领域联合创新的重要成果。

近年来，随着政企专线和 LTE 等高价值业务的高速发展，对 PTN 网络提出了新的诉求。尤其是在政企专线领域，如何实现政企专线网络的集中智能管理和控制、特色业务快速开通和调整、面向未来政企新业务的开放创新，成为电信运营商的当务之急。为解决 PTN 目前存在的节点配置等问题，中国移动提出了 SPTN 概念。SPTN 相当于 PTN 的"2.0 版本"，是在 PTN 的基础上进一步增加 SDN 的网络智能配置能力。2014 年 8 月，广东移动完成了全球首个 SPTN SDN 商用部署，首次将 SDN 技术成功应用于政企专线网。2016 年 7 月，中国移动为验证 SDN 在无线回传网和集客专线应用的工程化能力，进一步推动 SPTN 的成熟商用，组织了现网多厂商广域网 SPTN 互联互通测试。此次互联互通测试分为单厂商测试、跨厂商测试、扩大网络规模测试 3 个阶段，验证了多厂商跨域业务开通、网络生存性、接口一致性、数据一致性和现网部署能力等内容，为正式商用奠定了坚实基础。

近年来，SDN 已经从概念阶段快速过渡到方案创新部署阶段，获得了全球绝大多数电信运营商的认可。根据 TBR Research 最新发布的调查报告，大多数一级电信运营商预计在两年内采用 SDN 技术。

8.6.2　SDN 引入思路

由于目前 IPRAN 网络已经覆盖了电信运营商所有本地网，所以在 IPRAN 中引入 SDN 应该采取循序渐进、新建和改造相结合的方式。在从传统 IPRAN 网络向基于 SDN 的 IPRAN 网络演进和迁移的过程中，需要充分考虑与原有网络的兼容，共同组网，互通等场景的需求。

1．新增 SDN 节点

当原 IPRAN 网络部署基本完整，仅部分节点需要增加时，电信运营商需要考虑新部署的节点是支持 SDN 的新型设备。在这种情况下，基于 SDN 的 IPRAN 网络节点需要能与原有网络完全兼容。首先，基于 SDN 的 IPRAN 网络节点设备应能完整支持现有网络部署的对应所有功能集合，如不同规格对应的设备类型相应功能要求。其次，该类型 IPRAN 网络节点设备的 SDN 相关功能可以通过配置进行使能和关闭。

2．共同组网

某些部署场景中可能出现支持 SDN 的 IPRAN 网络节点和传统 IPRAN 网络节点共存的情况。此时，IPRAN 网络已经部署了 SDN 的架构，如 SDN 控制平台，相关的网管平台也已经支持通过 SDN 的方式获取网络资源情况、拓扑结构等。在这种情况下，基于 SDN 的 IPRAN 网络节点设备需要支持原有 IPRAN 网络的协议功能及协议互通，原有 IPRAN 节点设备需要支持对协议的透传。

3. 长期演进

由于 IPRAN 网络节点数目众多，现网业务部署复杂，同时考虑设备平台设计及芯片升级等因素，向基于 SDN 的 IPRAN 网络演进将是一个长期的过程。长远来看，电信运营商需要独自或联合第三方开发 SDN 单域控制器，引入标准南向接口与各厂商 SDN IPRAN 转发设备互通，这样才能控制网络的主导权，灵活运用路由策略、节点调度策略、流量监测策略等网络优化措施。同时，随着 OTN 等网络其他环节 SDN 化的进程加速，电信运营商可以通过 SDN 技术将不同类型网络的控制器进行统一的管理，实现 IPRAN 与 OTN、IPRAN 与 IP 等多种形态网络的协同，在光层、IP 层、业务层等多个层面联合优化网络。

参考文献 ‹‹‹‹‹‹

[1] 张新社. 光网络技术[M]. 西安：西安电子科技大学出版社，2012.

[2] 袁建国，叶文伟. 光网络信息传输技术[M]. 北京：电子工业出版社，2012.

[3] 黄善国，张杰. 光网络规划与优化[M]. 北京：人民邮电出版社，2012.

[4] 拉吉夫·拉马斯瓦米，库马尔·N·西瓦拉詹，等. 光网络[M].（第三版）. 北京：电子工业出版社，2013.

[5] 谢桂月，陈雄，等. 有线传输通信工程设计[M]. 北京：人民邮电出版社，2010.

[6] 迟永生，王元杰，杨宏博，等. 电信网新技术 IPRAN/PTN[M]. 北京：人民邮电出版社，2016.

[7] 王海. 传输网技术的研究与发展方向[J]. 科技情报开发与经济，2010, 20（25）.

[8] 李慧明，邹仁淳. 光传输网的发展与趋势[J]. 中国新通信，2010. 7.

[9] 王元杰，等. 电信网传输系统维护实战[M]. 北京：电子工业出版社，2012.

[10] 李永太，支春龙，王元杰，等. 无处不在的网络[M]. 北京：人民邮电出版社，2018.

[11] 吕廷杰，王元杰，迟永生，等. 信息技术简史[M]. 北京：电子工业出版社，2018.

[12] 王健，魏贤虎，易准，等. 光传送网（OTN）技术、设备及工程应用[M]. 北京：人民邮电出版社，2015.

[13] 黄启邦. 100G OTN 关键技术探讨[J]. 中国新通信，2014（16）.

[14] 丁薇，施社平. 100G 光传输设备技术现状和演进趋势[J]. 通信世界，2013，（18）.

[15] 韦乐平. 光网络的发展与市场需要[J]. 当代通信，2006 年，第 15 期，pp. 10-14.

[16] 李芳，付锡华，赵文玉，等. 分组光传送网（POTN）技术和应用研究[J]. 中国通信标准类研究报告，2011.

[17] 杨波，周亚宁. 大话通信[M]. 北京：人民邮电出版社，2010.

[18] 邓忠礼. 光同步传送网和波分复用系统[M]. 北方交通大学出版社，清华大学出版社，2003.

[19] 龚倩，徐荣，张民. 光网络的组网与优化设计[M]. 北京邮电大学出版社，2002.

[20] 钱磊，吴东，谢向辉. 基于硅光子的片上光互连技术研究[J]. 计算机科学，2012, 39（5）.

[21] 黄萍. OTN 网络是传送网的发展趋势[J]. 电信工程技术与标准化，2009.

[22] 张铁，翟长友. OTN 技术特点及应用[J]. 硅谷. 2009.

[23] 刘斌. OTN 技术特点及应用分析[J]. 广东科技. 2009.

[24] 丁小军. PTN 和 OTN 的技术发展与应用[J]. 邮电设计技术，2009.

[25] 张海懿. OTN 技术标准进展[J]. 电信技术，2009.

[26] 刘玉洁，肖峻，丁炽武，等. OTN 最新研究进展及关键技术[J]. 光通信技术，2009.

[27] 荆瑞泉，张成良. OTN 技术发展与应用探讨[J]. 邮电设计技术，2008.

[28] 赵文玉. 光传送网关键技术及应用[J]. 中兴通讯技术，2008.

[29] 胡卫，沈成彬，陈文. OTN 组网应用与进展[J]. 电信科学，2008.

[30] 吕建新. 超高速光通信的新技术及应用[J]. 现代电信科技，2011.

[31] 王迎春. 面向下一代的超 100G 长距离传输技术[J]. 邮电设计技术，2014.

[32] 赵光磊. 超 100G 现网测试开启传送网架构演进迈入变革期[J]. 通信世界，2014.

[33] 赵文玉，汤瑞，吴庆伟. 超 100G 技术发展浅析[J]. 电信网技术，2013.

[34] 黄海峰. 全球 100G 高速传输网快速普及超 100G 技术曙光已现[J]. 通信世界，2013.

[35] 汤瑞，吴庆伟. 超 100G 传输关键技术研究[J]. 电信网技术，2012.

[36] 赵文玉，张海懿，汤瑞，等. OTN 标准化现状及发展趋势[J]. 电信网技术，2010（12）.

[37] 吴秋游. MS-OTN 技术及标准进展. 电信网技术[J]. 2010（12）.

[38] 李健. 下一代光网络关键控制技术的研究[D]. 北京邮电大学，2007.

[39] 韦乐平. 光网络技术发展与展望[J]. 电信科学，2008 年 3 月，第 3 期，pp. 1-6.

[40] 张杰，黄善国，李健，等. 光网络新业务与支撑技术[M]. 北京邮电大学出版社. 2005.